农 史 研 究 法

张 波 著

西北农林科技大学出版社

图书在版编目（CIP）数据

农史研究法 / 张波著 . —杨凌：西北农林科技大学出版社，2019.7
ISBN 978-7-5683-0708-6

Ⅰ . ①农… Ⅱ . ①张… Ⅲ . ①农业史—研究方法 Ⅳ . ① S-09

中国版本图书馆 CIP 数据核字（2019）第 164633 号

农史研究法

张　波　著

出版发行	西北农林科技大学出版社	
地　　址	陕西杨凌杨武路 3 号	**邮　编**：712100
电　　话	总编室：029-87093195	**发行部**：029-87093302
电子邮箱	press0809@163.com	
印　　刷	陕西天丰印务有限公司	
版　　次	2019 年 8 月第 1 版	
印　　次	2019 年 8 月第 1 次印刷	
开　　本	787mm×960mm　1/16	
印　　张	23.25	
字　　数	339 千字	

ISBN 978-7-5683-0708-6

定价：60.00 元

本书如有印装质量问题，请与本社联系

前　言

　　本书之初衷原委，先略为说明。时在20世纪80年代中叶，本校古农学研究室始招收研究生，新生临门却大惑不解，报考西北农业大学农业历史学科，何故进入古农学研究室修业？起初尚不以为然，翌年忝为古农室主任后，始觉理当为学生辨章学术指示门户，说清古农学与农业史两学科承袭发展的统一关系，使其来之安之，莫可误人子弟。

　　不虞问题扑面而来：何为古农学，因甚转为农业史？农史是什么学科，科技史还是专门史？农业史怎么研究，据何理论用何方法？学农史有什么用场，怎样分配于何处就业？等等。当时农业历史正式立名才列入国颁学科目录不久，作为学位教育刚开始招生传道，面对新生满腹忧疑，唯能坦言研究生开教之初，尚缺少常规成说为之解惑。诚其少安毋躁，笃信古农学研究室传统优势，劝勉师生宜同舟共济，同室相惜，一损俱损，一荣俱荣。为探索农史研究生教育，敢问路在何方！与此同时真诚地自检传道授业之不敏，忽略学生登堂入室之首教话题课程，承诺将就诸多献疑，深思熟虑后一一作答。

　　然以己之浅薄，欲为人解释这多困惑，谈何容易。身入古农室时才六七年，尚无专业学识积累，岂能用大理宏论服人？唯以个人侧入古农学经历，曾进京修习训诂学之浅识，以及欲走农事名物考据之旨趣，将心比心，现身说法。令学生坚信，随着方兴未艾的科学技术史大趋势，所有传统古农学遗产研究领域，将会全面统一于国家科教体制之内，灿然树立起农业历史学科旗帜。又言学术潮流之变，亦如沧桑正道，顺之者昌。且看全国各路同行专家们，无不乐见其成而云集农史学科大旗之下，吾道不孤，斯学大有前景。

如此贫乏地说理论事，虽捉襟见肘，而身经体验与进修自学的心得实感，倒也不乏诚挚感人的安慰说服之效。随后昼习夜课，热蒸现卖，与学生交谈自修农史知识的心得体会。白日先自读修习史学理论书籍，遍检前辈及当今同仁优秀代表论作，率尔操觚急就讲稿；再借晚自习非正式课时，邀集学生促膝交谈，授受相亲，教学相长，若天方夜谭。无可奈何之法，卑之无甚高明，总算在80年代末安顿了敏感岁月的入室学子。然而不料后来之新生，竟直呼请开"农史研究法"课，课程之名由此而来。自量所讲是课吗？是研究法吗？面对嗷嗷待哺学子，已容不得再说来龙去脉，有口亦难以详辨了。如此年复一年，学生届复一届，听之任之谬为课业。中国农业史本属新兴学科，个人资历学识如此微薄，岂敢为人说法！盖为学生修业计议，勉列课程延讲多年，然私衷颇不自信而唯恐谬种流播。诚言乃尚属生荒自垦试验田，虽种瓜点豆却难料真有收获，期待见花挂果后再作评章。故从未曾以农史研究法讲稿示人，学生屡屡索求，总不允抄录妄传。

时过境迁，告老退休，闲来于陈年旧事不免有所回顾。念起昔日"农史研究法"课事，数十年胶柱鼓瑟，竟无片纸只字示人。昔日断然拒绝学子索稿之事，一幕幕仍历历在目，不免扪心疚歉。近年思虑再三，决计倾将当年讲稿索性整理成册，以白纸黑字呈寄给各地历届毕业学生。如此亡羊补牢虽为时甚晚，但以匡不逮之忱历久弥坚，谅师生多年之交情，必能心领神会为师者良苦用心。

《农史研究法》总共八节课题：首课总论农史学科概要，即概括性介绍农史的对象、性质、特点、功能等四项要义，使人与农史学科要领有初步见识。第二课题讲农史学科结构，旨在对学科体系、层次建立多维系统认识，包括农史主体和客体两大构成体系，学科层次内部与外部的层次构成，以及各种相关学科专业系统关系等。第三课题简介农史学科历史，回顾农史研究的发展历程和学科化的过程，本是一般学科概论中的纵述惯例,农史在史言史,更应自言其史。第四课题讲农史学科理论,包括客观农业历史发展的理论,农史研究的主观认识理论,以及综合而论的哲理之言。第五课题讲农史研究一般思维方法,即对农史研究方法先有现代思维的科学认识,也包括哲理性认知,略及农史研究的方法论问题。第六课题讲农史研究方法基本类型,或者说现行的几种学术路子,或曰路径法门,即对农史研究方法先作概括归类之介绍。第七课题讲农史研究的具体方法,即从资料工作到课题研究,再到著作编写论述的具体方法,也是最狭义的农史研究法。从史料收集,而考订研究,而立题谋篇,而布列纲目,而撰写论文,而编纂著作,乃至文字表述、科学出版、成果评价等,近百项事法皆在此节。第八课题为农史研究者修养和学科建设事宜,先讲农史研究者素养,再讲农史学科体制等问题,统属农史主体范畴。

罗列出以上各节题目,便知这门课程的基本概念、结构、理法、简史等内容,包括农史学科基本理论、基本方法和基本知识。显而易见,全书一部分讲农史概论,另一部分讲研究方法,可称为"半论半法"。农史概论部分,如上所述有学科概要、学科层构、学科历史、学科理论和学科建设等;农史研究方法部分,囊括农史思维方法、农史基本方法、农史具体方法等。如此总体格局设计,按说称"农史学科概论"亦无不可,但从本课题开讲缘起和教学实践看来,初衷及旨趣并不在于概论或史论的阐述。为农史者,也不必过分在"论"字上下大功夫,徒成精致却不切实用的概论课。治农史就应把核心学术关切放在研究的功力技法,课程设置目标和讲授重点应精准在"法"字上,必须自道学科法门,故直称为"农史研究法"。其中概论部分设置节目不少,但所占篇幅却非常有限,意在以概论作为学科基础常识,为全面深入论证农史研究方法做前提铺垫。方法部分则不惜篇章畸重之嫌,占全部文字百分之七十,具体方法独占全书三分之一。可知所谓"半论半法",实则少半"讲论",绝大半"说法"。如此推重强化方法部分,就超出概论的体裁和体例规范,故不以概论命名当事属必然。总之欲在简介学科概论基础上，开讲农史研究方法，正是本门课程旨趣和心法所在。

　　前言后叙，乃出版家私授之妙道，指著作前言的撰写，宜在全书成稿之后再为属笔，以便于全面介绍和自评全书内容及成书经过。今虽前言写成，然对本书的付梓仍不甚自信，唯经过三点反思后，终于决意正式出版刊行。其一是讲稿始终以务实致用为宗旨，盖因初衷就是为学生授课所用，多年教学效果反馈，尚不乏正面功能。从无到有，总胜于无。其二是讲稿经教学实践反复打磨凝练，总共八节的内容格局渐臻完善，逻辑结构也还清晰合理，内容亦无需大增大减。其中提纲挈领与点到为止的学科概论，分门别类与无微不至的方法论述，可使研究方法持有史论依据，又使理论概说更有农史方法的致用性，实现农史理论与方法相统一。特别是学科概论与研究方法结合关系，基本达于彼此呼应相互融会贯通，论中也不乏创新之意。其三就是所谓"以法赅论"的命题方式，即总题目不现学科概论，唯以"农史研究法"命名。此处虽有悖于学科概论与方法涵盖关系，却符合农史研究实际，客观上也讲得通且行之有效。《农史研究法》据此原则命题，即使讲稿筹计失之于过分主观，即使其中未必有甚妙方良法，但农史研究法却是本学科建设无法绕过的课题。即就无此书，将来必定还会有人重新提起研究方法问题，后人终能求得真正的良善高妙之法。子曰："譬如平地，虽覆一篑，进，吾往也。"通过以上几点反思，最终交稿于出版社，可谓三思而后行。

　　　　　　　　　　　　　　　　　　　　　　　　　张　波

目 录
contents

前 言

第一节 农史学科概要……………………………… **001**

一、农史学科对象 ……………………………… 002

二、农史学科性质 ……………………………… 010

三、农史学科特征 ……………………………… 013

四、农史学科功能 ……………………………… 016

第二节 农史学科系统和结构……………………… **020**

一、历代史学系统和结构认识的参照 …………… 021

二、农史学科系统结构探究的思路 ……………… 025

三、《农史学科系统结构表》及其说明 ………… 031

第三节 农史学科的历史…………………………… **037**

一、古代农史传承的脉络 ………………………… 037

二、近现代农史初萌与文献整理奠基 …………… 045

三、改革开放后农业历史学科全面发展 ………… 052

第四节　农史学科理论…………………………**061**

　　一、农史学科理论问题分析　………………　061

　　二、农业历史理论　…………………………　063

　　三、农史学理论　……………………………　066

　　四、农史哲学理论　…………………………　068

　　五、西方史学理论流派简介　………………　071

第五节　农史研究思维方法…………………**076**

　　一、关于思维科学与农史科学思维　………　077

　　二、农史研究中归纳与演绎之法　…………　079

　　三、农史研究中分析与综合之法　…………　082

　　四、农史研究中历史与逻辑的统一　………　084

　　五、农史研究中感性、知性和理性认识　…　086

　　六、农史研究中分类与比较方法　…………　088

第六节　农史研究法基本类型………………**093**

　　一、农史文献型研究　………………………　095

　　二、农业考古型研究　………………………　102

　　三、民族学等调查型研究　…………………　114

第七节　农史研究具体方法…………………**136**

　　一、农史资料工作方法　……………………　137

　　二、农史研究选题谋篇方法　………………　163

　　三、农史论著写作方法 ·············· 182

　　四、农史研究方法实例剖析 ·············· 214

第八节　农史研究者素养和农史学科建设······ **269**

　　一、历代史学人才观念 ·············· 270

　　二、农史研究者素养 ·············· 283

　　三、农史学科体系化建设 ·············· 295

　　四、农史学科体制化和制度建设 ·············· 311

附录1：《读诗辨稷》 ·············· 328

附录2：《关于中国粮食安全问题的两个基本观点》 ··· 342

附录3：《西北农牧史》（两序言） ·············· 348

附录4：《中国当代农业史纲》（自序） ·············· 352

主要参考文献 ·············· 356

跋记：盍为往圣继绝学？ ·············· 358

第一节　农史学科概要

农业历史学科，简称农史学科。本节先就农史学科作以概括的要领介绍，称之概要，属于学科概论性质，但仅及部分概论内容且只作概念性简介。学科是相对独立的一定的科学领域，包括学科主体研究和客体的对象两方面。或兼科研教育门类和功能单位划分之义，即学术和事业分类。学科概论是关于某学科的概括性论述，内容一般涉及学科的基本概念、学科对象、学科系统结构、学科理论方法、学科演进历史和研究者主体等事项。然本书不作全面学科概论，本节也仅就与农史密切者撮要概述，因而节目名为"农史学科概要"。

讲论学科概要，会涉及诸多基本概念和术语，常见者多在数十种以上，这里结合农史学科实际，归纳为以下四个大的方面，即对象、性质、特征、功用，可直称为"农史学科四要义"。学科对象，表明针对什么现象研究，指学科思考研究的目标事物和具体现象；学科性质，指所研究的事物的本质和各种内在属性，即学科的本性实质所在；学科特征，事物基本特点象征，指学科独有的表象和标志，当然也略及某些内在征候因素；学科功能，即功用和效能，指事物和方法所能发挥的功效和能动作用，也是学科价值所在。一般学科概论涉及诸多概念术语，有些属于本学科固有，有些移植借用其他学科，而大量词语仍系各学科通用语或社会常用语。虽然表义也通达易晓，却失之于过分繁杂而层次不清，如在有些学科概论中将功能之义，或称为目的、作用、任务等不同标题介绍，此处统归于学科功能。如此总括的农史学科的四大要义，既有明确的研究对象，也有完整社会功能；既有内在的本质属性，又有外在的特征标识；涵盖学科大义，同时提领学科要点，正是认识农业历史学科概要一节的基本思路和表述方式。

一、农史学科对象

通常首先指农史研究对象，就是农史学科针对的目标事物和具体的研究现象；简言之，农业发生演进的过程之现象，即农业历史的客观存在。同时还有农史研究的主体对象，即研究者个体和群体的学术实践，以及研究所用的理论方法体系等，农史学科对象正是主客体的统一。一般史学概论著作谈学科对象，首先要严格辨析历史、史学、历史学科、历史科学四个紧密联系的概念，农史作为史学分支，也必先祖述史学四大前提概念的含义：历史，是自然和社会的客观存在；历史学，是对客观历史的主观认知；历史学科，是包括历史研究主客体的学术类别和功能单位划分；历史科学，指如唯物史观类的科学的历史学，历史科学与学科虽有总分关系，但前者更为宏观，可与自然社会科学相提并论。准此即可区别农史、农史学、农史学科、农史科学概念，视不同范畴和对象准确运用。

对农史学科对象认识的困惑主要有两点：第一难点是客观农史对象涉及农业领域，农业生产不仅范围广大，而且内涵结构十分复杂，初涉农业常难得要领而一筹莫展。第二难点，农史学科并非研究农业自身结构和农事生产活计，学科对象的实质在于农业之"史"，这又是初学者认识农史学科对象易于致误之处。两难中后者与农史对象认识影响更大，常令人抓不住对象本质而无所适从。农史对象的实质，就是农业生产和经济部门起源、发生、演进的矛盾现象及运行过程。正如毛泽东《矛盾论》所言：对于某一现象的领域所特有的某一种矛盾的研究，就构成某一门科学的对象。故知讲农史学科对象，不能停留在"农"字，而重在"史"字，才是以"农史"为学科对象的意义。或者说，农史为偏正结构词组，偏在农而正在史，即农史研究对象的核心概念和范畴，主要是根据农业发展的历史为对象而设立的一门学科。

正因为如此，欲认识学科对象，思路不同于见识一般事物，仅作以形态现象描写，或用简单的概念加以定义就可以了事。本讲论农史学科对象，通过多方面论述加以展现，其中囊括许多科学概念和专业术语，故而又分学科对象为若干"要点"，视农史学科对象为相关概念的集合。农史对象包括：学科定义、学科范畴、学科领域、学科体系等，也可称农史学科对象要义的四个要点。以下将作分别表述，以便对农史对象有较全面领会。其他三项要义的表述方式，均以此发凡起例。

1．学科定义

学科定义界说，本为西方科学遵循的习惯。就事物而言，即根据其本质作出的价值判定；就概念而言，即对其内涵、外延的简要说明。定义无疑是研究对象和学科概论的首要之义，一般教科书作学科概论介绍，大都开宗明义设为标题先事论说。然而本讲不欲刻意地从定义出发，而是根据学科实际，未将农史定义独立提出置于卷首，也没有列为学科四大要义之一，而是纳于学科对象中加以定义。主要考虑学科定义毕竟来自学科对象的总体认识，唯在全面认知对象之后再加以概括，学科定义方能自然而然地确立，而不至于有突如其来的强加于人的感觉。就农业历史对象中主客体关系看，农史学科的定义应包括两方面：一方面是着眼客观的农业历史，即农业历史的定义，或简称农史定义；另一方面是着眼主观的农史认识和研究，即农史学的定义。

农史，或农业历史定义：农业发生演进所经历的过程现象。定义主要指农业运行的过程，是一种客观存在既往的现象，表现为曾经的历时形态，也是事物的一种运动状态，即农业在时间维向上不断地运行前进势态，至今及未来仍处于活灵活现的进展和消失过程。

农史学，或农业历史学定义：研究农业发生发展的过程和本质规律的一门学问。农史学定义，实为人的主观认识形成的理念，即对农史实质和规律的结论，由此而构成的农史的科学理论和方法体系。

农史学科，或农业历史学科，还有农业历史科学等概念，其用语虽然更为广泛，而主旨在于知识领域划分，则不必勉强为之定义。正是农业史和农史学两方面的意义，构成完整的科学的农业历史学科的义界，通常统称为农史学科之义，实为客观农业历史与主观农史研究的高度统一。

据以上定义可知，农史是以农业生产力发展主导的历史，农业生产既是自然生产的过程，又是社会再生产的过程。自然生产力是农史发展的根本性的决定性的因素，同时也是人类利用动植物生产的经济活动能力，作为社会生产力要在适应自然生产力条件下发挥作用。所以农业史核心是农业的生产力与生产关系相互作用的历史，即统一的农业生产方式历史，因而也是综合的、完整的、有庞大系统的农业部门史。那么农史学科和农史研究，就必须从农业发展的实际出发，严格遵循历史学的科学原理而建设、而发展。特别是要按照史学中独特的部门史的理论方法，全面而准确地认识农史发展的具体过程和演进规律，为现实农业和农村经济服务，为未来农业现代化发展提供历史镜鉴。

国外农史学科发展相对较早，然而关于农史研究对象和学科定义，也经历过不断深化的过程，至今还存在不同的认识。首先对农史中的"农"的概念就有不同理解，是农业生产，还是农业技术方法，拟或农事经营管理？农的概念不同，农史的定义自然就不相统一。农史概念和定义不同，必然导致对农史范畴、研究领域和学科体系的不同理解，进而对学科属性和门类划分都难以达成共识。鉴于国外农史学定义说法多杂，故不再罗列其详以免无所适从，唯知农史学科定义是国内外尚无绝对统一共识的问题即可。

2．学科范畴

各门学科都有自己的基本范畴，范畴是人的思维对客观事物本质的概括，反映事物的本质属性和普遍联系，论学科就必须明确学科的范畴。学科范畴也是科学领域及范围划分的基本原理，即根据学科特殊的矛盾，或矛盾的特殊性为划分原则，也就是按照不同事物所特有的基本矛盾，以及不同于其他事物的特殊矛盾性划分学科的方法。

关于农史学科范畴，可作出以下的分析：农史是农业在时间维向上既往的运动形态，其特殊矛盾性在于这种形态、现象、过程都是既往的，在现实中已经不再全部显示原貌，也不能再直观地重新呈现原状动态；但是凭借着现实中还保存的以往的遗物和信息，仍然可以还原某些过去的事物和情态，从而作出所谓的历史的认识。简言之，就是可以用现实存在的遗物，认识过去既往的事物。这种认知方式，显然包含新与旧、古与今、现实与过去、存在与既往、遗物与事物、主体与客体之间的矛盾，这些特殊的、基本的矛盾现象，正是农史研究本质的反映，也是认识农业发展规律从而构成农史学科的基本范畴。

农史学科范畴认识的要领，实在于农史运动形态有下列特别之处：有连续性的发展过程，即过程性；农史运动过程也不是平铺直叙，而是有曲折起伏的时段变化，反映出明显的阶段性；阶段又是有前因后果的逻辑联系，表现出内在的必然规律，即规律性；规律则是对现实和未来有借鉴意义，即指导现实、展望未来的作用，称镜鉴性。过程性、阶段性、规律性和镜鉴性，这四性是正是把握农史范畴的要领，也是一切历史研究的大义要点所在。

3．学科领域

在人文社会科学中，领域多指学术思想和科学活动范围，古语又称学问畛域。学科领域是学术思想和本专业活动的范围，不仅是空间意义上的领域和范围，其中包括学科的内容系统，以及子系统在内的集合概念。农史学科领域与其学科概念的外延有密切关系，故常有领域、范围、范畴浑言的现象。农史学科领域从史学观点看并不难划分，繁难在农史的领域内容十分广泛复杂不易界定，划分的难度不仅在各种专门史中少有，即在所有学科门类中也极为罕见。宏观地看农史领域相当广大，范围涉及多方面的历史，不仅是农用动植物自然生产之史，也是农业经济部门之史，包含整个农业生产方式发展历史。同时也是农村社会形态之史，包括农村生活方式发展历史；也是农民大众群体之史，包含农民生存方式发展历史。通常语境中的农业就包括农村和农民，农民是农业史的主体，农村是农业史社会关系的载体和舞台；生产包括生活和生态，生活就是物质生产的目的和方式，生态因人类生产而改造协调。所以从研究对象看，农业史是农业、农村、农民三（农）者兼而有之的历史；从内容看也是生产、生活、生态三（生）者兼而共生的历史。一般用农史赅农业的生产史、生活史、生态史，同时赅农业史、农村史和农民史，简称为"农史"二字，可谓实至名归，最为科学得当。久治农业史者，当会共识到无论古代传统的全农道，还是现代的大农业观念，古今农业都可统归一个"农"字。常遇农业历史、农学史、农史等称谓，还有农史研究、农史专业、农史学科、农史科学等名称，统而言之，唯用"农史"执简驭繁，倒能符合整个农业历史概念的内涵和外延。农史之名，不仅是农业历史之赅言简称，实为命名本专门史最为科学、最为精当的学科名称。可以相信，随着农业历史学科分支系统高度分化发展，农业历史学科概念体系进一步科学规范，"农史学科"必将会被学位管理部门确认，最终进入学科专业目录体系。

农史中"农"的范畴畛域厘清之后，农史学科领域便不难确定。根据历史学通常习惯认识，综合各专门史的分支学科，就可以指示出本学科的领域范围。我国农史学科分支标志的学科领域，在20世纪80年代很快就得以确立，而且有所谓的"四至八方"之说。即农业科技史、农业经济史、农业社会史、农业生态史等，或称"四至"；若加上农业考古、农业思想文化史、地区农业史、世界农业史等，姑且共言为"八方"。农史学科领域的标识倒也非常鲜明，据此统观可见农史学科领域总体规模，分解剖析则可知农史各个部分及组合关系。从实际效果看如此标识，不失为认识农史领域的极佳视阈，而不至于陷入大农概念中难辨农史畛域。

4. 学科体系

学科范畴决定学科领域，在学科领域可进一步划分学科体系。农史学科体系经历多年的培育拓展，总体格局和系统已经展现，形成明晰的学科分支和专业门类。按照农史研究的实践过程和分支门类出现的时序，依次罗列大致如下：农业历史文献整理、农学专业史、农学史或农业科学史、农业科技史、农业经济史、农业政策史或农政史、农业思想史、农业文化史、地区农业史、世界农业史，以及近年来兴起的农业通史、农业社会史、农业生态史等。现择其主要骨干分支略述如次。

农业历史文献整理研究：回顾农史草创立学阶段的基础研究，经三十余年前辈学者翻箱倒箧的遗产整理，古代农业历史文献家底基本摸清。此后三十多年农史研究开发，正是在文献整理的基础之上的拓展，终于创建起农业历史学科。今后当继续做好农史文献搜集整理工作，开辟新的资料领域，创新文献存储收藏和检索共享的手段。特别要加强农业考古资料的整理应用，同时关注国内外农业文化遗产申建热潮，进一步勘察整理民间农业实物遗存，正是农业历史文献与物质文化遗产整理研究的创新领域。

农业科技史：狭义可称农学史，广义泛指农业生产力发展史。农业科技史是在农业历史文献整理的基础上，最早形成的农史学科。学科建立的理论逻辑是：科学技术是生产力，今且崇尚为第一生产力，农业科技史实为农业生产历史。农业生产力在古农书中已经有传统的农艺体系，现代农学表述更为科学系统。农业科技史基本上是遵循现代农业科学技术体系构建，最初也称之为农学史。农业科技史一方面在精密古农书校注研究的基础上脱胎而出，即源于古典文献学；另一方面，也是在大规模的农业遗产整理工程中厚积薄发，即源于历史文献学。故农业科技成为当今农史发育最为强健的支柱学科，在国家学科目录分类体系中，通常划归于科技史门类。研究农业史者，一般说必须从农业科技史入门才能登堂入室，或称为学治农史的终南捷径。

农业经济史：本是古代经济史学科一重要分支，农业是古代社会占绝对主导地位的经济部门，实为经济史家毋庸回避的题中之意。近代以来古代史和经济史的研究，无不涉及农业经济史课题，论述内容总归是土地制度、赋税制度、租佃剥削制度三大部分，完全契合马列政治经济学生产关系三分法的体系。改革开放以来农史学借鉴多年经济史研究成果，顺理成章地建立起农业经济史分支，与方兴未艾的农业科技史相辅相成，从生产力和生产关系两方面，完善了农业历史学科基本结构。问题在于传统农业经济史三大板块结构，目前尚未能与社会主义制度下生产关系体系吻合，特别是与时俱进地与市场经济体制对接还未实现。曾经设想过应回归马克思关于宏观生产关系的概念上来，即用生产、流通、分配和消费四环节的理论，建立新的农业经济史体系，也曾选召农经专业学生作为研究生论题，然事体巨重终未获成功。好在创新农业经济史学科建设思路，有的学生们已心领神会，毕业之后仍在攀登着新编农业经济史的大山。

农业思想史：关于农业在历史发展中高度理性化的认识，构成农业思想史的领域，属于农史又一重要分支。这个学科可由农业技术思想和农业经济思想分而治之，然后再将二者统一于哲学思想之下，从而形成独立的农史分支学科。即将上述农业科技史和经济史的思想加以研究总结，再从哲学本体论、认识论、方法论高度进行理论概括。农业思想史学科创建，实得益于自然辩证法教育研究在农业院校开展，农业自然辩证法中就贯穿着农业科学发展的内容，显然是学科交叉融合催生出的新学科。从石声汉先生《生命新观》，到邹德秀先生《绿色哲理》，可为农业思想史萌芽到初现的标志。

农业文化史：约定俗成，不宣而立，农业文化史在近年一浪高过一浪文化热的潮流中，自然而然地实现了学科化。传统文化研究崇尚认祖归宗，学界共识中华文化根源于农耕文明。上下五千年的华夏文明，其本质正是农业文化，若无这个分支学科作思想理论支柱，农业史便见物不见人，就难以自圆其学说。农业文化史厚积薄发，近年出刊大量农业文化史论文著作，许多农史功能单位标识为农业文明史的名牌，或以专题博览形式相继出现，从体制建设上有力地推进了农史学科发展。鉴于文化范畴宏观博大，学科建设要明确自身核心领域，注意把农业文化与一般文化分合关系梳理清楚，既能结合起来又能剥离开来，才能建成独立而自成体系的农业文化史学科。在这一领域的研究中，要理清农业文化史的系统和结构，其学科体系既要与中国农业历史相协调，又要与中华文化历史相统一。

地区农业史：农业地域性强，地区农史分支不可或缺。全国性农史固然有大一统气象，而区域农业史更为切实而直接地气。明清时期，地区小农书大行其道，开辟了发掘地区农艺和历史遗产的传统，总结推广了地区农业历史经验，发挥出对各地农业技术指导的历史作用。改革开放以来，国内外史学倡导研究重心下移，地区农史学科如遇春风甘霖，应运而生，著作、论文遍地开花，堪称农史研究广阔天地。今后地区农业史学科更要进一步下移重心，研究领域向更为广泛的山乡扩展，向村镇以至庄户人家渗透。同时要加强与各地农业志和族谱研究结合，并为旅游开发和美丽乡村建设效力服务。

农业生态史：农业生态文明事关现代社会形态结构，昭示着人类文明发展前景，务必从农业科技史中独立为农史分支学科。现代生态立学欧美已有百余年历史，传统生态认知在我国远不至此，古农书中生态学如雪泥鸿爪，农史前辈早有明察细勘。两千余年前《管子·地员》篇，讲述各种土壤与其宜生植物关系，20世纪中叶夏纬瑛校注中首称其为"生态地"观念。传统农书中各种自然生物链种养模式世代传承，国外生态家们现场考遗后惊艳不已。从某种意义上讲，中华农耕文明本质中就包含生态因素，新世纪以来生态文明建设纳入国家发展战略，与经济、政治、文化、社会统筹并为五位一体，农业生态史重大意义不可限量。盖五大建设中生态为自然因素，天地人三材居于天地之位，其余四者皆人为社会因素，生态建设的重要地位和哲理意义不难见识，将来理当处于五者中的统领地位。农业生态是自然和人为因素结合的产物，可谓三材一统，处位独特，也正是在悠久农业历史中形成的景观，故将农业生态史增为农史分支学科，也是天经地义、势所必然。

世界农业史：当为不可或缺的农史学科分支，前辈学者已有人独步进入世界农史畛域，后来跟进者也曾有人在。虽规模和述作尚显微少，却关乎农史研究者的世界视野。随着国势强盛和对外开放的拓展，世界农业史必成本学科崭新的垦殖之地。

检阅以上杆枝渐固的农史分支学科外，农村社会史、农业环境史、当代农业史等学科都有著述问世，大有后发精进再添新支的优势。总而言之，首先要认识农史学科性，所谓学科性倒过来说，即要知其科学性，科学的体系是由各类学科组成，学科性是科学性的本质、特征、标志性体现。农史学科，就是有科学性的一门学问，因农史在科学领域有其地位，即国家学位地位，学位点就是具有法规性的社会公认的明证。学位是一种高资质科学地位，农史具备了这等规格。学科性或科学性的具体表现有四：有科学的研究领域，即独立学科范畴；有系统科学知识，即通过教育和科普传授；有科学的认知途径，即理论方法；有学术功能和文化效果，即能使人科学明智，益于人的全面发展与自然社会的永续进步。

二、农史学科性质

性质指事物的属性和本质，农史学科性质与史学同属性、共本质，故而不妨先温习历史学的本质属性。姜义华等著《史学导论》高屋建瓴直言："人类的存在是历史的存在。"意为人类自身及所处的自然和社会存在就是历史，换言之，人类的存在及所在就是历史存在，委实是极富哲理的关于历史的定义。姜又论历史学，"为客观历史的主观认识"；史学就是人类的"记忆之学"，史学史包括族类记忆、国家记忆、世界记忆、公众记忆等历程。通过这等精辟的史、史学、史学史的理念，当知历史和历史学科性质就是存在和记忆。

农史学科性质是相对复杂的问题，国内外农史界对此都经历过一定的认识过程，至今都存有不同观点。正如上文所述，首先对农史中"农"的概念有不同理解，是农耕种植业，还是农业科技方法，抑或是农业经管理，等等。农的解读不同，农史的定义自然就不相统一；农史概念和定义不同，必然导致对农史范畴、研究领域和学科体系的不同认识，关于学科属性和门类划分就难以达成共识。好在经过多年农史研究实践和长期的学科建设，农史界逐步形成大农业的思想，从而将农史的概念，定义在包括农业生产、农村经济和农民社会生活为一体的学科定位。不过这个问题认识，至今并未完全到位，大约因农史概念的宏观复杂，造成人们对农史学科性质认识上的困难，进而又出现农史学科门类归属的分歧问题。农史当归自然科学还是社会科学？归文还是归理？归农还是归史？据说国外学者皆因出身不同学科领域，或因专业之见而有歧义。我国农史学者虽无分歧意见，但学位管理部门对农史归类，虽经先后调整总不能到位，始终令人不能满意。可见其对农史学科性质等要义，尚无统一认识和准确的学术判定。

学科性质，即本质属性，科学领域据此形成不同学科类型。但是学科门类的人为划分，特别是目录分类体系，并非完全体现其本质属性，农史学科的归属尤为典型。农史现归科学技术史，为二级学科，曾先属于农学门，后又兼归理科门类，可授理学或农学位。然无论理学、农学、科技等，均不能体现农史学科性质，将农史归于科技史已非常勉强，所受学位与农史更不相符合。值得辨析的焦点，倒是归于农学还是史学？即姓"农"还是姓"史"的问题，对此本讲认识有以下几点。

1．农史的史学基本属性

农史性质是地道的历史科学，现行国家目录分类提出可属理学、农学并直归科技史学科，唯独未能归于历史学门类。农史研究是农业发生发展的历史过程和规律，或者说学科主旨在于认识农业过程性、阶段性、规律性、镜鉴性的史学四性。学科性质与其研究方法密切相关，任何独立的学科都有独自研究方法，农史研究法不同于农业生产或农学实验，更非田间或实验室工作。农史完全运用历史学科的研究方法，主要依靠古籍文献和考古资料进行研究。农史学科的功用也不在于农产的多少，旨趣完全在于认识农业发展历史问题，由此当可判定农史的历史学科性质。

2．农史的专门史特性

简言之，农史属于专门史或部门史，专在它是农业生产部门和社会科学领域。历史学门类中有专门史之设，农史理当对号入座就位史学，而不该游离于专门史之外。农业是国民经济中一个部门，又是内部结构复杂而综合性很强的部门，归于专门史才名副其实。专门史不同于专业史，农业史非同农学专业史，将农业谬归农学，又将农业部门混同于农学专业，农业史遂错归专业性科技史类。农业史更不同于理科门类数、理、化专业的学科史，也非生物、农学、医学等专业可共称的笼统的科技史。农业史包含农业生产力和农业生产关系，包括农业、农村和农民的生产、生活和生态，囊括整个大农业和整个农村社会的历史。农业史这种整体全史特性，任何专业史无可比拟，置之专门史也是相对科学的归类。农史当归专门史学科，本是毋庸置疑的问题，但现在的学科专业目录中农史并不与史学同类。归类不妥，又乖授理学和农学位，其位不正则言不顺，招生就业广告均难自圆其说，农史学科所以举步维艰，实与学科门类归属失当不无关系。

3．农史学科"农"与"史"关系

农史，姓农还是姓史？乃偏正结构词语，概念一目了然。即便把农史误归农学，进而局限于农业科技，农史的中心词"史"的位置均不容含糊。农业固然是农史研究的事物领域，但并非是农史研究对象的实质和内在矛盾问题；农史完全是时间的或史的范畴，其学科的矛盾性，直关农业历时性运动过程和历程规律。常说认识事物要看本质，看农史也是要看本质，农史学科本性实质属于历史科学。另外农业的自然和社会内涵极其庞杂丰富，绝非仅限于农业生产力或农业科学技术知识。农史可包括农学史和农业科技史，而不是统属本末颠倒，把农史和分支学科归于科技史。学科划分不能简单着眼于研究对象所在范围，而主要还看学科的范畴，看研究的特殊的矛盾性。换句话说，学科划分不光看研究什么事物，而看研究什么性质的问题；农业历史学科不能归诸农事，而应归之于农史隶属的历史学门类。

4．农史学科与史学统属相融关系

或问农史学科归属史学，又该归之于历史学门中哪一个类目？毫无疑义，农史当归于专门史，为史学门下专门史一级学科所属的二级学科。大约自近代新史学初生始，现代史学和史家便将农业史界定为专门史，而且无不作为专门史中最重要的学科加以强调。多年来前辈新史学家和马克思主义史学家论著中，对农史的专门史性质高度共识，从未看到将农业史划归为科技史而归属于理学和农学的见解。今日在科学技术高度发展的时代，农业史的专门史性质也只能进一步加强，而不能有如此异常悬殊的错位。如今若能对农史学科作出明智的复归调整，不仅即刻有效促进农史学科全面发展，而且完全契合现代高层次学位教育的学科专业目录。参之于传统史学类别，也无不融洽而和谐。农史的多方面和多层次庞大复杂综合性系统结构，可充实历史学科各种类型和体例：按时间分类，史学中的通史、断代史、当代史等分类，考之农史学科一应俱全；按空间划分的世界、国别、区域、地方史等，农史学科面面俱到；按内容分全面、综合、专门、专业、人物传记等方面，农史学科兼容并蓄；按体例规范有传统的纪传、编年、纪事本末、典志体，现代的章节、图表、音像体等类，农史体系皆可契合史学的系统结构，适于历史学科规范而运行通畅。

总之一句话，农史学科当属归历史学中的专门史。国家学科专业目录分类置于理科门类之科技史学科，殊为乖舛而不利农史学科发展。尽管学科专业目录制定预留变通空间，欲令农史学位首鼠两端，但农理两端皆不可通。故农史学界必须认定本学科属史学性质，争言归为史学大类的二级学科专门史，据此实事求是地开展农史专业研究，科学地进行农业历史学科建设。

三、农史学科特征

农史学科特征，即农史学外在表征，可感可观的特殊之点。性质内在，特点外现，把握特点有利于直观地认识学科性质。但这仅仅是认识学科的表层特征，还要着眼内在的历史认识的基本特征，才能真正理解学科本质特性及其表征。近年有姜义华等著《史学导论》，就后者有创新性的专论，明确提出"历史认识的基本特征"，值得农史学科引为重要参考。

1. 历史认识的基本特征

姜著是从历史认识论的高度，分析历史学科特征，其论可简称之为"历史认识三极结构说"：历史认识的主体人、历史认识的客体事实、历史认识中介质的史料，三者构成能动的统一认识整体。主客体和中介，都是各具独立品格的客观存在，故称三极认识的基本特征。其学说原理：历史事实存在是既定的毋庸置疑，但对事实揭示准确程度，却永远处于变动进化永无止境；认识主体人的能动作用，也是不可缺少的一极，主观认识能力和社会历史环境条件等制约因素，以及人的主体认识也在进步发展；作为中介的历史资料，更是最重要的历史存在，主客体认识历史和展示历史研究的结果，必须依靠并受到史料的验证，而史料本身也在损益之中当作变化观。姜著把历史资料独立为中介，并与主客体构成独立而相互联动，反映出充满辩证法则的历史认识论，这无疑有着创新意义。三极认识论在一定的特殊的论题范围内，改变了主客体两级认识诸多弊端，消解了以往常见的非此即彼的争论：如过分主观者，否认历史客观存在以为历史可任人装扮；纯任客观者，排斥历史研究人对历史实质和规律的揭示，甚至认为史料就是历史和历史学；更多埋头研究者，则可免却历史与认识间首鼠两端烦恼，知主客体和资料都非绝对化定律，三者在动态的和谐协调关系中，不断地接近历史的真实和相对的真理。

姜著揭示的历史认识的基本特征，无疑具有一定的哲学认识论意义，调整了历史研究中许多传统观点。首先是历史资料不能全等于客观历史，更不能直接表达历史实质和规律，正是这"两个不能"界定出历史资料的客观独立性，史料不再含混于客观历史过程，其价值进一步提升，无论主客观都要随时关照史料的存在。三极论具有创意的中介极构成独立认识过程，有力地支持了多年来渐成共识的感性、知性、理性三阶段历史认识理论。再根据三阶段认识论，历史研究过程清晰了，恰如姜著论：一般说来，从相互矛盾着的各种历史资料中清洗出一个个历史事实，相当于历史认识的感性阶段；集合相关的若干被清理出的历史事实，以复原历史过程，相当于历史认识的知性阶段；透过历史事实和历史过程，探索历史发展的内在联系与内在规律，提高人们在历史所提供的现实基础上，创造新的生活的自觉性，相当于历史认识的理性阶段。

历史认识的三极结构和三阶段理论，进一步揭示出许多具有认识论哲理意义的观点。姜著中接着据此分析历史认识中的逻辑、形象、直觉三种思维方式，以及宏观、中观、微观三层次研究范围，并以此助论其历史认识结构和阶段的关系。进而又重新申论历史发展中量变到质变的飞跃，以及历史的实质、认识相对和绝对性、真理三个层面的检验，等等。从哲学认识论深层次设整章节谈历史学特征，作为创新理论成果，农史学科理应充分吸纳借鉴。但特征毕竟还有外在的特点和表征本义，下面结合农史学科实际认识现状，略谈农史学科为人共见的外在特征。

2．农史学科外在特征和优势特点

第一点，得天独厚。农业厚德载物，中国农业历史悠久，创造数千年华夏文明赓续不断，为世界绝无仅有。南稻北粟各具特色，起源旱耕水作种艺奇妙，也非外邦可以伦比。中国历代农业文献浩如瀚海，农耕历史遗产堆积如丘山。为继承祖国农业优良传统，为丰富世界农业历史计议，创新农业历史科学乃势在必然，正如梁启超曾经扬倡号召，非给中国农业作一部好的历史不可。

第二点，专而广博。农史是专门史，涉及的领域范围却异常宽广博大。专在一个农字，博也在这个农字；农史既难于归类，也很难入门，皆因这农字，似小而大，似专而博。这个矛盾的特点应该特别予以关注，而不可轻淡小觑。农字涉及生产、科技、经济、政治、思想、文化、社会、生态各个领域。抓住"专而博"的特点，就不会专钻牛角，广开大农观，博闻全农道。先修农业概论，再破门农业科技史，遂入农业历史学殿堂。

第三点，与时俱新。农业历史古老，农史学科崭新，学科时尚趋新意识极强。农业和农村常有新政令和新事物层出不穷，农史学科就会跟踪追究其历史及经验教训。现代农业发展中出现什么问题，农史就会去研究新问题的历史，步步紧跟农业现代化。例如中华人民共和国成立初期，农业生态刚现端倪，农史家借鉴《管子·地员篇》研究就提出生态地的概念；现代生物学研究生物链关系，农业科技史就推出古代桑基鱼塘生态农业模式。又如当代农民减负提出，农史界就提出所谓的黄宗羲定律；新农村治理体制改革，农史学者研究古代村民自治及乡规民约等历史课题，出刊大量著作论文。历史学中农史晚出，学科建设尚不成熟，其古为今用的旨趣追求，与时俱变、俱进、俱新的优秀特点非常鲜明。

第四点，厚积薄发。农史学科是在农业遗产积淀基础上形成，也是经农业历史文献的发掘整理发展而来，这一特点更是科技史学科其他专业无法攀比。中华人民共和国成立初期，毛泽东主席和中央政府，重视传统农学和医学遗产开发，兴起大规模农业历史遗产整理工程，开展历代大型骨干农书的校注整理出版，农业遗产家底得以全面清理。三四十年后瓜熟蒂落，水到渠成，农业科技史著作刊行和农史学位研究生教育开展，可谓农史研究学科化的鲜明标志。

四、农史学科功能

功能者，功用和效能。直白而言，就是学科功力和作用、能量和效果。申言之，首先明确农史学科有何用处，产获什么学术效果，能担当何种社会事业，从而估量其学科价值，当然还包括判断价值的立场观念等事项。故此处主要分析农史学科的功用、任务、价值和价值观问题，从而形成关于学科功能的完整认识。

1．学科功用

农史学科功用，简而言之：察古，鉴今，知未来。察古是历史认识的基础，是农史学科基本功能。察古也是历史最直接的功用，是人类本能的记忆形成思维方式，且是一种纵向的时间思维，即历史思维。历史时间思维与现实空间思维不同，与哲学社会科学抽象的概念理论思维也有所差别，与文学艺术的形象思维更不相同。在文史哲三种基本思维方式中，历史思维功能独成一类。历史察古是通过人的记忆和史料的考察，认识事物历史状态和经历的发展变化，进而研究其时间维向运动过程和历史规律。在察古基础上，鉴今是根据历史运动过程和规律，镜视现实存在与历史状态之间的发展变化的逻辑统一性，鉴定臧否当今农事得失利病，趋益避害进而励精图治，为现实的农业和农村经济服务。知未来，即预知事物未来发展的方向、趋势和前途愿景，以筹谋规划争取实现的宏图大略。农史学科功用三者之间的关系：察古纯为本学科最根本的功能作用，为鉴今和知未来奠定认识基础。农史学科研究的成果也可为农业科学提供基础认识，故在农业科研教育领域将农史作为基础学科，其他相关学科和社会文化事业，也非常关注运用农史知识以察古鉴今知未来。修习农史目的为达于致用，所以要强化农史咨询性，为政策决议资治，为民生实用效劳，为发扬农业历史传统传薪火，为社会精神文明建设宣扬。或效法张载"四为说"："为天地立心，为生民立命，为往圣继绝学，为万世开太平。"

2．学科任务

当前农史学科的任务担当，主要在教育和科研两大方面，为农业科学和大农业发展提供基础性认识。在农业院校教学中列为公共基础课程，在社会文化事业中可纳入农史科普教育内容。国家设置农史学科目的，为培养高层次科技人才，争取出更多农史研究成果。在科技创新时代，农史学科还可担负培养教育具有创新素质人才的任务。历史是善变尚新的科学，大者长效的沧桑之变，小者剧烈的瞬息万变，大千世界无时无刻不在衍变，修习农业历史知其变化规律。农史学科在发展，常治常新，与时俱新，不断有新内容；现实事物在变化，推陈出新，化腐朽为神奇，在科学地继承中不断开拓农史学科的创新境界。

总之，治农史可以认识农业基础，研究农业生产就有了根基。农业基础由两方面因素决定的，一是现代农业科学技术构成的新的生产力基础，一是生产力长期积累的历史知识基础。必须全面的认识农业的现代基础和历史基础，缺哪一方面都不可能得出科学结论。然而要了解农业历史基础，无系统农史知识，古今农事一团漆黑，搞农业现代化心里无底，难免茫然无措。研究农史还可培养提高历史思维能力，即时间思维或纵向思维，使人的思维科学化。

3．学科价值

农史学科价值可从三方面估量，除上言纵向思维的认识论和方法论价值外，还有物质文化和精神文明的遗产价值，以及农业优良历史传统的继承价值。物质和非物质文化遗产种类众多价值无量，古农书中保存有大量农史资料有待发掘利用，传统作物耕作栽培技术多半仍在现代农业中改造使用，乡村古老的村镇正在修复开发为美丽山乡旅游。发展农史学科，某种意义也是在开发和利用农业遗产的价值。农史价值的传承，主要通过农史研究认识农业发展历程规律，总结祖国农业优良传统并不断地发扬光大。我国优秀的农业历史传统，内容极其丰富厚重，蕴含着贯通古今的生命力，可谓取之不尽用之不竭。例如"精耕细作"的优良传统，早在农业起源和原始农业中就开始萌芽，在传统农业发展中不断地壮大完善，当今现代农业中仍然发挥着推陈出新的活力。即使在未来的农业现代化时代，正如毛主席所说，还得要"靠精耕细作吃饭"。农史学科的历史认识价值、遗产继承价值、优秀传统价值可贵可保，亟须要通过农史研究加以开发、传承和广大弘扬。

4．农史价值观

农史价值，不难认识，难在要建立正确价值观。关于农史功能价值的根本认识，以往所见有三种高下不同的观念，姑且称之为食用观、致用观、效用观等。农业史有什么用？这是农史工作者常遇到的最尴尬的话题。农史确实不能直接打粮食，但粮食种植却是历时也是历史的过程，科学的农业生产，就必须认识这个历程，总结经验教训才能多打粮食。这种"食用观"在文理科院校历史学院系较为少见，在农业院校却非常普遍，认为农史不能解决农业生产最核心的粮食问题。还有在改革开放初的经济建设中，许多人常把农史价值问题与经济效益联系起来，生硬地提出农史要在实际生产和生活中的直接应用问题，可称之为"致用观"，也是不符合史学价值估量的观点。多年所遇似乎可以这样说，农史学科价值问题，明白人是不问的，提问题的人细讲也听不明白。社会科学不同于自然科学，更不同应用学科，一般不可能直接使用，更不能局限于食用。为学术者有其独特的认识和简捷的表达：学术不管有用没用，有大师还提出专为无用之学的观点，在清代学者中尚不乏同识共见。今日搞学术的人多能理解其深刻含义，一般也不会误解和盲目的批判。"无用之用"，本是庄子概括的哲学观点，并认为这种观点人们是可以心领神会。老子讲得更明白："三十辐共一毂，当其无，有车之用"。这种哲理思想，重视的是学术和社会效果，可以称"效用观"。食用观、致用观、效用观，认识农史价值者当认真分辨。农业生产力对农业历史发展有决定作用，农史学科也非常重视研究农业生产历史，总是把农业科技史置于最重要的学科地位。我国农史研究发展也是从农业生产技术领域，到农业经济关系，再到农业社会文化领域。这种农史认识论，符合生产力决定生产关系和上层建筑的理论，也符合我国农史研究和农史学科发展的基本历史规律。

第二节　农史学科系统和结构

　　如何对学科做出总体认识和整体表达，常见一些概论性著作多用"体系"一词，在高校学科建设中也习惯通用"学科体系"的概念。鉴于农史学科体系过分庞杂，仅此概念不足以承载多样的体系序列形式，在这里进而将体系拓展为系统加以总括。同时因农史学科还涉及许多非体系和系统构成关系，如内外部层次结构等问题，已引起史论家高度重视且提上议程，所以这里又增用了结构的概念，采用系统和结构共同表达农史学科总体。系统和结构都是炙热的现代科学技术领域，有系统论和结构论的现代专门理论，两词也保留着一般事物统属系列和构成结合方式的常识意义。农史学科系统和结构，正是在系统论和结构论观念的基础上，充分运用一般常语的系统和结构意义，试图更加全面合理的表达农史学科的整体构成。这种系统和结构结合并用的思路，前者可全方位地统一体系、系列、类分等系统范畴概念；后者则可综括层次、级别、对应等多维结构关系，从而建立起崭新的农史学科系统和结构的宏观认知模式。因为系统和结构概念二者本身就有联系，系统论中包含着结构组成，结构论中包含有系统内涵，在实际事物中实有广泛深入的交叉融合关系。故系统与结构，或简直称之"系统结构"，二者可以并言，也可分论，亦可交互相称；概念上相容，理论上可通，农史学科非常需要，也很实用。

一、历代史学系统和结构认识的参照

考察历史学科系统结构，吸收历代史论家就此积累的成果，无疑是探索和构建农史学科系统结构的前提基础。系统和结构为事物普遍状态，历史现象和史家研究必然涉及大量的系统结构问题，传世的史学著作都有其合理的体例结构，著名历史学家均不乏系统的理念和建构的能力。唯是史家职事在于记史著作，对系统结构心存感知也能驾轻就熟，却与此常常不尚或不屑直抒其义，将史论事宜往往蕴含在著作纲目篇章之中。历史学科系统结构属于史学理论范畴，我国专门史论性著作，远远滞后于记述性总体史书，古代史论专书亦如凤毛麟角，而有关史学系统结构论述更是吉光片羽。农史要在史学中寻求学科结构参照，就必须不拒细微而敬惜字纸，从历代仅有的几部史论著作中钩稽学科结构的踪迹。

1．古代史家的认识

古代史家重在编纂客观历史，对史学结构分析，重在区别不同史著的体例形式。唐代史论家刘知幾作《史通》，其中提出"六家二体"的体例分类观念，当为最早范例。刘知幾将周秦时代传世的《尚书》《春秋》《左传》《国语》称为编年体，秦汉以来的《史记》《汉书》正史称为纪传体。六家经典史书作二体分类的出现，说明古代史家对笼统的史著，开始有了体例划分的思想意识。虽属初步的简单体系和类型分析，但对后世史论家关于史书系统结构认识影响颇大，由此逐渐深化拓展出史著分类迹象非常显然。遂后宋代史家创用出纪事本末体，首见为南宋袁枢《通鉴纪事本末》。袁将重要史事列目，按年月顺序编写，以补纪传和编年体之不足，古代史书三大基本体例体系从而齐备。宋代政书方志等多种史乘文献形类也不断涌现，史学内涵和构造日趋复杂细致，于是开始从理论上认识历史和历史学的复杂结构，进而成为历代史家们孜孜探求的趋势。

时至清代史家思路大开，史论家章学诚《文史通义》创出，对古代历史学作出全面的理论解析，其中就包含着史学结构的理念和表述。章学诚提出"史学"和"史意"两个基本概念，并作为历史学科两大板块结构。章氏所谓的史学，指历史研究的对象，主要是客观历史方面的问题；所说史意，指研究认识历史的意识和手段，是主观方面的问题。《文史通义》论说的六大题目：史学，讲史学思想理论和历史规律问题；史考，讲史实和史料的考证；史纂，讲历史编纂和纂集；史选，讲历史文选和历史文学；史评，讲历史评议和史学评价；史例，讲历史书的各种体例和写法。六题目虽然平行序列，却并非是同类同质关系，显然有主客体性质的区别，又包含主客观的结合。可见传统史论家虽对史学复杂的结构有所感知，但并未形成构建清晰的史学结构理论。

以上是古代两位最著名史论家，关于史书体例结构的经典论说。历朝史家著作记述内容和形式就更为丰富多彩，其中包含的史学系统结构同样复杂多样。例如《史记》的"八书"包含的礼乐制度和天文地理知识，历代正史"食货志"中关于社会经济的丰富内容，《资治通鉴》和《通典》类政书记述的典章制度，凡此史著包含的大小类目多以数十或成百记。历代史著编撰的构架和体例形式，《汉书》起均有艺文志目详细分类，如《隋书·经籍志》分文献为经、史、子、集四部，其中史部就分13类；清代《四库全书总目提要》史部更细分为15大类，附有26个子目。如此史著形式和内容，古代史学尚未作出整体综合与分析，这也正是今日提出运用系统和结构理论，研究农史学科总体形态的继承创新意义。

2．近现代史家的观点

近代以来，随着西方史学理论的传入，我国史学突破传统历史循环论的束缚，逐步建立起历史进化论的发展观，号为新史学的兴起。梁启超为世所公认的新史学的开创者，著《中国历史研究法》等史学论作，继承了古代史论家的成果，传引了西方史学的理论方法。梁氏新史学论著涉及历史学科的基本方面，史学系统结构问题也被无所不包地隐含其中，虽未专篇论证而新史学宏大的系统结构却不难体察。例如梁著将历史学划分为普通史和专门史，前者包括朝代、种族、改制、法律、军政、教育、交通、货币、农事、学术思想等28篇目，后者包括法制史、文学史、哲学史、美术史等。像这样关于研究对象的大规模的分类，构成了历史学的门类体系，也可以归之于系统结构。值得农史研究注意的是梁启超明确提出农事史，并置于普通史之列，甚至誓言非做好农业史不可，令人不能不叹服其远见卓识。

史学进入现代后时势局面大张，随着新文化运动和马克思主义传入，进化论史学与历史唯物主义史学，同时主导我国历史学科发展，从而将历史学认识提升到新的现代科学理论水平，有部分学者开始运用唯物史观，分析历史和史学的意识更为自觉。马克思主义史学家李大钊提出史学可分为普通史和特殊史两大类，虽然与梁氏两类无大区别，但李大钊每一类中有论述之部，又有理论之部。论述和理论之部的提法很不简单，首次昭示出史学主体与客体的对应关系，从实质上明确了史学主客体的概念。李氏继章学诚的史学与史意之后，直使历史学主客体结构豁然开朗。从此后以主客体为学科基本结构的思想观念，开始全面深入历史学领域，涉足史学者大都有了主体意识；面对客体历史研究时，也能自觉地调动主观的能动作用作独立思考。

3．当代学者的见识

中华人民共和国初建后前30多年，在历史唯物主义主导下，史学家结构意识不断增强，但对史学系统结构仍缺乏进一步的明确揭示。20世纪80年代，随着西方史学理论全面地引入，有学者提出历史层次结构问题，从而促进了史学结构理论的研究。史学层次结构以其坚实的科学理论，将历史学科从分条析缕的树状系统结构，进而分成不同的层次，使史学结构更加多维饱满。具有代表性的是赵吉惠教授提出的高、中、基"历史学三层次结构"，将历史学划分为最高层次、中间层次和基础层次，促进了史学层次研究的深化。层次划分是现代科学分析问题的认识方法，也有"层次论"学说的理论支撑，层次划分方法也常见运用。现代高等教育课程结构，就是按照基础课、专业基础课、专业课的三层次规范设置。所以史学界很容易接受赵教授的层次划分，不妨以赵文原句及标点援引如下：

"史学理论（最高层次）：历史哲学（历史本体论或历史观、历史认识论、历史方法论）史学自身的理论与方法（史学价值与功能、史学评价问题、历史教育问题、史学的具体方法）、历史过程研究中概括出的理论与方法（史学研究的组织与管理、史学分期问题、历史动力问题、历史发展规律的理论问题、资本主义萌芽问题、封建专制主义问题）。

历史过程与规律的叙述（中间层次）：边缘科学（中国学、交叉学科、跨学科等）、专史（政治、经济、伦理、思想、文化、文学、美学、法律、亲教、哲学、教育等）、通史（一般通史与专门的通史）、断代史（一般的断代史和专门的断代史）、国别史、区域史（通史的、断代史的、专门史的）。

史料（基础层次）：历史文献、考古资料、金文甲骨资料、口碑资料等。"

赵吉惠教授关于历史学科层次结构的论述刊行，大约在改革开放后不久，虽只见单篇论文，且附有图表展示，为当时难得而仅见的史学层次结构文章，遂成为农史学科层次结构研究的参照。引入层次一词，看似常语的概念，却给历史学科结构带来创新意义。

再说农史前辈们对本学科结构的探索，20世纪梁家勉先生在农业遗产研究中，就提出划分农史"级类"的主张。第一类级为自然农学史、社会农学史、农业思想史、农业文献四类；第二类级在自然农学史下分生物史和非生物史两类，在社会农学史下分农业政治史、农业经济史、农业政策史、农业教育史四类；第三类级在生物史类下农动物史和农植物史等，非生物史下分土壤史和水利史等。梁先生细腻分析为客观农史结构提供极好思路，晚年在一次促膝交谈中还重申农史级类思想，并说明所论只是一种分类原则和设想，无疑是为农史结构首发其端，希冀后来者探索。随后在农史学科的建立和发展中，同行们按照学位教育的学科目录体系的分类原则，同时也充分吸收了梁先生关于农史级类的思想和基本概念，再结合研究目标和具体课题，终于划分农史的分支学科和主要研究方向。

二、农史学科系统结构探究的思路

当今一般概论课，多是用学科体系题目承载这部分内容，但是即使将体系规模尽可能地扩大，以至于用系统的概念代替，还是不足以科学地表达复杂的农史学科整体。近年有学者提出史学层次和对应等关系，用以补逮系统概念意义的不足之处，但如何将这些关系赋之予恰当的概念，并能与系统意义结合一起，以呈现农史总体全貌，还需要有科学的概念和理论的支撑。经反复考虑，决计引入结构的概念，用层次结构和对应结构等术语，表达体系和系统所不能揭示的学科组成关系。欲要介入结构概念，还必须将系统与结构二者紧密地结合为一体，故用农史学科"系统与结构"的提法，或者简言直语"系统结构"，以表达农史学科之总体。关于系统和系统论，近年大力普及已为人熟知，下面的内容和图表绝大部分为体系和系统关系，故不赘论。然而对结构和结构论，以往农史学科的运用较少，所以这里用专门篇章，先涉猎结构和结构论事宜，然后再分析农史学科中的各种结构关系问题。

1．结构和结构论

结构一词现今使用渐多，为表示事物深层系统和内部联系的整体概念。通过深入分析学科结构状态，有利于对农史学科做系统、全面、深入的认识和研究。结构乃是事物普遍存在，结是结合之义，构是构造之义，即事物构造结合之形式。主观世界与物质世界一切事物，都是通过结合和构造过程而达于统一，结构为表达世界事物存在和运动状态的专门术语。结构概念原本多用于建筑学领域，主要指建筑物承重力部分的构造，至今还有构筑和建造等原始意义。但结构一词已泛化用入现代科技和经济各个领域，渐成为耳熟能详的社会流行通语。其科学的释义为：组成整体的各部分的搭配和安排而形成有机联系，既是一种观念形态，又是物质的一种运动状态。结构在某些学科中已高度理论化，形成

"结构论"学说，引起各学科的极大关注和广泛的参用。在人文科学和文学艺术领域还盛行"结构主义"理论，并作为一种主流思潮，取代了以往存在主义的流行。结构主义认为事物内部要素，皆按一定规律组合成为结构体系，剖析其构成要素的联系，便可构拟出整体结构，进而认识贯穿其中的总体法则。结构学研究方法特点，主要是强调研究对象的内在性和共时性分析。正是在这种学术思潮影响下，历史学科中出现结构史学，即以结构主义理论作为历史研究方法论，成为史学的一个分支，代表人物便是法国年鉴学派领袖布罗代尔。总之史学是讲结构的，农史学科整体必须有结构支撑，现代结构史学为农史结构概念运用，提供了最为有力的理论和学科根据。

值得注意的是近年在史学各种结构中，"层次结构"热论兴起引发史学界普遍的重视和应用。根据现代结构理论和农史学科多年的实践，本讲对农史学科作出层次结构的分析，并将体系和层次两大概念，置于结构理论框架，以求揭示出整个农史学科面貌和内容。除体系和层次两大结构外，还应该注意到历代史论家提出的一些分析思路和结构概念，如唐代刘知几提出的体例结构观念；清代章学诚史学与史意的结构；近人梁启超体相结构概念；马克思主义史学家李大钊论述之部与理论之部等。另外还有农史学家关于本学科结构探索成果，本讲正是借用上述史论家的结构概念和观点，"拿来式"地筑建高度综合的理想化的农史学科结构蓝图。

从上述历代史论家对史学整体认识的过程看，必须坚定地建立起学科系统结构的概念，唯以系统和结构的融合，才可能将纵横交织、多维并存、要素复杂的史学总体做出科学的表达。历代史家对本学科的分析，已经涉及史学的各个领域和诸多方面，其分析的思路和表述方式，大都属于系列或体系性的形式，今日习惯称之为学科体系。简单地看这些有序的枝状体系，也可以给人提供系列和逻辑性认识，但是探求不同层面和不同范畴的体系，就难以完全包容而形成有机的统一的学科整体。正是出于对各种史学体系的全面考察，农史学科应当调整思路，突破学科体系概念的局限，全面认识有机的学科总体。首先是把体系扩大到系统范围，再新增农史学科结构的概念，并将系统和结构结合起来，将学科整体组成归于系统和结构范畴，使学科体系乃至一切有关农史学科的组成部分和构成要素，全部纳于农史学科系统结构总体蓝图。当然系统概念对学科来说无比重要，其中包含着人们熟知学科体系等相关概念，更有系统论的科学理论主导，故在系统结构表达学科总体时，无疑要将"系统"二字置前当先，统领学科结构。唯是古今中外传统史学，基本都是以系统和体系的概念表述学科总体，人们对系统观念已经非常熟悉，所以在下专就系统结构中的"结构"概念，特作以必要的论析说明。

2．体系和系统结构

体系结构，在这里可同语于系统结构，因体系与系统为从属关系；若再按照结构和系统的相融关系，系统也是一种结构形式。这就是说，立足结构论角度，体系和系统都是具有共性同质的结构，故小标题为体系和系统结构。因为人们认识事物总是先从体系、系列、种类等入手，在建立起庞大的系统认识之后，再全面分析事物的各种结构关系。史学系统结构，隐含在历代史学著作各种体系之中，也存在于历史研究的实践活动之中，史论家们对此也经历漫长探索过程，构成了多种系统结构的认识，农史的系统结构也是如此。上述梁家勉先生提出的类级划分，就是首次为农史学科系统作出的理想化的构建，显然也是在参考着历代史论家系统思维的方式。

关于系统和系统论。系统是自成体系的组织，也是同类事物按一定秩序和内部联系组合成的整体，系统思维是认识和研究复杂事物的基本方法。按照钱学森的定义："系统是由相互作用相互依赖的若干组成部分结合而成的，具有特定功能的有机整体，而且这个有机整体又是它从属的更大系统的组成部分。"当今系统概念已高度理论化，称之为系统论，是研究系统的一般模式、结构和规律的学问。系统结构在传统史学的学科分析中司空见惯，农史也是通过学科整体分析，建立农史系统结构。最主要的是针对农史研究对象进行系统分析，划分出不同的研究领域，包括农业生产力、农业生产关系和农业社会思想文化等上层建筑领域，名之为农业科技史、农业经济史、农村社会史、农业思想文化史等，为农业历史学的主要分支学科，一般称为农史学科体系。值得注意的是学科体系是高度开放和不断深化的体系，一方面在涉农领域拓展和边缘领域的交叉，使其分支学科与时俱进；另一方面每个分支学科又在不断发生出次一级的学科，分支内生也会使得学科体系繁炽，从而形成庞大系统。再从农史研究过程实践看，同样要通过系统分析，划分不同的研究阶段和构成著作的各个环节：从资料信息收集到题目的选定；从谋篇布局到大纲形成；从文字撰写到修改定稿；从论作刊行到成果评价；从学术交流到农史知识普及等，构成复杂的农史研究系统或言为农史系统工程，农史研究的系统结构于此同样显而易见。

农史学科的系统结构，通常以干枝分支的形态呈现，学科本体主干分生若干分支及次级枝叶，其形若树木之状，为典型的有代表性的学科系统结构。其次还有系列和序列性的系统结构，主要以时空顺序构成的链状系统，或简单分支构成的链条系统，具有环环相扣的结构特征。另外还有以某种逻辑关系构成的系统结构，有独立存在自成体系者，或与其他系统结合，构成更复杂的结构形式。所有这些系统结构的广泛运用，为认识农史学科，提供了清晰的系统思路，同时也使得学科结构，因系统繁多而显得异常复杂。

3．层次结构

如果说系统结构是为人熟知惯用的常识，那么层次结构对史学理论建设，则是不无新意的问题了。20世纪80年代，有学者还提出历史层次结构概念，符合史学结构理论且非常实用。层次是指事物在结构或功能方面的等级秩序，具有严密逻辑性同时也有多样性，可按事物的性质能量、运动状态、空间尺度、时间顺序、组织化程度等，多种标准进行划分。层次结构的最大特点，是将一个大型复杂的系统，分解成若干单向依赖的层次，每一层都提供一组功能，而且这些功能只依赖该层以内的各个层次呈现。事物层次结构，本是具有普遍意义的现象，故有"层次论"之说。一般认为，层次是自然界各种事物结构的普遍特征，层次论主要研究层次的划分，以及结构间的关系转化等基本问题。史学层次结构借鉴这种坚实的科学理论，将历史学科从分条析缕的树状形式进而分成不同层次，使史学结构更加多维紧密丰满。史学界运用层次论分析历史学科，使纷乱如麻的史学结构层次井然，便于依次逐层地认识学科结构。层次结构多呈静态也比较稳定，适宜用冷静的分析方法，全面划分学科内在的和外部的复杂层次关系，从而给认识农史学科结构提供了新的思路。本讲正是在充分吸纳层构理论的基础上，尝试按照现代科学理念，分析并构建农史层次结构，进一步完善农史学科结构的状态。

农史学科层次结构多以空间组织形式划分，最典型者莫过于"基层—中层—高层"的常见便用划法，即赵吉惠教授提出的史学层构模式。在农史学科建设特别是课程设置中，采用这种三层次结构配置知识资源，符合农史认知过程和教学规律。多年农史学位课教学中只分为"内外两层"，即除外层基础学科其余部分皆归为内层，好在层次分明内外一目了然，弊在内层畸重整体结构不均衡。后来完全遵循内中外三层的模式，独立出主干学科部分为中间层，又称中干层或中坚层。层次结构按理还可不断分划次级层次，但从农史学科实际看，层次结构也不宜繁多，否则会架床叠屋令人不得要领。这一点与系统结构颇不相同，运用中要适可为宜。

4．对应结构

对应结构或称对应式结构，运用于农史虽系仓促自命尚有待推敲，但其结构形式在农史学科中确为普遍存在。对应结构虽不似系统结构覆盖面之大，也不像层次结构承载功能之复杂，而且多以对应关系或抽象形式呈现，却集中反映学科中某些对立统一的矛盾结构关系，而且大多还包含在系统和层次结构之中。农史学科的主客体关系就是最宏大的对应结构，几乎所有农史研究对象与研究者的理法手段，也都会构成一定范围的对应关系，且可找到唯物史观的理论根据。马克思主义哲学运用人类社会历史发展领域，唯物辩证法也渗透到历史科学之中，我国早期马列主义史学家，就开始用对立统一规律研究历史。李大钊《史学要论》首次提出历史与历史学的对立统一关系，揭示出科学的史学结构体系，特别是历史研究中"论述之部"与"理论之部"对应结构的提出，进一步坚确了历代史家曾感知而未作明论的关系，这便是历史研究中包含的主体与客体存在。李氏的"两部"对应关系说，充分反映在史料、研究、写作等具体的环节，使得历史研究的客体对象与农史研究者主体的认识，构成一一对应的关系并贯彻整体过程。据此对主客体对应结构还可以扩大泛化，以至理论与实践、史与论、古与今等，皆有矛盾统一的对应关系，所以农史提出对应结构是非常必要，也有充分的理论依据和范例参照。

5．综合构建的思路

农业历史虽系新兴学科，却是一复杂的研究领域，横向是自然科学中门类庞杂的农业类应用技术科学，纵向是社会科学中古老而悠久的人文类历史科学。学科面及交叉跨度如此之大，实非一般学科专业可比。本讲通过多层位、多方面、多系统、多项目即多维度的考察研究，参照历史学科系统结构的现状，首先把农史庞然大物分成若干层次，即外、中、内三大层。外部层次为农史学科专业基础，中部层次为农史骨干学科体系，内部层次为农史研究三个层次系统及主客体对应结构。外层包括有关农业类学科、文史地类学科和其他公共类课程，实为农史学科的基础和专业基础课类，是学习农史必备的基础而非专业本体，所以只有类别之分，而无须在细划出主客体层次。中层为农史学科主干学科，也称中坚层或专业方向，从目前学科发育和共识程度看，主要有农业科技史、农业经济史、农业思想文化史、农业生态史四大支柱学科，当然还有新的学科正在萌生发育中暂不列入。至于内部农史研究专业层次划分就大不相同了，既体现农史研究的层次结构，同时又包含主客体对应结构，从而体现农史学科结构完美的综合性和复杂性。内层结构划分为基层的农史资料、中核层的农业历史、高层的农史理论，各层次都包含主客体两方面的对应结构，称对象和工作。在这个系统和层构之下，把农史学科主客体全部内容展现出来，这就是下面的系统结构表。

三、《农史学科系统结构表》及其说明

农史学科系统结构

层次	学科大类	次级类	再次级之学科专业或课程
外层：基础学科	农业类	农业概论类	农业概论、农学概论、畜牧概论、各农科概论
		农业生物类	植物学、动物学、微生物学、昆虫学、植物生理学、动物营养学、遗传育种学、耕作栽培学等
		农业工程类	农业机械学、农业自动化、农业信息工程、农业能源工程、农产品加工等
		农业生态环境类	农业生态学、水土保持学、农村环境治理等
		农业经济管理类	农业经济学、农村金融学、农业财政、农业会计、农业管理、乡村治理等
		其他	（略）
	人文社科类	哲学类	马克思主义哲学（辩证唯物主义与历史唯物主义）、政治经济学、自然辩证法、西方哲学思想等
		历史类	（略）
		语文类	古汉语、传统语言文字学（文字学、音韵学、训诂学）等
		社科类	社会学、人类学、民族学、心理学等
		外语及公共课类	（略）
中层：主干学科	总体史	农业史	农业总体史、农业通史、现代大农业、传统大农道、全国性农业经济社会文化生态史
		农业生产史	农业生产方式历史，主要侧重农业生产力、重点动力工具、土地水利设施、耕作栽培技艺等史
		农业发展史	唯物史观反映农业发生发展进程和历史规律
		断代业史	范围内容同于总体农业史，择取不同历史阶段或朝代农业史
	分支学科	农业科技史	农业科学技术发生发展历史，曾称农学史，古农学与现代农业科技体系结合，是农史最重要骨干分支

层次	学科大类	次级类	再次级之学科专业或课程
中层：主干学科	分支学科	农业经济史	农业生产关系历史、传统经济之土地赋税剥削三制度史，或现代生产流通交换消费四环节史
		农业思想史	农业技术思想、农业经济思想、农业文化思想等史，统一于农业哲学思想史
		农业生态史	农业自然生态和生产环境、农村生活环境等史
		地区农业史	全国大区域农业、省地县农业史志
		世界农业史	世界总体农业史述略、欧美及世界列国农业史
内层：学科研究	农史资料（基层）	资料对象	古农书、农业历史文献、农业考古资料、口传资料、传统农器农艺遗产
		资料工作	资料搜集、调查、整理、考订、研究、汇编
	农史研究（核心层）	研究对象	上列主干学科：农业总体史及科技、经济、文化、生态，世界等分支学科历史
		研究事项	研究撰写农史论文、报告、讲义、著作（包括通史、断代、纪事本末体例）
	农史理论（高层）	农史理论	如农业起源、农史分期、农史规律、优良传统、宏观农史理论等
		农史研究理论	农史科学思维、农史哲学、农史认识论、农史方法论、农史学科概论、农史方法类型与基本方法、农史学科治理与体制建设等理论

1．系统结构与学科的概念适应关系

从以上草拟"农史学科结构表"看，基本上揭示了农史学科的总体面貌，也较为全面地反映出当今农史研究所涉及的学科关系。表中以系统关系（包括体系关系）最为常用也最为普遍，反映对农史学科的总体统领关系；层次和对应关系多为结构形式，出现在主要的位置和关键节点处，如此构成了农史学科系统与结构有机融合的全景图示。显然这个学科总体表只有系统与结构结合的概念堪当，称农史学科系统结构也名副其实。从表中可以看出，通常所用学科体系或系统的概念，在展示学科总体概貌时实有局限性，在引入学科结构后，便可与其他各种结构形式配合，共同联

结建构学科整体。总之此图是在全面展示学科总体面貌和整体关系的探索中，结合农史研究的现状实际，选用学科系统结构、总揽农史全局而成的关系图。当然农史学科结构图，还需要有进一步修订完善过程，其本身也是高度开放的结构，保留着充分的发展空间和有待完善的余地。拟要补充的部分、类别、内容等可以不断增添丰富，有些错误不当之处也可斟酌删减。随着农史学科发展，结构表也将会进一步创新完善。

2．表中系统关系问题

系统关系在表中表现最为普遍常规，基础学科和主干学科层面都是以系统方式展开学科或课程，构成典型的学科系统结构，也可见系统方法在农史学科中的重要地位。外层基础学科还分生出多级学科结构，清晰地显示出系统结构的干枝状特征，充分反映出系统结构的科学性和完美形式，为繁杂的学科关系提供清晰的表示。基础学科为最末级的分支学科和课程，本应同样作出全面的枝状呈现，为节制图表而变通成平列形式，故各学科不显示先后次第和重要性之别。中层的主干学科是农史学科的骨干所在，也称中坚学科，为农史科研教学中全力经营的学科系统，虽结构不像基础学科复杂，而学科的本体地位和意义非前者可比。主干学科体系分总体史与分支学科两类系，而以农史分支学科系统最为复杂，农史研究中常各以专业分而治之。分支学科部分又称为学科体系，直入学科概论的基本概念部分，本书在第一节中必做概括展示交代，故于此简介大意不再作详细说明。分支学科体系还可以再划分出若干次一级的学科专业种类，各自构成发达的学科支系统，这里同样没有作全面展现，所以主干学科也笼统称研究方向。表中农史主干分支学科体系仅列出农业科技史、农业经济史、农业思想文化史等主要分支，意在此处留下较大的学科空间，以利枝干充分发育形成更多的创新学科，有待学科成熟后再作图示的补充完善。

3．表中层次关系问题

农史学科表首先通过层次结构展开，由外层、内层和中间三大层构成，其形象还可变换成同心圆结构状。原制为图形表示，因印刷不便，改为图表，后又改成今表。三大层依次分布着农史的外部基础学科、中坚的主干学科和内部的学科研究工作，外层进而划为农业类和人文社科类两类学科；中层划分为农业综合通史类和农史分支类学科；内层进入农史学科研究核心部分，结构较其他层次相对复杂，故形式不同于其他层面。如此划分出的三大层次，从概念到逻辑仍有需要进一步推敲完善之处，但是初步表达出从学科认识层面进入研究工作层面的过程，农史研究者完全可以领悟三层之间的关系。再说内层农史学科研究部分，皆按农史科研工作实际划分，同样运用层次划分方法，分为基础层、中层和高层等；分别为农史资料、农业历史和农史理论研究三个次级层类的工作，也完全是遵循史学层次结构理论划分。须知"基—中—高"三层次，是改革开放初期史学理论创通的新果，当是史学层次结构的典型模式。大约创论者原本是针对史学认识和研究实践提出的务实方法，随即得到史界的认可和广泛运用，其中所包含的层次结构的方法论意义，也逐渐被抽绎出来。就农史研究实际而论，基础层次的农史资料已积累丰富的成果和经验，中层的农史研究已全面展开，唯高层农史理论相对落后薄弱。当前农史研究工作布局，正是按照三层面现状发挥优长，同时也全力弥补高层短板，正向农史理论领域合力攻坚。

4．表中对应关系问题

农史学科的农史资料、农史研究和农史理论作为内部层中三个系统，分别清晰地展现出农史研究主客体对应关系，可称学科对应结构的具体实例。在农史研究的基、中、高三层平台上，分列资料、史事、理论等不同的农史研究对象，三者都有相应的研究的思想、方法和手段。农史资料有传统图书文献和近现代期刊等数字平面媒体，有当今音像等动态口述资料，还有考古资料和文化遗产资料等类。诸如古农书、农史文献、文物考古资料、口碑资料、现存传统农器和农艺等，皆为农史的资料对象；研究者主体方面主要有资料的搜集、调查、考证、研究、汇编等，以及围绕资料工作的思想、方式和手段等项。

农事历史的研究是农史学科根本所在，研究对象义界为农业发生发展的过程和规律，范围广泛至农业生产力和农业经济关系及农村社会生活，研究重点学科领域可见图中主干学科系统。主要的农史对象：农业科技史、农业经济史、农业思想文化史、农业生态环境史、农业各部门史、农学各科史、地区农业史、民族农业史、世界农业史等，其领域还在不断拓展。农史研究主体方面的事项，包括在资料基础上的选题研究、立论谋篇、布局提纲、论著写作、成果刊行、学术交流和科普推广等。

高层农史理论研究对象，为客观农史理论和农史学科主体理论，前者指客观农史规律方面的理论研究，例如农业起源、农史分期、农业历史传统等重大的规律问题；后者指农史学科理论方法和哲理性研究，包括农史本体论、农史认识论、农史方法论等。相对应的高层研究事项，有农史事实和发展过程的理性思维，农史概念和规律的概括，农史本质和经验教训的总结，农史理论方法的哲学思考等。总之通过农史规律总结和理论性概括，形成论著指导农史研究。

5．表中有关学科关系问题

农史系统结构中出现多种类型学科，特别是外层基础学科系统结构更为复杂，但要首先明确表中所称的学科已泛化为笼统概念，有些学科农史仅涉用其中部分专业知识，有些实指一门具体的课程，如此变通当可理解。外层基础学科分为两大系统，简言之"一农一文"，即农业类学科与人文社会类科学，构成农史学科的外层学术氛围和知识基础，虽结构之庞博复杂也应顺其自然。

农业类现代科学，一般分为8个一级学科20多个二级学科，根据邹德秀《绿色哲理》中概括和农史学位教育实际，现提出农业概论类、农业生物类、农业工程类、农业生态环境类、农业经济管理类六类。概论类中有农业概论和农学概论，一般作农史或总体性通史研究，修此两门概论课即可；若选定某分支学科作为基本专业方向，还要修习有关分支学科的概论课。其余农业之动植生物、机水信息工程、生态环境和经济管理诸类课程图表举要列出数十种，根据具体选题选择自习，其他类中包含农业类未尽学科专业和课程。

　　人文社科类学科，包括国家学位教育目录中的哲学、史学、文学等通称的文科目录，同样根据农史研究实际需要，选列数十种学科和课程，分为哲学、历史、地理、语文、社科、外语6类。哲学类主要列出马克思主义唯物辩证法、历史唯物主义、自然辩证法等，特别是马克思唯物史观为农史的哲学基础，同时要知西方哲学流派及主要的学说。历史类要以古代历史著作即二十四史及其他经典史著，与现代著名史家中国通史为主修课，还要修考古学和博物馆学的课程，另外历史地理学、史学理论及史学史、历史哲学、世界史等学科皆不可缺如。地理学科古代归于史学类，以历史地理学至今显达，古地理学和新兴的环境地理学都是必修的课程。语文类概括的学科较为复杂，主要有语言文字和历史文献两大方面，文字方面应以传统语言文字包括训诂、音韵、文字三科，以及现编的汉语言文字学和古代汉语课程；文献方面以古典文献学之目录、版本、校勘三学为主，以及现代图书期刊和数字化检索工具等。农史所需要的社科类知识涉及面更宽广，除以上文史哲人文基础学科外，还有社会学、人类学、民族学、心理学等四大支柱学科，当然还涉及法学和经济学门类的政治、经济、法律和思想文化各学科的知识。最后一栏还列出外语工具课，其他一些高校公共课则不再罗列。

　　总而言之，《农史学科系统结构表》要在对农史学建立学科分析的思想，同时提出一种分析思路，并非认定表中具体部分和具体学科归类绝对得当，当视为抛砖引玉的示意举例。此系统结构图完全是初探性的图示，有待与时俱进地完善；其结构是开放的，可与时俱新增入创改内容。作表尽量包容农史学科构建中诸多问题，以满足多方面学习和研究农史的诉求，充分考虑实际和实用原则。表中有很多变通性划分，相信读者自可分辨，并从中领悟全图的合理之处。至于表中其他问题，上述简要解释即可明白，从而当对农史学科系统结构全豹了然于胸。表中涉及的各级各层名称概念，有学科、专业、课程乃至事项之别，当不必过分拘泥，有些常并列为一类，若着眼全表也不难做出分辨。特别是学科与专业概念，在表面以及全讲中交叉融合颇多，据上下文和语境当心知其义。

第三节 农史学科的历史

讲论学科历史，是所有概论课不可或缺之内容，历史学科尤其讲求，若从事者昧于本科历史之史，实无异于自行扫地出门。学科史是概论学科起源、现状和发展历史课程，缺少这部分内容便如盲人瞎马，课程便无从说起也不成其概论了。农业历史归之于现代学科门类较晚，人或称之为新学科当可谅解；但从事农史研究者，当知其不可作一般的新兴学问理解，农史学科历史无疑早于一般学科。农史学科之所以能厚积薄发，又一发而不可收拾致成洋洋大观，其源盖自本民族以农开业立国，农耕文明历史悠久，沉淀积累文化无比深厚之缘故。农史无疑是历史继承性最厚重的学科，治农史必先知农史学科演进的历史，考镜农史源流，辨章农史学术，从而建立宏伟博大的历史观和方法论。

一、古代农史传承的脉络

凡构成悠久历史的事物，自有其悠远历久的传承方式方法，中国农业历史的传统正是如此。总计大约成万年的农史，首先以物质遗产形态存世或残留地下，或演进发展仍用于当下。大量农用动植物和生动的器具农艺，无不活灵活现传达着历史的信息。远在文字书记之前的农事历史，先民本能地津津乐道、口耳相承成为世代不绝的农史传说，即令今人仍喜闻乐见，近年又再度提倡发展口传历史。至于甲骨金文出现之后各种古籍文献，在以农为本、以食为天的农耕文明国度，农业、农政、农事和农业史料的记载，更谓连篇累牍开卷皆是。如今无论从传统史学和现代新史学看，悠远历久的农业，浩瀚丰富的资料，从未曾中断的优良传统，正是我国当代农业历史学科发展的得天独厚基础所在。

1．悠久的农业历史积淀

农业是人类利用动植物从事物质生产的过程，无论所产的生活资料还是生产资料，自然会留下某些实物遗存和劳作痕迹。这些农业历史积淀无论埋藏地下，还是现存农业生产实地，都是无言的早期农业资料和原始凭证。现代农业历史和诸多学科共同研究，确证我国农业有上万年历史，展现农业起源和原始农业生产方式者，就是新石器考古出土的大量木石农具、栽培作物种子、驯养家畜骨骸和农业定居生活的陶器用具等。农业考古学可以通过新旧石器的比较研究，析理出人类农业从原始采集和狩猎进化的脉络，考古学家会生动的描述出农业起源的过程。人类学特别是民族学研究，就漫长的原始农业，能划分出刀耕、锄耕和耜耕等不同阶段，再现出不同时期的原始耕种和收获方式。物质性农史遗存厚积地下，同时也可见于地面大田，我国现种的五谷作物，就是原始农业时代选择驯化，发展成的农作物的基本种类，至今仍从中不断选育出优良品种。关中垆土耕性甲天下，土壤学家测得其厚度深达一米以上，证实乃是数千年连续耕作堆积土壤耕作层，成为陕西渭河平原古代农业高度富饶的无可争辩的实据。如此之类的史实物据，可以说遍及国土，俯拾即是。

中国农业历史所称的"悠久"二字，绝非主观论断和简单推论，而是由客观的存在的物质积淀而成。传统农业时代人们享用丰厚的农业遗产，直接感受到祖国农业历史之伟大；现代科学时代则利用先进科技知识，重新认识其伟大意义和古远的历史脉络。中国农业尽管曾经历长期没有文字记载的历史时期，但是光辉灿烂的原始农业和中华文明仍然熠熠闪光。农业历史的实物积淀，不仅只是史前农业遗存，在后世的历朝各代都遗留有丰富农业历史遗产，皆可活灵活现地展现出一定的农事信息和农史价值。比较中西方农业历史，我国农业起源与世界少数文明古国同期起步，而我国原始农业发育却显得超常早熟。传统农业发达直到当今农业现代化进程，从来没用停滞衰败中断发展的历史过程。总之考古发掘和各个历史时期农业遗存，以实物状态和各种文化遗产形式，印证着我国农业的优良历史传统，传承着中华农耕文明的历史成就。

2．远古传说中的农业历史

历史传说是古今中外人们喜闻乐知的文化形态，文字之先文献出现之前，唯靠语言交流日常生活和生产信息，同时也凭借语言传授、传递、传记既往的人、物、事等，其中就包含着传播历史的基本元素，后世称为"历史传说"和"传说历史"，今或称"口传历史"。世界各民族大约都经过漫长的传说历史时期，也集存许多世代故老相传的历史故事。历代史家很重视历史传说，文士学者也常将传说故事载入辞章文献，从而形成一种独特的历史资料为史学引用。

历史传说以古人口传耳授为途径，传史的真实性自然随时间和空间的历史演进发生改变，例如传说中常把原始时代的部落首领多奉为神圣，将难以抵御的自然力敬畏为天地鬼神。所以当今史学家在运用古代传说资料时，必须用唯物史观去伪存真还古史以真面目，进而取其精华为著史参用。历史传说虽不能等同于后世的史学著述，但是毕竟反映了古人对自然和社会现象的认识，可以视为远古时代的某种史影，其中包含的历史逻辑，大都符合人类发展的基本规律。所以历代史学总是将历史传说与考古学、文献学、人类学等学科结合起来，相互发明共同破解古史难题。

我国重要的历史传说，大约都与农业的起源和原始农业同时同步演进，参之考古学，农业初始当在新石器时代，考之远古传说，正起于三皇五帝时期。传说时代较早的有巢氏，栖居山林构木为巢，从而脱离野昧开启人类历史，系旧石器采集生活时代；其后为燧人氏钻木取火，至伏羲氏狩猎时代，可以烧烤食用动物，当在新旧石器时代之交。从神农氏始入新石器时代开启农业文明，神农氏又名烈山氏和炎帝，显然与刀耕火种的原始农业起源相关，传说神农尝百草、制耒耜为两大农业生产发明，选择出适宜栽培种植作物，发明可以辟土植谷的农耕工具。从烈山到垦耕中种植，正是原始农业初创期最主要的生产环节，神农氏许多原始民生发明，与农副业生产和先民日常生活密切相关。同原始农业发明有关的首领还有黄帝轩辕氏，黄帝"有土德之瑞"，可见是以北方黄土农耕为标识的部落联盟首领；"横木为轩，直木为辕"，黄帝研发车马开启轩冕文明，传世车具可证。轩辕黄帝时代，随着原始农业生产力发展，先民创造发明已提升到农业文化层面，传说中黄帝首创的古代物质和精神文明最多，故有"人文初祖"之尊。

远古传说至尧舜禹时代之后，原始农业史事似乎更加具体近实，有些在甲骨金文和先秦典籍还有所追溯传记。伏羲氏畜牧采猎，神农氏耒耜耕种，轩辕车马农器创造，尧舜禹水土治理，后稷教民稼穑，等等，数千年来故老相传，并转载于文献以至于今日。剔除神话虚拟色彩，原始农业便活灵活现，既是远古的农史资料，也是史前的存史传史方式。其中周祖后稷教民稼穑见诸《尚书·舜典》之中，《诗经·大雅·生民》还以诗歌形式，详述其传教农耕种植的生平史绩。诗称后稷为儿时即喜好学种五谷，成人后热衷教民各种作物种艺技术，尧舜以其有功利于天下，举为农师传教农艺指导农业生产。诗中引用民间历史传说，符合原始农业技术推广传习的规律，推崇先民中优秀的种植能手，举荐为主管农业的农官领袖，古情物理均不违背历史逻辑。所以司马迁《史记·周本纪》详引了《诗经》中关于后稷的历史传说，包括后稷神话式降生和不无荒诞的经历。从中可以领悟古代史家对待远古传说的态度和原则，实为后世考信历史传说可效法的经典范例。历史传说不能与后世文献和考古资料同等看待，但也不可完全否定它的传史的学术价值，在有实证资料和一定文献语境之下，大可作为论史证史的参考。传说农史毕竟是世代故老相传的史料，虽因历时久远而变形失真，但是运用唯物史史观，除却神化迷信等不科学的色彩，就会重现出农史的真相实情。

又如大禹治水的传说，也是家喻户晓妇孺皆知的故事，这位上古治水英雄显然被神圣化；然而须知对人类早期威胁最大的自然灾害正是洪水，夏商时代古人已经开始通过挖掘沟洫排水工程，除涝造田减少水旱灾害。我国春秋战国时代兴起的大型农田水利灌溉工程，正是在千百年积累的沟洫导水技术基础发展而成，大禹传说正包含如此重大历史背景。

除上述载入史册的历史传说外，民间流传农史故事多不胜计，几乎所有农时、农作、农器、农事等，其发明创造、本末原委、人物故事等，自古及今一直在民间流传，也正是新兴口传历史学需要借鉴、研究和传承的农史宝贵资源。正如石声汉先生所论证的：像神农氏、嫘祖、后稷之类的"圣人"，大体是出于想象与附会，或者是对朦胧的历史人物所加的渲染。真正的创造发明者，实际上应当是农民群众，即亿万勤勤恳恳从事劳动的人民。

3．古农书传承的农业知识

商周两代甲骨金文兴起，历史遂进入文字记载时代，先秦典籍文献纷纷出现，关于农业的文字文献俯拾皆是。春秋战国诸子百家有农家者流，以农事农言立为学派，所著古农书应时而出，现存最早者《吕氏春秋·上农》四篇，既是农书文献又是农史篇章。汉代农书纷出而"氾胜为上"，《氾胜之书》保全了以传统农艺为基本内容的古农书体例。自汉迄清，历代传统农书层出不绝于世，农业生产知识和经验技艺靡不毕书，见于文献著录者不下五六百种。可以检阅运用于农业生产，了解古代农业经济和农村社会状况，故也可通览作"准农史"阅读。

古代农书在我国浩如瀚海的古代文献中，因其类型独特数量较少而显得特别珍贵。古农书是以记载农业知识和生产经验为主的专书，从《汉书·艺文志》开始就再入正史图书文献目录，历代的艺文或经籍志中多有"农家类"书目，其他公私目录书中也保持收录古农书的传统。关于农家和农家类著作，据汉志《诸子略》列为十家九流中的"农家者流"，论其源出于农稷之官，劝农桑重民食，显然以重农政治为农家正统；同时指斥非正宗的"鄙者为之"，欲使君臣并耕悖上下之序。但是据石声汉《中国古代农史评介》研究和推论，正是被指责的主张躬亲重耕的农业生产实践家们，成为历代传世的名副其实的农家。代表人物就是孟子大言讥讽的"为神农之言者"的许行等人。这个学派主张躬耕而食，掌握农业生产知识有利于民生，因而并没有在社会上消亡失传。石先生认为，"他们的继承人，很可能就参加过稷下集团，在写成《管子》这部论文集的工作中出过一些力量"；"所记各种保证农业生产的良好政治措施，如果没用很先进的技术知识作根据，已很难想象"；所以石文中将许行开创的流派直称为"神农学派"。后来秦国宰相吕不韦组织门客编写的《吕氏春秋》，其中"上农"等四篇，便是一部完整的农业技术的专论，石氏同样认定乃是神农学派的著作。颇有说服力的是农史界和有关学者，众口一词认定《吕氏春秋·上农》等四篇为我国现存最早的古农书。历代书目农家类下，全部是关于农业生产知识的著作，完全遵循着神农派传承的农书体裁体例原则。回头看先秦稷官开创的以重农政教为宗旨的农家者流，盖因官学空谈重农，实无学派组织，无首领人物，亦无学术著作，三者皆无，故在战国末便销声匿迹。《汉书·艺文志》著录的农家类中唯独讲农艺书目，神农学派无可争议地独当起农家声名。今称古农书，作者皆古代农学家，与现代农业科学家有一脉相承的农史学缘联系。这大约就是先秦农家者流尊鄙显隐的演变过程，当前国学热潮中人或提出：先秦诸子百家之"农家者流"流落何方？答案就在古农书中，也在当今农业科教院所之中。

正如上文所论，汉代班固《汉志》重塑和赓续了农家者流，又为古农书目的著录树立史学规范，后世正是以历代农书传习农业生产技术，同时传承辉煌的农业历史成就。20世纪50年代王毓瑚先生依据正史艺文志和经籍志为主，兼采各种目录文献编制成《中国农学书录》，共收录古农书376部。书录分14类：农业通论、农业气象占候、耕作农田水利、农具、大田作物、竹木茶、虫害防治、园艺通论、蔬菜及野菜、果树、花卉、蚕桑、畜牧兽医、水产等。从中不难看出收录标准范围极其严格，农业生产外重农政令、经营管理之类概不录入，保持古代神农派学术和农书体例的历史传统。关于古农书基本概论，本室石声汉先生和后辈学生惠富平有专论研究，对古农书的学术价值和农史学意义有充分论证。古农书分整体农书和专业农书，记述农艺原理方法既宏观全面又深入细致，且历朝农家亲为亲记，所以时代真实感极强。横览可知一朝农业生产实际，纵读即见整个农业历史发展。特别时《齐民要术》以后的综合整体农书，除记载当时农艺，还必先累记前代历朝农书的重要内容，故大型骨干农书本身就有史料汇编的功能。明代《农政全书》和清代《授时通考》两部超大型农书，前者多达70多万字，几乎成通代全农业生产史料的汇集。总之，古农书是记述古代农业技术知识的专书，是反映传统农业生产力的文献，正是构成农业历史的核心资料，也是农史学科真性本质的呈现。据石声汉论证，彻底耙疏一番约七八千条基本资料，古代农业生产理法经验都在其中，所以说学修农业史，必读古农书，必先修农业科技史，或为终南达径和北门锁钥。常言农史学科范围广大，与自然社会科学交叉融合生成多个分支学科，但唯有农业科技是核心学术，农业生产是主干和核心所在。

4．古代文献记载的农史资料

中国历史文献浩如瀚海，经史子集各部无不蕴藏农事农史资料，古代农政、农经、农村社会、农业文化等史料，可谓连篇累牍。经部以农为尚，为农业立本，经言民以食为天。子部列农家为九流之重，其位赫然与儒道墨法称流并列。集部最早有《诗》三百首已高居六经，其中《大雅·生民》等篇什有人直称史诗，堪与古希腊《荷马史诗》争先后。历代诗词歌赋中有所谓农事诗，现成为一批为世人注目的文化珍宝。盖中华民族以农耕立族，以农业立国，传统中国就是农业社会，数千年古史就是一部农业文明史。远古农史传说与农业考古的结论基本一致，大体符合5000年前农业的历史水平。传说略带神话色彩，总是附载于一个美妙无比的故事，非常优美动听感人。农史故事主人公几乎都是半人半神，但毕竟不同于毫无根据的虚拟人物，例如周族第一个男性始祖是确有其人的，弃为首的周族世系见于司马迁《史记·周本纪》，后稷教民稼穑的历史绝非无根之谈。史部中大量农业经济的史料。正史之平准、食货、河渠、沟洫、灾异之部；政书之通典、通志、文献通考即"十通"等，以规范的史书体例传世。史部文献将历代的农史资料分类积存，把分散的历史信息，集中打包、科学整合、分类而记。系统地看这些典制类史书的农业部分，就能读出各类农业专业史来。

文字创造发明之后，记事书史主要形式转用各类历史著作，历代积存的大量古籍成为传史治史的重要资料，上述农书也属古籍文献之列。我国农业历史悠久又号为古国文明，重农重史而农史感很强，除古农书文献外，其他各类古籍中珍藏着丰富多样的农业历史文献。首先是二十四史中的《食货志》，集中记载各个朝代的经济状况，反映社会生产和民生方面的重大历史事件。所谓的"食"与"货"，在古代主要还是粮食生产和物资流通之事，所以有关古代经济尤其是农业经济的资料，就相对集中地保存于历朝食货志类。因为二十四史断代而不断修撰的史学传统，正史中的《食货志》可以贯通地作经济史料参用，我国古代经济史研究起步早成果丰硕，也因有食货志富藏大量经济史资料。正史《食货志》有的还记载某些农业生产力的内容，有时甚至涉及某些具体的农作技术措施，如《汉书·食货志》记有牛耕发明和几种古代高额丰产耕栽法，有着极高的农业科技价值和农史意义。在《宋史》《明史》中，《食货志》的子目增加到20多种，记述内容涉及田制、户口、赋役、仓库、漕运、盐法、杂税、钱法、矿冶、入粜、会计等，大多与农业和农村有着密切的关系。正史河渠、沟洫等水利的志部，系统地记载历代水利事业项目史实，其中完整地保留着各朝农田灌溉工程史料，水利界与农史学者交融合作，较早地开辟出农业水利史学科领域。再如二十四史反映祥异的《灾异志》收录有历代自然灾害，本研究室据此整理出版《农业自然灾害史料集》七八十万字，系统分类极便读者使用。总之正史有统一的政治权威性，规模体量大且有系统性，无论纪、传、志、表、书等体例中，都有大量涉农的人物事件，研究农史与治史者同样必以正史为根本。

关于类书和政书，虽非经非史非子非集，但也是极其便用的史料文献，农史研究应熟悉并充分利用这两类古籍资源。类书是古代百科式大型资料性工具书籍，书中辑录的材料按门类、字韵编排以备检索。宋代《太平御览》、明代《永乐大典》、清代《古今图书集成》等超大类书，历代农家颇多重用，常依据类书校勘辑佚古农书，考订农史中有争议的学术问题。政书也是古典文献中分类汇辑的有关经济、政治、社会、文化等典章制度的工具书，又称典制体史书，历史资料价值很高。政书一般分两大类，记述历代典章制度的通史式政书多带有"通"字，例如《通典》《通志》《文献通考》等"十通"系列的政书；而记某朝代典制的断代政书多带一"会"字，如《唐会要》《明会要》《大清会典》等。政书资料多关乎政治制度和经世致用，为农政和农村社会史研究的资料之源。关于集部书，虽多为诗词文赋，但近年古文杂记中的涉农人物故事，也常为乡村社区史志研究者搜集参用，研究古代农事诗的论著也大有人在。

古代农史没有立学，农业却主导着中国历史的发展；古农学家非历史学家，但古史家在字里行间却不经意为农业述史立传。悠久丰厚的历史沉淀是学科形成的基本条件，农业史料的全面、完整、系统和有序不紊，在专门史中没有任何学科有如此得天独厚的史料基础。难怪梁启超曾发感叹之议：中国农业历史悠久，资料丰富，非给它写一部好的历史不可。

二、近现代农史初萌与文献整理奠基

数千年农业历史积淀，为近现代以来农史研究奠基铺路。自20世纪初，农史研究逐渐形成学术领域，考查农史研究初现的过程，明显地分为中华人民共和国成立前近半世纪，与成立后三十年两个时期。前者开辟农史研究意识较强，后者整理农业遗产的目标宏伟博大。这两个阶段均为农史的初现，研究主题和重点虽有区别，但仍有学术的内在联系。二者同为下阶段改革开放以后，农史学科确立和农史研究全面发展奠定坚实基础。

1．近代农史研究的萌芽

近代西学东渐，对我国古农学以巨大影响，给传统历史学也带来革命性的变革。正是在这两大因素作用之下，具有现代意义的农业历史受到学界的重视，在现代农学和史学交融中形成农史研究领域。首先是西方生物科学主导的实验农学，洋务运动中开始引入某些产业领域；同时晚清新政推行西方农业科学教育，依靠古农书传授经验农学技术知识的传统随之式微。于是兼通中西农学的有识之士们，试图通过挖掘发扬古代农学精粹以挽回风气，如罗振玉等在大力引进西方农学同时又研习《齐民要术》，努力寻求中西农学相同之处；高润生主张用经史考据学方法，"以经义说农事，以农事证经义"，全面提升传统农业知识科学性。高氏制定了庞大的"古农学丛书"整理出版计划，古农学概念由此立名。同时明确提出以古代农书为底本，"参以科学之理"，"质诸农学，参入教科"，欲使古农学步入现代科研教育的宏图大略非常明确。在清末民初历史背景下，"笠园古农学丛书"仅刊出《尔雅谷名考》，但对后来整理研究农业遗产，创新出古农学概念，开辟了创立新学科的方向和思路。

农史学科萌芽另一机缘，则直接源于历史学的古今之变。20世纪以来，西方进化论史学和唯物论史观相继传入，猛烈冲击我国数千年的传统历史学，前者时称"新史学革命"。新史学打破政权循环为中心历史观，代之而起的是以经济社会发展的进化史观，农业生产发展历史受到新史学的高度重视。农业经济史依托丰富的古代食货史料，吸纳西方经济史理论，很快形成新的研究领域。新史学倡导者梁启超重视经济史，特别强调农业史的研究，明确指出农业史属于历史学中的专门史，希望学界充分利用丰富的古代农业资料，写出一部好的中国农业史。这时期农学和史学界先觉者们，先后写出新史体的《中国田制史》《中国水利史》《中国救荒史》《中国渔业史》等著作，发表涉及现代农学各专业的农史论文近百篇。农业历史遗产整理带头人万国鼎先生，早在1924年开始组织收集农业历史资料，数十年努力分类辑成《中国农史资料》456册3700万字。万氏团队时称"农业历史研究组"，万在金陵大学和东南大学开设的正是"中国农业历史课"。可见前辈们当年开创农史研究意识十分明确，从科研和教育两方面建设现代农业历史学的路径非常清晰。

2．新中国农业遗产整理的背景

中华人民共和国成立之初，除旧布新百废待兴，新的社会制度确立，但生产力发展短时难以改观，经济文化还是"一穷二白"面貌。现代农业科技在教育和研究领域虽开始传习，而在农业生产和农村生活中还是完全依靠传统生产方式。新中国成立之初政府号召发展农业生产，首先提倡发掘、总结、传播民间的丰产经验。选拔劳动模范和生产能手，口传手授推广农业技术，依靠民间木匠铁匠改良农具，采用熬煮烟草茎杆防治病虫害之类的偏方解决生产问题。正是在过渡时期新旧农业生产技术青黄不接的时代背景下，国家注意到古农书和农业历史文献中知识的作用，明确提出整理农业文化遗产"古为今用"的号召。农业部门和农学界提出的指导思想，重申毛主席革命战争时期就指出的："从孔夫子到孙中山，我们应当给以总结，继承这一份珍贵的遗产。"据说国家领导人，还非常重视古代农学和医学遗产，提到《齐民要术》《本草纲目》《梦溪笔谈》《天工开物》为中国古代四大科学名著。贾思勰《齐民要术》列为名首，使得农业科学工作者倍受鼓舞，坚持整理农史文献资料的学者，更觉有了大显身手的历史机遇。这项共和国初期组织的科技遗产整理工程，毛泽东主席也为之倡导："整理研究祖国医学农学遗产，把它们发扬光大起来，为广大人民的丰富生活服务。"中华人民共和国成立初的农业遗产整理，时称"清家底"，如梁启超在《清代学术概论》中所言："凡袭有遗产之国民，必先将其遗产整理一番，再图向上，此一定之步骤。"

1954年4月由农业部在北京召开了"整理农业遗产座谈会"，提出系统收集和整理研究以出版我国古代农书和农史资料的建议。有关农业院校和学术单位专家参加会议，现在主要的几家农史单位的前辈著名学者都应邀参会。这次会议虽名称"座谈"，实有重大的历史意义，乃是近代以来50多年我国农史研究人员首次聚会，座谈议题正是"整理农业遗产"。大约因为是中华人民共和国成立后的第一次农史会议，鉴于新中国政府的崇高威信，座谈会的执行力很强，会议之后农业遗产整理取得令学界惊叹的结果。南京农学院成立中国农业遗产研究室，为南农和中国农科院双重领导的最大的专业机构，西北农学院在1952年古农学小组基础上组建古农学研究室，北京农学院、华南农学院、浙江农学院等院校都成立相关的研究机构，共同承担农业部特别关照和指导的研究项目。值得回顾的是在座谈会后至改革开放前的二十多年，各研究单位的工作重点，全都集中在农业遗产整理和古农书校注方面，始终挺举着祖国农业遗产整理的旗帜。中华人民共和国成立前新史学感召下的农业历史标识有所淡化，这一时期除出版《中国农学史》之外绝少其他农史著作，而重新出版的校注农书则层出不穷，整理的农业遗产资料更是架床叠屋以成千近万册部种计，这便是在下面要着重分析的农史研究成就了。

3. 古农书校注业绩

治农史从何做起？无疑是农业科技史。治农业科技史又从何做起？当然是要从整理研究古农书起手。上言历代农书前后相承，一以贯之两千余年，可作为农史资料源泉直饮，也可作为准农业科技史检阅，但这毕竟不成其为史书和史学。如何把古农书转变为现代的农业科学技术史，而且要符合现代农业科技体系，能为当今学农读者所用，就要破解两大学术难题：一是学术认识问题，关系古农书的学科化，即古代农书是什么学问，现今应归于何种科学研究？二是实践和方法问题，即校注古籍的传统成法，如何契合现代农学，实现古农书校注整理的农学化？

关于这两道难题，民初有现代农学家高润生提出古农学概念，并以"笠园古农学丛书"目录展示出其古农学思想。丛书规划按经史子集分类纂辑，分别称之为"群经农事考""中华农事历史""农事旧学新研""农事风雅"等。体例又分为经解体和农书体，前者"以经为经，以农事为纬"，后者"以农事为经，以经为纬"。如此整理后，全书分甲乙丙丁四部，统名曰"笠园古农学丛书"。高氏还著《尔雅谷名考》，欲践行以"农学"概念整理古代文献的学术路径，惜因时代局限和其他原因未能实现。中华人民共和国成立之初，辛树帜和石声汉先生即在西北农学院成立古农学研究小组，显然辛石采用了高氏"古农学"的概念，当然也遵循高氏"应以朴学治之"的主张。从后来西北农学院的古农书校注整理实践实绩看，与高润生古农学丛书的指导思想和治学方法实质完全一致。石声汉开始校注古农书时，就提出"守家法"问题，即必须遵循传统考据学的法则。民国时期齐鲁大学的栾调甫先生1934年曾从事过《齐民要术》版本的考证研究，石声汉虚怀请教，时年80多岁高龄的栾调甫回复万言长信，核心仍是强调不可臆改古书的家法原则。统观这几位前辈的学术路子，古农学概念和学问性质，便可作出历代前辈草创古农学时的旨趣。鉴于高和石当年对此并未作出明确学科定义，后人至今只能因其名而难以立学于现代科教体制之内，所以古农学的学科意义还需要进一步的破解、建设和完善。

　　20世纪中期古农书的校注整理，石声汉先生主持的古农学研究室成就卓著，其他农史单位也与之大力配合。石声汉先生古农书校注工程是从《齐民要术》开始，因为这正是农业部"祖国农业遗产整理计划"重要内容，也是学界多年关注的古农书经典的整理工作。石注首先采用校、注、按、今释的方法做出体例的创新，即将原书分条析缕，逐小节进行校订、注解、按语和今语释译，从而满足了不同层次读者的需求。校注两部分遵循传统考据学规范，所谓的"严守家法"，同时结合现代农业科学原理，破解了许多本书积重难解的问题，使这部艰涩的古农学经典得以通读。根据创新性体例进而又提出三步走的校注整理通式：辨别真伪，核对来源，作字句的校释；断句，标点，分段分节；最后就某些字句作注解。《齐民要术今释》成书后，接着又将经典性章节和古代重大农学技术成就的内容，翻译成英文版本传扬西方学界，颇为以李约瑟为代表的欧美日汉学家高度评价，称《齐民要术今释》为"贾学之幸"。石氏精熟地采用小学考据的方法，单刀直入地破解古农书中繁难文字问题。前后不足十年间，校释了历代大型骨干农书，特别是《齐民要术今释》的校注整理，使现代科学与传统国学研究方法完美结合，世论将中国科技史的研究水平提升至空前高度。

《齐民要术》是中古时期出现的承上启下的大型农书，石声汉先生显然在全面研究此书后，形成了系统整理古代骨干农书的计划。"农书系统图"和"古农书重要内容演进表"成竹在胸，这"一图一表"就是后来整理校注农书的蓝图和指南表。先后亲自校注整理的具有划时段意义的农书有《氾胜之书今释》《齐民要术今释》《四民月令校注》《农桑辑要校注》《农政全书校注》等，还有其他数种小农书和相关整理研究著作。西北农学院古农学研究室和其他系部某些专家，围绕总体规划也整理出版多种古农书，特别是马宗申教授《授时通考校注》，为当年古农室宏伟规划作出了坚实有力的后殿和圆满的阶段性总结。

20世纪中期古农书校注整理的历史成就，也是集共和国制度优势众志成城的业绩，除西北农学院成果外，北京农学院、南京农学院、华南农学院及某些省市专家，先后参与到农书校注整理事业。王毓瑚教授《中国农学书录》发挥着目录学的门径指领作用，万国鼎教授《氾胜之书辑佚》更有农书辑佚整理示范意义，梁家勉农书的收集特藏更是功不可没。在前辈们带领和校注风气影响下，当时和后来数代学者校注整理出版的古农书不下二十多种。特别要提到的是缪启瑜《齐民要术校释》，时隔多年刊行确有许多后出专精之见。前辈主攻古农学经典可谓前仆后继不遗余力，以致后来的年轻辈感叹在古农书校注领域，似乎几无肥田可以耕垦。此说虽值得商榷，但当年古农书校注整理的深度、广度和历史成就，却是要充分肯定并要继承发扬，进而再创新的历史高度。

4. 农业历史文献遗产整理工程

农业遗产整理，如今多称农业历史文化遗产整理，分为物质文化遗产和非物质文化遗产，显然内涵外延越来越为广泛扩大，以至成为国际性科学概念。20世纪50年代大规模开展的遗产清理工程，实为农业历史文献整理，尚未涉及观赏性的物质和非物质文化遗产，以及大规模传统农业生产性实物。上言古农书校注显然属于古农学文献整理，石声汉先生1962年在中央统战部召开的民主人事座谈会发言就有明确表达："根据古农书来研究中国古农学，应当是研究整理祖国农业遗产的入门工作。"更确切地说，乃是农业历史文献遗产整理工作的一部分，也是至关重要部分或曰核心学术所在。当时作为国家全局性文化事业部署和总体性学术领域，还属于农业历史文献遗产整理，主要由南京农学院农业遗产研究室担纲组织完成。

正如前文所述，20世纪初万国鼎先生在新史学和现代农学潮流感召下，先知先觉地主导了农业历史文献整理的启动发蒙。万先生开拓农史研究的意识强烈，农业文献整理的思路非常明确，而且农史和遗产二者，在万先生主旨中是紧密结合高度统一的课题，文献整理为了农史研究，农史研究主导文献整理。中华人民共和国成立后政府从国情实际出发，提出农业遗产整理，旨在古为今用为现实农业服务，与万先生学术指导思想可谓殊途同归。农业遗产整理号召，进一步拓展了文献整理与农史研究的战略目标，使得原先以单位之力的文献整理，在政府领导下有了充分的事业编制、经费支撑和政策保障，农业遗产整理得到国家事业管理的保证。如此瞻前顾后分析，比较符合中华人民共和国成立初农史研究领域的客观实际和历史逻辑，更重要的是符合数十年大规模的农业遗产整理事业和改革开放农史学科全面发展的实际。简言之，农史学和遗产整理并生，新中国成立前同时初发；农业历史遗产整理与农书校注，新中国成立后为农史学科发展奠定基础；改革开放农史学科全面确立，迈出更大的现代化发展步伐。

正是在国家有关部门号令之下，万国鼎、石声汉、王毓瑚、梁家勉、游修龄教授等，分别于所在农业院校成立专门机构，组织科研队伍翻箱倒箧地清整农业遗产。万国鼎先生统领的南京农业遗产研究室规模最为宏大，实为整理工程的主力队伍，派员分赴全国40多个城市，出入100多家藏书单位，搜集到1540万字编成157册《中国农业史料续编》，连同民国时期的正编共整理农史资料积为613册4200万字。另外一部分为"方志农史资料"，从全国8000部地方志摘抄3600万字，分综合、分类、物产三类资料，编成689册。这两部分自编资料共计近1300册8000万字，叠架充栋洋洋大观，故称农业历史文献遗产整理工程。在此基础上，后来正式编辑出版《中国农业遗产选集》有《稻》《麦》《粮食作物》《棉》《麻类作物》《豆类作物》《油料作物》《柑橘》等8个作物资料专辑。另外王毓瑚先生《中国农学书录》、梁家勉先生《中国农业文献专藏》，以及全国各方专家，也为搜集、流通、保护、整理农业古籍有所贡献。

古农书的校注为古典文献范畴，农业遗产整理属历史文献领域，农史研究的依据和基础正在于此，上述两大古代农业文化工程为农业历史研究夯实了根基。古农书的校释中涉及历代农业技术的源流传承关系，历代骨干农书清晰地显露农业科技史脉络，渗透流动着古代农学的史脉，石声汉先生径直地抽绎"农业遗产要略"和"农书技艺演进图"。农业遗产整理总是依托历史背景，各类文献搜罗和编排必以历史为序列进行，万国鼎先生翻箱倒柜清家底中，也组织编写出版了《中国农学史》等史著。总之这一时期是农史学科孕育时期，毛泽东主席整理遗产号召，万石两位前辈统领的农书派和遗产派，兵分两路，"石攻坚，令学界震惊；万积山，令世人震撼"，农史、农史研究、农史学科实已呼之欲出了。

三、改革开放后农业历史学科全面发展

农史学科最终确立，是古代农业文献和农史研究充分发展的必然，初步形成过程始自改革开放伊始。传统知识领域门类划分一般称学问，近现代以来多称科学进而分为学科与专业，两者在实际运用中常有交错易于含混，但在基本概念仍有本质区别。学科是就科学内部结构体系，作出的系统划分；专业是根据社会生产和生活的需要，划分的科技知识领域。农业历史在新史学兴起中，实质上已经具备了学科的意义，但长

期仅以农史研究称之，显然视为一个学术研究领域。"农史研究"通行可谓不约而同地标识，既明确归属于新史学，又与农业历史文献遗产整理融为一体，为后来农史学科顺理成章确立奠定了基础。农史学科旗帜在农业科技史稿编写工程中扬起，在农史学会及其刊物与学术交流中传扬，终于在国家学位教育的学科专业分类目录中，立名而列位于国家科研教育体制。近年又在全面的农史学科建设中争创一流，迎接新时代的机遇与挑战再创历史的辉煌。

1．农业科技史研究兴起的学科创新意义

改革开放之初，农业部在郑州组织召开具有划时代意义的农史会议，但这一次主题不是农业遗产整理，也不是全面地转入整体的农业历史研究，而是以编写《中国农业科技史稿》相号召。多年来从事古农学和农业遗产整理的全国著名专家云集一堂，从此有了步入农业历史研究的意识，初步有了农史或历史学的学科归属感，敏感者从中已觉悟出乃是本专业领域全面史学化的转变。因为农业科技史正是整个农业史的核心部分，开展农业科技史的研究，实际就是进军农史领域从而步入农史学科的集结号，正是多年文献整理研究砣砣以求的古为今用的奋斗目标。

1979年在郑州召开的农业科技史编写首次会议历时十余日，后来被称为"农史研究的春天"，与当时全国科技战线拨乱反正的声气相呼应，充分表达出农史研究者的学术热情和政治觉悟。时当改革开放之初，依靠现代科学技术恢复发展濒临崩溃的国民经济，成为举国上下的共识行动。百废待兴中科学研究领域首先解冻，邓小平作出"科学技术是第一生产力"的著名论断，极大地鼓舞科研教育战线广大知识分子，古代农书文献整理成果，也受到全国科学大会的嘉奖。这个多年被"文革"打入冷宫的学术群体，敏感智慧地抓住全国科技改革的先机，举其全力创通农业科技史领域。随即凝聚全国同行群体的力量和智慧，立题开展《中国农业科学技术史稿》研究和编写工程。

史稿编撰工程历经十年多，其义已不限于成就一部经典性的农史著作，更重要意义实在集聚农史研究力量，开启现代意义的农史学科建设。农业科学技术史虽然是整体农业史一分支学科，但是所反映着农业生产力的科学体系，代表着农业生产史的基本知识内容，构成全部农业史的基础。正是在农业科技史的基础上，同时构建农业经济史、农业社会史、农业思想文化史等分支学科。诸分支学科形成之后，在生产力与生产关系的唯物史观指导之下，自然而然就形成统一的整体的"农业史"，这样农业历史学科在实践、实质和实际上最终形成了。

《中国农业科学技术史稿》号称八年工程，实则少说也有半个世纪的基础之功。20世纪20年代以来万国鼎为首的农业历史遗产整理，50年代石声汉开启的古农书校注，恰是以古代农业科技为主旨和体系，整理校注成果与史稿主题系统完全吻合，使史稿编写采纳检用资料犹如囊中探物。《中国农业科技史稿》编著成书后，在史稿成果和研究方法参照下，进而又充分利用数十年文献遗产资源，全面开发农业各部门的科技史和各专业领域的科技史研究，以至各种农艺技术史研究也全面展开，不断按照史稿学术路子出刊许多论著成果。整个农业科技史在改革开放初的形势，人或形容为"春深无处不耕犁"，这种景况也带动了全国科技史界改革开放的步伐。人们不约而同地更新了观念，从此农史和农史研究成为这一领域的旗帜。全国性的学会组织、新成立的功能单位和刊物皆以农史命名。多年农书校注和遗产整理，已经自然而然地进入农业历史范畴，多年沉寂领域各种农史研究课题如春笋破土而出。当然此后长时段内，农史热土热点仍在农业科技史领域，农业科技史因以其家底厚凝气足，始终走在农史学术研究的前列。

举全国农史界大家和新锐之力，囊括了前代数十年农书校注和农业遗产精粹，编写成农业科技史巨著在学界影响极其深远。为适应农业家庭承包经营制改革形势，农业经济史研究也炙手可热，历史学和农经界也与农史作交叉研究，农业经济史研究从此全面展开。另外还有哲学自然辩证法与农业科技史也开展交叉协作，从而形成农业思想史研究领域，进一步完善了农史研究的学科结构。与此同时，地区农业史、世界农业史、农业文化史、农业社会史等领域，都在开拓且见初步成果。农史研究风气所被，国外农史同行和海外专家也融入中国农史研究，纷纷著书立说，刊发论文报告。英国著名科学家李约瑟主编大部头著作《中国科学技术史》，置农业卷和生物卷，专论中国农业科技历史和发明创造。日本老一代学者们不甘寂寞，将其抗战前后数十年搜集研究的中国农史成果刊书献世。日韩和欧美新辈学者承前启后，与我国农史界展开全面的学术交流关系。

2．农业历史学会的学科凝聚力

我国学科概念和学科分类原则，主要参仿西方现代科学的学术路子。按照近代渐入的欧美科学观念，学术、学会、学刊三者立，其学问便可列为某学科之流。当某门学问社会上有一定学术影响，继而有学会组织及其刊物，便具备现代科研教育领域的学科意义。其中学会的标志性最强，时谓"士会于庠而士气扬"，所以各类学科形成与学会组织关系甚为密切。欧美国家的学科建立，主要依靠学会凝聚研究力量；我国学科专业建设，也有赖于学会的组织功能。农史研究的基础尽管相对雄厚，但扎实的专业学问却与学会建立，两相脱节数十年之久。我国农史事业组织，是在独具特色的国情条件下逐步形成的。"学在官府"是我国历史传统，学问必得国家政权相容或助推，唯有纳入国家上层建筑体制方可图以发展，农史研究正是在政府倡导下不断发展壮大。社会主义制度的举国体制，高度计划的治理模式，中华人民共和国成立之初就将农史纳入科研事业，至今仍通过国家教育和科研部门，对农史学科行统一组织管理。农业历史学会正是在这种学术背景下，逐步建立、成熟和发展起来，为凝聚农史研究力量和农史学科建设，发挥了社会学术团体的辅助力量。

农史学会初立于1987年，为中国农学会下一学科分会。显然是以学科交叉关系参入大农学组织，从而使多年农业历史文献研究，开始有了学术地位和社团归属。农学会是西学东渐中出现较早的学会，是我国近代学会史颇负盛名的学术团体，农业文献遗产整理研究也是成绩卓著的学术群体。进入农学会后，在当时全国各专业科技史热潮涌起的形势下，农业科技史编写工程全面推进，学会组织有力地发挥了民间社团的助推作用。然而农学会属自然科学性质，是以发展现代农业科学技术为宗旨的学会，农业史中农业科技部分却有古今学科联系；但农业史中农业经济关系和农村社会历史等领域，与农学会各学科专业就有隔膜之虞。再者，农史学会归属农学会，投身于自然科学中的农学门，必然易失去社会科学中历史学门类的依托，难免发生学科范畴的错位和学科属性的紊乱。有鉴于此，经民政部的权衡和批准，于1993年正式成立中国农业历史学会，为全国一级学会组织，明确了《中国农业历史学会组织章程》，接受业务主管单位中国科协领导，且受社团登记机关民政部的业务指导和监督管理。

中国农业历史学会大约是国内规模最小的一级学会，但确有其独特的部门地位和学科性质，梁启超就曾主张列为专门史以强调其独立性。中国农史学会成立后，得到政府部门和文史类学科的大力支持，充分发挥出学科凝聚力量，吸引相邻学科专家学者参会，壮大了农史队伍和科研力量。历史学界及考古学、民族学、社会学、经济学、方志学等学科与农史交汇，各专业研究人员也纷纷跨界加入农史一级学会，促进了农史学科队伍壮大发展。如果说在农学会二级学会时期，农史学科曾经吸收了一批农学界热心科技史的人才，那么在独立为一级的中国农业历史学会后，又吸纳了大批社科专业特别是历史学科的同好入会。据20世纪末统计，农史学会会员570名中，绝大部分为相邻学科的成员，从而形成学科交叉融合效果和农史的特色优势。

农史学会依靠学术刊物的交流作用，也有效地增强了学科的凝聚力量。西方近现代科学体制中，学会与学刊共生共荣，许多著名学会和学科甚至就是以刊物得名，最典型者就是法国史学中的年鉴学派。中国农史的学会、学刊和学科，也形成这种三者相统一的关系，以《中国农史》《农业考古》《古今农业》号称三大农史学刊风行学界。其中学会主办学刊《中国农史》成为"中国人文社会科学核心期刊""全国中文核心期刊"，并入C刊之列。有如此高规格的学刊，自然会吸引高质量的文章论作；规模较小的农史学科竟有这多刊物，必然会聚集大批中青年专家和研究生以论文交流。除学会会刊之外，农史学科的刊物还有过《农史资料集刊》《农史研究文辑》《中国当代农业史研究》等，先后在本专业内发行。如果说学会是学术成熟的标志，那么学刊就是学会和学科臻善的硕果，学刊就是学术生动活泼的舞台，对20世纪末的农史学科发展应作如是观。

3．学位教育赋予农史以体制化意义

改革开放以来，随着科教体制改革不断深化，在科学研究和高等教育领域，学科概念的运用日益广泛深入。过去习惯对科研领域笼统地称为某某研究，高等教育领域则以称名某某专业为主，学科概念主要见诸宏观的科学类名，尚未形成以学科分类的完整体系和明确学科管理体制，科教单位命名和内部业务划分其概念也较为混乱。例如农业历史学科在未曾普遍使用前，研究单位名称一般不显农史二字，农史研究也很少称农史学科。

学科概念的推行与国家学位教育部门明令公布的"学科专业目录"相关联，目录既是学科分类的标准体系，又是国家有关部门学科管理的规范体制。国家颁布的学科目录既出，各类科学研究和高等教育都会按目录明确各自的位置，不合规范者就要做出名称或实质的调改，否则会受到学位授予权点的资质限制，甚至难以名正言顺在全国学科体制之下交流发展。

农史界在20世纪80年代初迎来的科技春讯，其中就包括农业史硕士学位授权点的机遇，数所农业院校在科技史学科之下，以农业史分支招收培养研究生。尽管学科归属仍有待于商讨调改，但农业史作为独得其名学科，进入学位教育体制并列入目录，以农史学科的名义自立于现代科学之林。农史学科见之于目录，相邻学科就可依照学科交叉结合原则，接受农史学科的挂靠和合作培养。在农史博士学位授权点较少的情况下，通过扩大博士研究生和博士后的联合培养，农史学科发展需要的高层次人才，从学位制度上得到基本保证。

根据学位教育明确后的农史学科，规范了本领域学术、科研、教育等方面的概念称谓，以往运用的农学史、古农学、农业遗产整理、科技史、农史研究、农史专业等，皆可统一于农史学科总的标识之下。既有了科学的系统归属和明确的学科定位，同时也有国家科学制度和学科管理体制的保障。所以唯在此时，农史最终具有了现代科学意义，进入全面的农史学科建设时期。我国农史学科教育点主要在农业院校，当前高校教育体制改革如火如荼，明确提出建立一流大学和一流学科的"双一流"发展目标，又确立"以学科建设为龙头"的创新改革思想，古老而年轻的农史学科，再逢全面建设和持续发展的新机遇。

4. 农史科研教育丰硕成果促进学科发展

回顾农史学科自20世纪萌发以来形成和发展的历程，可见其顺应近现代科技潮流稳步行进的履迹，在上述几个历史阶段都取得无愧时代的骄人业绩。传统学术与现代科学有学理上的重大差别，二者相互结合唯医学可谓成功范例，大多数传统学问则不尽然，只能流落民间按传统方式传播。古农学和农业遗产整理，转型为现代意义农史学科，可谓一种成功范例。根本原因乃是现代农学是在传统农业的历史基础上发展而成，认识现代农业发展必以农史科学为基础，若无传统农业和农史基础，农业现代化将寸步难行。另一重要而直接原因，是农史数代人脚踏实地开拓播获，在学界赞叹声中不断奋进，终于开发出现代农史学科新领域。

回看农史学科的萌发，首先归功现代农学和史学先驱者的科学启蒙。如上所述，两学科同为较早传入的西方现代科学，引介者具有跨学科同重并传的先知先觉思想观念。两科的结合新生出农史研究，不无学术先辈们的人为因素，罗振玉、梁启超等堪称代表人物。20世纪前半期，现代农学欲继承农业历史遗产，历史学欲引入农业和经济史，开出现代史学新生面。农业历史文献整理研究随之自然兴起，传统农学即涉入新史学领域二者并相结合，农史学科从而孕育萌生。当时社会背景下农业历史遗产整理研究工作，虽仅限于个别院校和个别学者之觉悟，但先驱者创通现代科学和创建农史学科意识却是非常明确执着。如金陵大学早在1920年就提出编辑《先农集成》的重大工程，明确提出通过农史资料、整理农业遗产、弘扬古代农学、促进农业农村改良的四大目的。在中华人民共和国成立前动荡战乱年代，终于集成3700万字456册的手编资料，为后来大规模农史资料工作肇启良好开端。

　　中华人民共和国成立后的农业遗产整理和农史研究，在国家有关部门主导之下大规模的展开，农史科研教育和学科建设，更具有现代科学体制和制度的依托。国家在有关农业院校建立农史研究机构，发挥了骨干带头作用，截至20世纪末，广义的各类农史机构计为20多个；建立农史学术团体为国家一级学会，并有三大学刊，凝聚了数百上千的专兼职农史研究者；农史列入国家学位教育学科目录，具有农史硕士到博士后培养资质，以农史学科名目列入国家科教体制之内。大树之下好风光，当今农史学科洋洋大观，农史研究成果累累，农史教育学子莘莘，农史学术交流和科普遍及城乡，构成史学门类中的专门学科。观览当今农史学科，除前述古农书校注与农业历史文献遗产整理的成就外，各类农业历史研究的论著成果大量涌现，著作多达数百种之多，论作文章当以数千近万篇计，其中大部头的整体性农业历史著作已不下数十种。农史学科内各分支学科充分发育，与相邻学科的交叉研究也全面展开，出现所谓的"四至八面"的不同研究方向，主要有农业科技史、农业经济史、农业社会史、农业文化史，以及农业考古、民族农业史、地区农业史、世界农业史等专业类型。可以毫不夸张地说，农业历史学科已渐成为现代科学之林的参天大树，以其丰硕的学术成果而引得举世瞩目。

5. 新时代农史学科发展的机遇与愿景

　　时入21世纪，农史学科迎来前所未有大好机运。20世纪末的改革开放和市场经济体制，改变了学术思想禁锢和制度政策的僵持，为农史和学术倡明解除了羁绊。21世纪初的亲民惠农政策，农业领域攻坚性改革和农村全面建设成就，彻底解除农史研究和农村社会发展各种困惑。近年综合国力空前强盛，农业和农村展示出壮美前景，为农史研究和学科建设，开辟大有作为的广阔的新天地。农村土地制度实行所有权、承包权、经营权分置的改革。牵一发动全身，必然引起农业和农村社会变革，带来城乡社会关系的新变化。中国历史上农村乡镇变迁，从来都是农史家探索的主要课题，农史学科为现实和未来的镜鉴，就该有农史的学术担当，为美好新农村和新型城镇化建设，给予历史的照应并指示出发展的方向。

当今之世，国学热潮勃兴全国、普惠环球，如此大好中华文化传播时遇，农史学科岂可坐失良机。诚如上论，农史学科起于农业遗产和古农书校注整理，古农学即诸子百家农学者流，为传统国学重要名流学派。如今经史子集纷纷重刊行世，三教九流高调出场登坛，唯有农家之流噤若寒蝉，自隐于国学热浪之外不起风波。农史学科自有其道，农史必也寻根认祖，其农根于国学，其史也归于国学。大道多歧亡羊，正确的抉择，不违农史规范，不辱国学使命，农史学科必以双肩担当。

以上就国内改革形势而言，同时更要放眼世界科学技术现代化和经济全球化，把握农史学科发展的前景机遇。当今互联网时代，农史研究方法手段须相机应变。首先要融入信息化时代潮流，熟练运用计算机网络系统搜集农史资料，进而用数字化手段整理、编制、调度信息资料。传统文献目录和现代报刊索引是农史资料的渊薮，书刊目录索引，皆为辨章学术、考镜源流的学问，丝毫不可轻弃。要在将平面载体形式，转化为多维展示形式，能够快速调动运用。可以肯定地说，强大的计算机功能，无所不在的互联网传播，以及大数据铺天盖地的发展，将会把浩如瀚海、汗牛充栋的农业历史遗产充分调动起来，检用资料的速度、效率、效果或成十倍百倍提高。但目前新的研究成就和学术水平却非尽人意，这说明农史研究的思想、概念和方法，还滞后于互联网时代，还需要做大量新的探索。

第四节　农史学科理论

　　学科理论是概论性著作的核心内容，也是传讲方法类课程的理论主导。农史研究法前称"半论半法"，定位概论和方法兼而有之，故于论于法都必须强调农史学科理论建设。传统史学自谓记述之学，史论研究远后于史书著作，至于初生稚嫩之农史学科理论更无从说起。无从说起还得从头做起，远后于史学还得紧追不舍，必须参照史论经验加快农史学科理论建设。农史学科理论体系与学科总体结构同样，拟分主客体两大理论系统，即农业历史理论和农业历史学理论。唯是考虑到主客体理论统一性，又借助哲学理论提出农史哲学问题。总的说来，无论哲理还是史论，对农史研究都显得过于理想化，但是作为农史学科建设长远目标，又考虑到农史方法概论完整性要求，终还是保留了本节内容。

一、农史学科理论问题分析

　　这里首先遇到"理论"和"史学"相关联的许多概念，作为农史专业者自难善解，而又不得不强为之解。故唯能从农史学科实际和理论建设需要，在理论家和史论家纷纭复杂的定义说解中择善而从，尽力折中出为农史实践参用，而略能自圆其说的学科理论。但望理论家们不吝雅量，乐予新兴农史学科宽容些理论自创空间余地。

1. 农史理论性认识

科学理论是系统化的关于事物本质和规律的认识，是经过逻辑论证由一系列概念、判断、推理表达出的知识体系。农史学者必以严肃审慎态度介入理论领域，从丰富农史研究实践中，总结、归纳、提升出规律认识，以所谓的理论指导农史研究并接受实践检验。但是另一方面，必须从农史实际和研究现状出发，灵活理解和运用理论概念，创通构建学科理论，为农史学科理论构建自添砖瓦。农事质朴，农史淳厚，其学科理论当立足务实而接地气。不必过分清高和拘泥于狭义地说解，宜多取广义的包容性词汇和理念。当知理论本是概念或概念体系，一词一语若概念运用得当，都可体现出理论色彩；理论是实践经验的总结和概括，是显而易见的认识并非玄妙远人；理论是事物本质的反映，是规律性认识，抓住事物实质认清必然性，理论认识就在其中了。所以理论可以出自假设，得之于逻辑推理，现之于抽象思维，还可表述为数理模型，等等。理论的概念如此丰富多彩，义界如此广泛宽容，可见农史理论无处不在，农史研究者与农史学科理论建设皆可有所作为。

2. 史学相关概念辨析

理论与史学相关概念构词，也容易造成许多意义上的交错含混，需要加以辨析。首先是史学理论，本是以历史学自身问题为研究对象，如关于史学性质、特点、功能、方法等，各种史学概论皆属于此类理论。史学理论又称历史学理论，乃繁简两称实无区别，也有人认为史学理论是历史学理论的一个分支，也只是自言自语的自我认定而已。说到底，其对象仍是史官、史馆、史书、史家等史学主体理论。其次是历史理论的定义，乃是关于人类社会发展及其规律的认识，倒无过分歧义的说法。总之历史理论与史学理论是相互联系和互相渗透的两个领域：从历史观看，史家也是历史活动，故历史理论包括史学理论；从史学观看，包括历史学家在内的一切从事社会实践的人，对历史的研究认识都是史学活动，皆在史学理论概括范围。二者谁包括谁，是不同立足点的选择，在史学语境和历史研究中自可分辨。再次是农史哲学理论问题，本讲特意提出这个概念，正是有鉴于历史这两大理论系统的统一性问题。史学与历史是主客体关系，可以相互包容，但谁也取代不了谁，只有哲学理论才能高度概括二者，从而建构起统一的农史学科体系。故在厘清基本理论概念后，本讲明确农史学科理论包括：农业历史理论、农史研究理论、农史哲学理论共三大系统理论。

3．农史学科理论现状分析

农史是史学的专门学科，但相比研究实践，农史和史学二者理论都相对缺乏。史学理论贫乏盖因其古老而传统，缺乏现代学科理论建设；农史理论贫乏则因其年轻而稚嫩，又缺乏现代史学理论的充分指导和参照。古代传统记述史学，崇尚编纂而轻淡理论，古代史论家寥若晨星，未形成发达史论学传承。近代新史学出现所谓五大流派：梁启超和王国维的新史学；顾颉刚和钱玄同的古史辨派；陈寅恪和陈垣的二陈通识派考证；钱穆的国粹派和陶希圣的食货派；胡适派实用史学和林同济的战国策派等。但是这些学派个性太强，难以达成共识性的史论体系。说个性是非，不知其详；而缺乏共性史论，倒是事实，人们很难总结出近代系统的史学理论。中华人民共和国成立后史论有所谓的"五朵金花"：历史分期；农民战争；资本主义萌芽；土地赋税剥削制度；汉民族形成等。显然受极左学术思潮影响，其自身也不成理论系统。改革开放初期，新编的史学概论出现，继而大量引进国外史学理论，举凡西方历代史学流派无不破门而入，国内史界大都能冷静地择善而从。近年虽有许多史论专著、专刊行世，尚不足改变史论长期落后于史著的状况，尚无符合中国历史特点的史学理论经典问世。如此，农史学科理论的现状可想而知，总的说来还处在萌动初发的阶段，好在农史同仁已自醒崛起，开始了本学科理论的共识共建工作。

二、农业历史理论

上言农史学理论现状，现在说农业历史理论。实质就是客观农史理论，完全是根据农史实际总结史事的本质，通过农史发展过程总结历史的规律，认识真理性要经受史料和现实常规的检验。有些论著主张将历史理论划分为宏观、中观、微观三类，其说非常清晰，但联系农史实际似无必要，划归为宏观和微观即可。农史毕竟小微学科，理论建设时日不足，况中观理论可着情分解于宏微观中。故此处将农史理论两分，称之为宏观总体理论和农史具体理论。

1. 关于农业历史理论认识

农史理论一言以蔽之，农业发生发展过程和演进规律的理性认识。农史发展过程包含逻辑性理论，历史与逻辑统一是历史研究的重要法则，符合逻辑的叙史记述论证，正是史家理论水平标志。历史发展过程的阶段性，反映农业演进的节奏和段落变化规律，段落建立在对重大农史事实和本质的理性认识基础之上，故阶段过程划分直关农史理论认识。农史发展规律，更是农史理论认识的最高境界，是对农业历史过程必然性的表达。揭示出历史本质和发展规律，就是发现了历史的真理。历史真理还要靠客观农史实际检验。"例不十，法不立；例不十，法不破"，就是说没有充足历史事实，规律理论是难以确立的；而一旦既成真理，没有充分可驳论的事实依据，农史规律理论也是颠扑不破毋庸擅改。另外农史镜鉴意义，赋予了本学科极为广阔的理论新空间，包括农业历史经验的总结、农史教训的记取、农业发展前景的预测等，大可作出理论假设的研究。大凡农史研究立题结论，总是以经验、教训、展望为出发点和归宿，不能低估其理论价值，是所谓"论从史出"。总之只要平实宽厚认识农史理论，能者识大，不能者识小，大鸣小鸣，凡农史研究者，皆可为农史理论建设者。农业历史理论范畴，既是如此宽泛，故初始研究只宜作粗略的类型和体系划分。本讲原计分宏观、中观、微观三个层次，考虑到中观理论的相对模糊界限不清，遂粗分为农业历史总体理论和农业历史具体理论，总体实为宏观理论，具体为微观理论。

2. 关于农业历史宏观总体理论

农史总体理论范畴宏观，一般要在农史学科前言先作概论，或在结语中全面总结。其明显特点是显示农业历史的总体规律，是贯通农业全史或某个特定阶段的理论概括。首先是关于农业起源学说，学界共识为中外农史研究的重大理论问题。我国在这一领域起步较晚，近年才认识到其中学术蕴涵，开始重视祖国农业在世界农业起源中独特地位。其次是农业历史阶段划分，因史学研究历来重视分期问题，曾为奴隶社会和封建社会阶段划分争论不息。农史研究在分期问题上倒是较快达于共识，将近万年的中国农业历史，分为三种形态和七个阶段，即原始农业、传统农业和现代农业，包括原始时期、夏商周、秦汉魏晋南北朝、隋唐宋元、明清、近代、当代七个阶段。再如中国农业精耕细作优良传统，地力常新农耕文明持续不衰成就，如此重大的历史结论学界共识，其中就包含着许多真知灼见和高度的理论概括。

以上举例而论农史总体理论，宏观全史是明显的标识，凡言"中国农业历史"理论问题，通归于总体理论。当然还有介于宏观和微观的一些中观层次农史理论，虽不再细论，但也要略知其在农业历史上起到的作用者，有些还可变通置于总体理论。例如小麦在汉代大力推广，虽属汉代一作物栽培事，大义却在改变我国北方种植制度，小粒春秋播获作物变成大粒越冬种植，使中国农业生产发生翻天覆地变化。又例如宋代南方普遍推广稻麦两熟制，实为水旱结合使南北农业技术优势特色统为一体，其功不在引入国外嘉种美利之下。另外，如明清资本主义在农业领域萌芽，史界很早就作为重大史论长期研究，以其直关近代中国历史发展格局。同样农业现代化问题，一直是中国当代农业历史发展的主线，虽仅为几十年间的时段，其重大理论意义却在决定着中国农业未来发展的方向道路。

3. 农业历史具体理论

农史具体理论指相对微观的客观农史理论，主要反映在具体农业历史和事物之中，揭示规律性认识和理论观点。这其中大量为中观层面的理论，唯因本讲不作宏、中、微观划分，不置中观层面，凡属宏观之外的理论均归于此类。农史具体理论首先将断代性和阶段性的农史理论作为主要内容，例如夏商周三代传统农业技术的萌芽、汉晋北方旱作全面发展、唐宋南方水田稻作的厚积薄发、明清精耕细作集约经营传统等。微观层面的理论不容忽视，而应精心细致纳入农业历史具体理论体系。这里举几个例子，便知其特点进而把握。例如司马迁《史记·河渠书》记述郑国渠历史业绩后评说："于是关中为沃野，无凶年。秦以富强，卒并诸侯。"所记不过一开渠灌溉史事，昭示关中所以富，秦国何以强，秦何以并天下的大道至理。又如清人章汝愚评汉代西北水利开发千秋功业："不计地利之广狭，不论费役之多寡；不一劳者不永逸，不暂费者不永宁，此汉人得享灌溉之利也。"短短数语，道明汉代开发大型水利工程的战略和成就，何等深刻简明的历史结论。再如王夫之论畜牧业重大意义："汉唐所以张者，皆唯畜牧之盛。"汉唐盛世的历史辉煌昭然若揭，史事、史理、史论尽在其中。如此的微言大义，农史的至理宏论，在农业历史文献中俯拾皆是，必须明确其农史理论意义。当然微观性农史具体理论，绝非就事论事，而是就事论理，以小事见大理。

农史具体理论建设思路多端，首先是从本专业领域积累概念、确认本质、抽象思维、逻辑推理、揭示规律、科学表述、镜鉴经验教训、预论发展愿景等，如南北水旱稻麦双元农耕历史结构、精耕细作地力常新的优良传统、古代桑基鱼塘有机生态绿色农业模式等。其次从其他学科引入新概念和新理念，与农业历史学科交叉形成理论，如对原始作物品质驯化、农业生态历史演进、古代粮食安全等规律认识。另外要注意国外学术引进，如西方免耕历史经验、欧洲三圃轮休制、欧美庄园经济、农业文化遗产的现代开发等，结合我国农史实际作比较研究，形成具有国际学术意义的创新理论。

三、农史学理论

农史研究主体理论，或农史学主体理论，包括农史研究者、农史组织机构、农史学体制，即个体、群体、体制三个层面的理性认识和理论表述。这里又遇到农史学理论与农史学科理论概念交叉问题，一般说二者词义无别，但本讲中将农史学科理论作为大概念，用以包括农业历史理论、农史学理论、农史哲学理论。如此处置实为农业历史学科理论体系建设需要，于词于理也可通融不至于混淆。所谓农史群体理性认识，主要指农史研究同行或组织机构，就本专业属性功能的基本共识，以及对农史学科全面总体认知，一般由农史学科概论承载。农史个体理论，主要指农史研究者在各自实践中形成的理性认识，其中多与具体的研究方法结合在一起，大多有待于上升到理念和理论层次。另外农史学体制本身就有社会制度因素，包含着学术机制和科学管理规律。关于农史学理论，本讲拟划为农史学概论、农史研究实践中的理论、农史学体制建设理论三部分，简略解释如下：

1. 农史学概论

农史学理论以学科概论最为常见。概论顾名思义，本身就有理论性质，历史学概论就是关于历史研究的基本理论、基本方法和基本知识的学问。农史概论也是遵循史学概论三基本的原理，进一步论述农史学本质属性的系统理论。史学概论内容范围和理论方法，主要有历史研究的主体和客体的关系、史学实践的形式和特点、历史认识的基本过程、史学的系统结构、历史认识的检验、历史著作的编写和形式等。农史学概论根据上述内容和原则，充分体现出其理论本是概念和原理的体系，是史学本质和规律的反映，是系统化的经受实践验证的史学理性知识，也是指导农史研究理论方略。总之根据农史实际，本讲将农史学概论简括为对象、性质、特点、功能等四要义，以及层次结构、学科历史、理论方法、研究者素养等四系统。上面几节皆属农史学科概论内容，为农史学基础理论，对农史研究有重要的概括性理论指导意义。

2. 农史学科体制理念

学科体制是制度性的结构，也需要先进的理念和正确的指导思想，才能构建全新的农史学科体制。从学术和事业发展角度看，体制之中包含着理论意义指示路径的功能。当今农史学术组织和农史研究机构，已经纳入到国家事业管理，换句话说有了制度意义。这就需要对农史事业发展的历史规律有所认识，才能制定出正确的政策，指导农史研究与时俱进。农史机构和诸多农史研究单位，需要在合理的制度、体制、机制的原理之下运行，方可健康而持续发展。农史体制内涵包括研究机构、管理部门、学术团体、论著刊行、成果鉴定、教学科普、学术交流、体制改革、发展战略等，显然已构成复杂的社会化事业系统，必要强化这方面理性认识和理论指导。

3. 农史研究具体理论

理论源于实践，农史研究实践不仅能认识客观农史的规律，同时也能总结出研究工作经验和科学方法。方法中有规律，方法中有理论，还有哲学理论称方法论。所谓提高农史研究理论水平，就包含着掌握研究方法认识能力。农史研究从史料立题，到谋篇提纲，再到撰写成文，包括由感性，到知性，再到理性认识过程。其中运用到各种思维方式方法，总结和掌握科学的研究方法，同样具有农史学的理论意义。农史研究离不开研究者个体的思维和创新认识，所形成的理论认知与研究者个体的立场、观点、方法密切相关。所以说农史学概论和体制，主要就群体而论，那么农史研究实际工作理论，则是研究者个体的创新天地。

四、农史哲学理论

农史哲学的提出，主要考虑到农史学科建设的统一性，因为各单元处处以主客体分而论之，唯从哲学思想上可将二者结合为一体，即知农史研究法主旨的完整统一。关于农史哲学，前辈确有先知先觉者，20世纪40年代石声汉先生著《生命新观》，极尽生物史之长，开农家谈生命哲学之先河。继之50年后邹德秀先生著《绿色哲理》，以农业科技史为经纬，为农业哲学发蒙。农史哲学理论体系划分，总不离哲学本体论、认识论、方法论。三论与农史研究实际结合，或可逐步探索出科学的农史哲理体系。

1. 农史本体论

农史本体论，即关于农业历史和农史学的本性、本质、本义的理论。在我国哲学社会科学领域，主流指导思想理论是马克思的历史唯物主义，又称唯物史观。多年来的农史研究，一直坚持唯物史观的理论观点，用以研究历史上农业生产力与生产关系，认识经济基础与上层建筑两大基本矛盾。同时也在努力地结合农业历史发展的实际，在农业现代化的道路上，发展马克思主义基本原理，创新中国特色的社会主义的唯物史观。在社会科学领域，无论从农史学、历史学乃至哲学社会科学的理论建设，都必须坚持以唯物史观认识事物本体实质。所以探讨农史本体理论，首先要重温历史唯物主义主要观点：

其一，社会发展是自然历史过程，如同自然界运动，是不以人的意志为转移。其二，物质生活资料的生产方式，决定社会生产活动，决定人们政治生活和精神生活。就是说生产方式，即生产力和生产关系，决定着社会形态，包括经济基础、上层建筑和社会历史。其三，社会存在决定社会意识，意识可反作用于存在，即将辩证唯物主义物质与精神关系，运用于社会历史。其四，生产力与生产关系之间矛盾、上层建筑与经济基础间的矛盾，是社会发展的内部动力。其五，科学是认识世界的知识体系，科学技术是生产力，而且是第一生产力。其六，阶级斗争是社会发展的直接动力。其七，人民群众是历史的创造者。显而易见，唯物史观核心是物质和物质生产，农业和农业历史是人类长期赖以生存和发展的物质基础，历史唯物主义与农史本体有其天然的联系，有些观点则可直用于农史研究。

2. 农史认识论

哲学认识论是关于人类认识的本质、来源、过程、形式和真理性的科学理论，是辩证唯物主义的重要组成部分。认识论的原理和诸多的观点千头万绪，毛泽东主席在《实践论》中深入浅出论证，实为马克思主义认识论的普及教育。人们皆知哲理深奥的认识论基础原在实践之中，感性认识与理性认识的辩证关系为两次能动飞跃，实践、认识、再实践、再认识循环往复以至无穷，便是认识真理改造世界的过程。如此朴实纯真的认识论，恰是中国农史和农史研究者反复实践的哲理。农史学家石声汉先生据此论断：中国农业数千年长盛不衰，正是没有犯技术指导的错误，也就是说没有出现认识和认识论的历史性失误。

哲学认识论从感性到理性的过程是普遍的规律，农史研究实践中显然在感性到理性中，还存有知性的过渡阶段。一般说，农史研究可分为感性、知性、理性三阶段：认识个别史料的感性阶段；形成历史过程的知性阶段；通过历史过程认识农史发展规律的理性阶段。"感—知—理"认识，在农史研究者感受非常真切，也有用于农史教学内容。感、知、理同样存在于史学各专业，在其他学科领域或工作实践，感性与理性之间可能还存在更多形式的飞跃过程，说明认识论也处在不断丰富和发展之中。

3．农史方法论

哲学方法论普遍适用各门科学，为认识事物和解决问题的根本方法，是起指导作用的范畴、原则、理论、方法和手段的总和。通常将方法论划分为不同的层次类型，有哲学方法论、一般科学方法论、具体科学方法论等。农史方法论显然属于具体科学方法论，唯是农史学科新幼稚嫩，除立足自身探求外，当前主要还只能运用哲学方法论的一般科学方法论，同时参照学用其他学科方法理论成就。哲学方法论历史古老悠久，近现代科学方法论也层出纷呈，学界主流思想遵循马克思主义唯物辩证法，并以此作为科学方法论。马克思哲学方法论是在总括各门具体科学基础上，根据自然、社会、思维规律等，建立的最有普遍意义哲学理论。马克思方法论与世界观相统一，称有什么样的世界观，就有什么样的方法论。同时马克思科学方法论与实践认识论紧密结合，实事求是成为举国普世的中国特色的科学方法。农史界虽不曾专论哲学议题，但研究实践中总不脱离实事求是的原则。仔细分析便知，在淳厚质朴的农史研究中，已经蕴含着各种科学方法论。例如搜集整理资料中，普遍使用比较、类比、逻辑推理的方法；在研究历史过程与历史规律的关系时，通常采用综合分析、归纳演绎、发散聚会、辩证思维的方法；在大纲设计、谋篇构思、论著写作过程，则运用系统分析、概念抽象、历史与逻辑统一等多种方法。检阅多年农史著述，便知农史研究自觉或不自觉地践行着马克思主义的科学的方法论。

农史学科理论作了以上的讲述，最后说说史与论的关系问题，这是二十世纪五六十年代最热门的学术辩题，在农史研究中也常令人为之困惑。农史研究和论著编写中有三种史论关系：论从史出、史论结合、以论带史。当年史界争端多有偏颇之处：论从史出，过分强调客观表述，忽视理论的指导作用，导致忽视史论倾向；以论带史，则偏颇于过度强调马列理论，甚至不适当的引入政治观念，导致以论代史；史论结合，其说倒也全面合理，但并没有道明史论之间复杂的统一关系，通常只是追求形式上的简单结合。多年农史研究实践中，认识到不必脱离实际空谈，更无须做过多概念争论。针对具体问题，该从则从，该带则带，该合则合，或者三者兼而用之。关于史论关系或者说史论统一的关系，在农史实际研究工作和具体过程，不妨这样考虑和处理：低层次史料工作，坚持论从史出为主；中层次论著编研，应以史论结合为主；高层次历史理论研究，应以论带史为主。最准确的表达，无论于何层面皆要追求史论的统一。

五、西方史学理论流派简介

改革开放以来，西方史学思潮蜂拥而入，多年封闭沉寂的我国历史学界思想开始活跃。农史作为新兴的专门史学科，同样关注国外史学流派，教学中自然也传递许多域外学术信息。鉴于农史主旨非同普通历史学和西方史学课程，再加手头可参考资料局限，课堂上略加了点佐料，姑且仍保留在讲义之中。简略地说，西方史学历史悠久，恢宏博大，流派纷呈，堪与东方史学媲美。按历史可分为四个发展阶段：公元前西方古典史学、中世纪基督教史学、近代资产阶级史学、当代新史学。西方史学经历了从人本到神学、再到人文、再到当代新史学的转折演变历程。

1．西方古典史学

古代西方史学起始至成熟，与中国古代史学大体相同，古希腊和古罗马的史学，已进入以记述历史为己任的时代。历史与神话分离、人本精神意识、世界历史的视野，凡此基本理念奠定了西方传统史学的根基。虽经中世纪的黑暗，终见近代复兴人文主义的史光，至当代新史学思潮遂风起云涌，继承数千年的西方史学传统，又不断创新史学理念。古典史学由古希腊希罗多德《历史》开创，后世尊为"历史之父"；修昔底德《伯罗奔尼撒战争史》，奠定了西方历史学基础。从史论角度看，正如马列二位导师所总结和批判：西方古代史学主要是从古人的思想动机出发研究和记述历史，没有从社会的客观规律和人民群众的动力作用去认识历史。

2. 基督教史学

中世纪欧洲史学更加远离了科学理论，成为神学的分支，极力地排斥古代史学传统，甚至斥之为世俗史学。当时史学家不仅用神学解释历史，而且认为《圣经》就是历史，遂使史学失去科学意义。中世纪是黑暗的倒退的时代，史学的命运也是如此。但是历史总是发展的，历史学也是要与时俱进，而有些基督教史学观点，也不乏其理论价值。例如"历史的统一性""直进观""进步论"，一定程度突破了古典史学倒退的循环的历史观念。又如体现历史线形发展的公元纪年法，在中世纪欧洲就开始推行，当今已为全世界范围普遍通行共用。

3. 近代资产阶级史学

最先出现在文艺复兴时期，延续至19世纪末，前后经历若干发展阶段，承前启后的意义影响极大。其一，人文主义史学。恢复古典史学人本精神，与神话神学史学决裂，重新强调历史的垂训意义，重视历史叙述的价值。其二，理性主义史学。强调人类理性是历史发展的动力和规律，提倡突破政治军事史拓展到广义社会文化史，提出系统的历史进步论。其三，浪漫主义史学。强调历史发展的个性和伟大人物的作用，提倡情感取代抽象理性概括历史；历史主义是浪漫主义史学一支派，要求对历史现象以同情理解态度分析研究，承认各历史的特点和多样性合理性，颇获史家之心理认同。其四，历史哲学。分为思辨历史哲学和分析历史哲学，即对历史进行哲学的思考，而非以堆积史料为能事。当然这个概念一般指唯心主义历史哲学，与马克思主义历史唯物主义历史哲学相区别。其五，实证主义史学。主张按照自然科学模式建设史学，努力探索历史发展的规律性。德国实证主义史学家兰克为代表的所谓"科学学派"，是在19世纪自然科学大发展的背景下闪耀而出。于是乎出现以史料和实物为绝对信据的所谓"实证史学"，研究的领域也严格局限在政治、军事、外交领域。兰克派也有一个与中国传统史学完全相同的口号"秉笔直书"，冲破中世纪神学意义的史学桎梏，实证史学在近代西方统治了整整一个世纪。

4．当代西方史学主流——"新史学"

新史学起于20世纪之初，西方史学现代理论方法趋于成熟，新史学如雨后春笋层出不断，学派林立而以法国年鉴学派影响最大。

（1）法国年鉴学派

年鉴学派立名于1929年，是以法国大型史学杂志《社会经济史年鉴》创刊为标志的近现代史学流派，为影响力最为广大的西方史学理论。年鉴学派经历三代发展历程：第一代创立起至于二战前，称为"结构定性史"时期，主张综合再现社会结构；第二代二战后至于20世纪60年代，即从社会结构的定性分析转向定量分析，注意数量经济学与历史人口学的运用，称为情势定量史阶段；第三代始于20世纪60年代，进入更加重视具体分析方法，重点在人口史、气候史、社会心理史、生态史等领域，人或认为似乎有过分割裂历史的危险。

年鉴学派的理论基础是"总体历史观"，把人类社会历史看成统一的整体。视历史为一个纵向连续的许多过程，而横向为许多相互作用体系，从而构成所谓的"总体的历史"。年鉴学派批判实证史学主要在以下几点：忽视经济、社会、宗教史；过分重视资料和文献工作；过分注重历史事件人物等非制度因素各种弊端，等等。年鉴学派的基本研究方法，称之为历史的综合的研究方法，主张把心理学、社会学、人种学、语言学等，作为辅助学科吸收到历史学研究之中。于是历史学在社会科学中的地位，像数学在自然科学中一样，即成为无所不在的横断学科。总之，年鉴学派扩大了历史研究范围和手段，纠正传统实证史学许多弊端，影响了西方和整个世界史学的发展。农史学界也有意无意地受其影响，成为年鉴学派的实践者，至今仍在运用年鉴派某些观点和方法。除年鉴学派外，当代新史学还有下面一些流派。

（2）西方马克思主义史学

又称英国马克思主义史学，继承英国经验主义史学传统，代表人物多为英国学者。熟悉马克思著作，信仰并运用马克思主义方法研究历史，坚持历史学是研究历史事实发展过程的科学，强调研究下层人民的历史。但对历史唯物主义有独立论说和解释，甚至有自己的所谓修正。

（3）比较史学

其特点是按照某种规范和范畴，从历史中选择两个或几个比较对象，探讨历史发展的一般规律，寻求历史发展的普遍性和特殊性，阐明其相互关系之异同。如各大文明体系的宏观比较，具体历史现象比较，某些历史过程比较，制度和机构的比较，等等。

（4）心理史学

历史学与心理学交叉结合的新学科，运用心理学理论方法，探索人类历史行为，阐明人类历史发展的客观进程。可分为精神分析和非精神分析心理史学：前者遵循弗洛伊德古典精神分析学说，用历史人物心理特征解释历史现象，称心理决定论的历史观，习惯用心理学的模式归纳，有一定的局限性；后者由心理因素向外在环境决定论转变，把历史人物心理发生演变原因及对历史进程影响作为对象，使心理史学变成历史心理学和心态史学了。

（5）计量史学

就是将数学方法，特别是数理统计的方法运用到历史研究，其主要手段就是用计算机收集处理史料和分析多变量现象。统计分析也由描述性统计，发展为高级的推理统计学和多变量解析分析。制作数学模型也是其重要手段，尤其是借用经济学中的理论模式，以数理形式表现历史文化现象。

（6）文化形态史观

这是当代西方思辨历史哲学的理论观念，代表人物和著作为斯宾格勒《西方的没落》和汤因比的《历史哲学》，主要理论特征是用幼年、青年、成年、老年，或起源、生长、衰落、解体四大阶段的生命周期，概括人类历史全部过程及一般模式。强调所谓历史就是文化和文明；所有文化或文明具有同等价值，绝无孰优孰劣高低贵贱之分。

总而言之，当代史学趋向由叙述型转向分析型，即用问题史学代替叙事史学；从政治军事史重点，转向探求社会历史的总体和结构；从精英人物为中心，转向社会底层的力量；研究方法发生新的变化，广泛运用自然科学技术手段，同时借鉴其他社会科学方法来研究历史。这些不同于传统历史研究的所谓新史学思潮，兴盛于欧美，百余年间辗转浸入我国历史学领域，同时潜移默化于农史研究。

第五节　农史研究思维方法

　　以上四节为概论部分，接下三节主要讲研究方法。讲授方法部分的思路：拟先从思维科学说起，首先对农史方法有一定理性认识，进而渐论农史的思维方法；再就农史研究方法基本类型分而论之，探讨其学术路子及法门；然后细说农史研究选题、思考、研究和写作的具体方法，为农史研究能力方面的修习训练。这就是说方法是从思维方式，讲到宏观研究路径，再到微观的具体方法。其节目设置为：农史研究一般思维方法；农史研究方法基本类型；农史研究具体方法。可见三节中既有理性的方法论，又有农史研究现状的方法类型，最后落脚具体方法操作，构成多层面多角度的方法体系。

　　本节先讲农史研究一般思维方法，因为农史研究的本质为思维活动，必须由"思"字开始。大凡农史研究者，总是掌握一定感性史料，再准备进入理性认识阶段。面对论题必然要"想一想"，自称思索、思考、思想等语，大半多为默而识之。西方现代科学研究则不然，有明确的概念，才谓之"思维"，并多学科地研究思维的原理、规律和方法，称为思维科学。思维科学是自然科学、社会科学都必须运用的须臾不离的科学方法，所以有人称其为横断科学。在自然和社会活动中人的思维无处不在，思维方法无所不用其极，农史无可回避地要用现代思维学，否则当今之世农史研究将何以处之？为此本节必先了解一些思维科学常识，然后探讨几种适于农史研究的科学的思维方法，作为整个农史方法体系的主导思想。

一、关于思维科学与农史科学思维

思维是人脑特有功能，思维科学就是研究思维规律和形式的学问。这是一门古老而又充满现代活力的科学，在西方常与自然科学、社会科学相提并论，共称三大科学领域。人类对思维活动的不同角度探讨史不绝书，直至20世纪初巴甫洛夫创研出高级神经活动学说，才从物质运动形式上揭示出思维的神经机制。后来生物学家对脑机能区的定位，以及脑物理和脑化学的物质运动性质，有了更为明确的认识，人们才对思维有了最基本认识。当代新兴的各种认知科学对人脑信息加工机理，及其反映事物的本质机制等，也进一步深入揭示，特别是方兴未艾的信息论和计算机技术介入思维科学，为思维科学发展又开辟了新的途径。另一方面，哲学范畴与此同时同步，将马克思唯物辩证法理论运用于思维领域，人们又认识到思维的辩证的本质特性，从而进入到完整的科学形态，即科学的辩证逻辑层面。现代科学技术的发展和社会变革的实践，也在不断丰富马克思哲学辩证思维法则，恩格斯、列宁、毛泽东等无产阶级思想家，也进一步促使辩证思维方法的具体化和精确化。毛泽东在《矛盾论》和《实践论》中，广泛传播和普及马列主义以及思维科学，为改革开放后借鉴西方思维科学新成就奠定了基础。如今自然科学和社会科学诸多学科，都把科学思维置于重要地位学习研究，为我国科技界开辟出全面系统认知思维现象的新途径。20世纪80年代初，钱学森提出创建思维科学技术部门，划分思维科学基础、思维科学的技术科学、思维科学的工程技术三层次；同时明确划分出抽象逻辑思维学、形象直感思维学、灵感顿悟思维学三个组成部分；另外关于思维涉及的相邻科学，如计算机、人工智能、模式识别、科学语言等学科，通过研究思维过程和规律，对新一代智能计算机发展将有重要作用。新时期思维科学研究，始终遵循马克思哲学原理，不断深化马克思主义认识论，从而坚实了创新现代科技的思维基础。

　　然而回顾反思我国农史研究思维方法存在问题，与突飞猛进的思维科学颇有差距，最为突出者有以下两点。首先，悠久的古农学传承、丰厚的农业遗产积淀，最易使人身陷史料的汪洋瀚海，导致感性沉溺过度而理性认识不足。因为思维是在实践基础上，对感性资料分析综合，再通过概念、判断、推理形式，构成合乎逻辑的概念体系和理论认识，从而反映农业历史发展规律。这是从具体到抽象，再从抽象到具体的过程，其目的是在思维中再现农事的本质和农史的规律，进而达到对农业发展历程有理性的具体认识。正因为感性认识有余，理性认识不足，有些研究者很容易陷入史料堆中不能自拔。虽然勉强撰稿成文，多半又失之资料堆积令人难以卒读，或虽条理出农史过程某些知性认识，却远未能揭示出农业发展的规律和历史的得失镜鉴。其次，思维科学在我国还处在传习西方和效法改新阶段，大多数学科才开始领悟其原理法则，还正在努力结合本科教育学习科学思维方法。农史学科必须强化思维学的意识，从传统的经验性感性认知习惯，提高到现代的科学思维的境界。本讲是关于农史的理论方法，目的正在强化农史研究中的理性意识，故无论是理论体系的构建和思维方法的渗透，似乎都在借助着哲理的思考。

　　如上所言，农史理论从学科实际出发，必要建立主客观两方面的理论体系，但又需要将二者统一而不使其分离，哲学之本体论、认识论、方法论正可作为农史理论体系划分的依据。有一定的哲理起点，再进而构建农史方法体系，自然会遵循辩证唯物论的认识论，依现代思维科学，为农史研究奠定理论基础。思维学是认识事物发展规律的科学，一般可分为抽象思维、形象思维、灵感思维（或直觉思维）三种基本形式，农史研究主要运用的是抽象思维。抽象思维就是常说的逻辑思维，靠概念、推理、判断认识事物和真理，是思维科学中最经典最常用的形式，人皆耳熟能详自为运用，被称为"闭上眼睛的思维"。由此又延伸出关于逻辑学的著名理论，这是古希腊的哲学概念，在中国则有名学或名辩之称，都是关于思维规律的学说，有广义和狭义之分，其概念已经广普于世。狭义逻辑学又分为形式逻辑、数理逻辑、辩证逻辑等，其中形式逻辑最为基础，是形成思维能力的基本功，故又称普通逻辑学。当然辩证逻辑，特别是马克思的辩证唯物论的逻辑学说，哲理境界最高，最称权威，但是形式逻辑在思维科学中的基础地位和基本功力训练，却如基石不可动摇。本节讲农史研究基本思维方法，仍然要不厌其烦地重申科学思维中形式逻辑的原理和方法。

二、农史研究中归纳与演绎之法

归纳与演绎之法，又称归纳推理和演绎推理，或称归纳逻辑和演绎逻辑，为思维科学最基本方法。凡言抽象思维和形式逻辑学，其法必先论归纳与演绎。归纳法是从诸多个别的特殊的事理中，概括出一般的普遍的结论；演绎法则从普遍的结论和一般事理中，推导出个别的事物和特殊的结论。一般性普遍性与个别性特殊性，两种推理形式矛盾而实质统一，相互渗透补充，互相转化共用，充分体现传统形式思维的严密和辩证逻辑的完美。

归纳法本是人类思维自然而然的推理方法，西方哲人不懈探究其原理，从培根创立的古典归纳逻辑，发展到凯恩斯的现代归纳逻辑，皆在哲学方法论层面论道学术。归纳推理分为三种主要形式，即完全归纳法、简单枚举法、判明因果联系的归纳法。推理可以先举事例再归纳论证，也有先提出结论再举例证明的所谓例证法。归纳法优点能体现出许多事物共性的根本规律，是在判明原因和结果关系基础上，以因果规律作为逻辑推理的客观依据，所以归纳的结论一般可靠确信。归纳推理口语简称归纳，可用于科学试验研究的指导，为可重复的实验寻找因果关系；也可用于整理经验材料，找出普遍规律以建立共性模式。现代归纳逻辑正处于发展时期，多种类型归纳纷纷出现，正为科学认识论、方法论、决策学和人工智能领域创新运用。归纳法是一种或然性推理方法，局限性在于不能归纳所有对象，有不完全归纳重大弊病，故有些结论不一定可靠；特别对于非线性、双向性和随机性因果关系，归纳法更显得无能为力。归纳法多用于规范研究，思辨性极强，所要求逻辑思维能力相对较高。我国传统学术历来崇尚归纳，虽未形成西方归纳法科学体系，但忠实运用归纳法的严谨态度却令世人叹服，先儒归纳所取得的学术成就也令人刮目相看。盖国学博大精深而以经学为中心，历来治经坚持实事求是思想原则，无论以传注证经，还是以训诂解经，主要采用的是归纳推理得到的结论。汉唐经学家千年持续不断地释词正义，历年久远且不足论，就近检阅清代考据学的法则和实绩，便知其归纳推理功夫之深厚。有清一代从经学到所有学术，普遍运用归纳推理，如梁启超所说："纯用归纳法，纯用科学精神。"梁氏总结为四点：观察所研究事物的价值；确定研究某方面及有关材料进行比较；经过比较研究得出自己的观点和意见；凡研究做结论多找证据，每立一说必循此步骤。清代学者们还提出许多关于归纳的精辟观点："罗列事项之同类者而求得公则"；"精选事例，寻求必然"；"无征不信，孤证不立"。例如王引之《经传释词》精录160个虚词，取自九经三传及汉以前古籍助语字词同一用法，全部摘录以判定虚字功能和语义、语气、语法作用。清代考据重归纳的学风影响，也迁延及后起的古农学和农业遗产整理，从早期的农书校注和文献搜编，可以充分领略归纳法在农史研究中功用和优良传统。

演绎法是由一般原理推演出个别结论，从抽象到具体，是一种必然推理，逻辑非常严密。演绎推理的主要形式是亚里士多德三段论，由大小前提和结论组成，即从两个反映客观世界对象的联系和关系的判断中，演绎得出新的判断的推理形式。此法要求大小前提的判断必须真实，推理过程必须符合正确逻辑形式和演绎规则。推理正确与否首先取决大前提的正确，三段表述形式可灵活变通或有所省略，也可附以观察和实验为手段，以检验假设和理论正确性。演绎法是科学研究重要思维方法，是形成概念和检验科学理论的手段，是许多重大科学预见实现曾遵行的途径。演绎推理法的局限也显而易见，推理要求大前提必须正确，而演绎规则和范围本身又无法解决大前提是否正确问题。不能解决前提真实性问题，便不具有绝对性普遍意义。又因演绎法则缩小事物范围，使得普遍规律作用达不到充分展现，只能说明一般与个别统一，而不能说明二者之间差异。唯能从逻辑推理保证结论正确性，而不能从内容上保证结论真理性，这些正是演绎法最关键又最尴尬之处。虽说如此，近代科学家仍然崇尚并以此主攻科学堡垒，欧几里得、笛卡尔、麦克斯韦、牛顿、爱因斯坦等定律发明和科学成就，大都以演绎推理为基本方法取得成功。爱因斯坦认为："适用于科学幼年时代以归纳为主的方法，正让位于演绎法。"然而在我国学术史上，演绎推理常被主流观念鄙薄，甚者被讥为"义理之学"，"无据臆度在所必摈"。农史界前辈也沿袭古之学风，喜大量征引资料，厌演义抽绎观点，尤其排斥思辨性文章。晚辈者受现代人文科学风化教育，又因占有文献资料贫乏且归纳功力不足，故而又多用演绎法命题论文，农史研究中思维方法为之大变。然审视当今连篇累牍的演绎为主的农史论著，显然存在某些谬误倾向。首先缺乏农史资料基础，文章脱离实际流于空洞议论；其次常见大小前提判断失实，结论错误便在所难免；再者对演绎推理的知识一知半解，论证方式本身就违背逻辑思维。当然最根本的问题，还是未能正确处理好归纳与演绎关系，前者过分排斥避而远之，后者喜用而不得要领，这是农史研究应当高度重视的科学思维和逻辑推理中的问题。

归纳和演绎在认识论中，呈现着典型的辩证关系，故二者共为辩证逻辑的基本方法。归纳为演绎之前提，演绎必须以归纳为基础，其大前提多来自归纳的概括总结，无归纳则无演绎。演绎实为归纳的理论指导，否则归纳选择材料则迷失方向；归纳过程所用工具其本身不能解决，只能借助理论思维和以往经验理论知识指导，这本身就是演绎过程。思维之中既有归纳又有演绎，二者相互连接，彼此渗透，互动转化。如恩格斯所论："必然相互联系着的"辩证法则。农史学昔日重归纳，今日重演绎，都有失误偏颇倾向。但客观的、历史的、发展的看农史研究方法的演变转化，即用辩证思维看其中辩证逻辑关系，都是唯物辩证法在农史研究方法上所取得的重大成果。早在晚清民初高润生首创古农学概念，就提出"以农事证经义"和"以经义考农史"的宗旨，归纳和演绎的研究方法就非常清晰。可以毫不夸张地说，新中国初期的古农书和农业遗产整理，就是农史研究资料系统的大归纳；继而兴起的农业历史学科全面开花，就是农史研究法全面的大演绎，我国农史研究者大多亲历实践过这种恢宏博大的思维过程。

三、农史研究中分析与综合之法

分析和综合两词，与日常口语所称的概念虽同而有异，在这里更专指逻辑学意义。分析是在认识中把整体分解为部分，即将总体事物分解为单元、侧面、属性、元素等分别加以研究，为认识事物整体必要之过程。综合是将部分组合成整体的过程和方法，即把事物各部分、侧面、属性、要素按内在联系统为一体，以掌握事物本质和规律。分析与综合之间的联系，似乎比归纳与演绎关系更为紧密。若没有科学的分析，就难得逻辑的综合；同样没有科学的综合，难免治丝益棼，分析终为一堆乱麻。分析基础上综合，在综合指导下分析，二者相互渗透转化，循环往复深化发展，是一种典型的辩证思维方式。

关于分析与综合的辩证统一的逻辑，曾经历过长期的历史演进的形成过程。在古代西方一般把分析与综合分而论之，而且当作两个互不交叉的平列思维方法。近代以来，这两种方法被形而上学地对立起来，以培根和洛克为代表的一些经验论者片面地强调分析，把它看作获取真理的唯一方法。以笛卡尔和斯宾诺莎为代表的一些唯理论者却片面地强调综合，把它看作获得真理的最完善的方法。康德虽然既承认分析，又承认综合，但在他的先验逻辑中二者仍然是对立关系。黑格尔首次对分析与综合作了辩证的解释，批判了经验论者和唯理论者使二者相对立的谬误，认为哲学的方法应该"既是分析的，又是综合的"，不仅仅是把分析和综合"平列并用"或"交替使用"，而是以扬弃的形式包含上述两个方面。但是黑格尔立足于客观唯心主义，把外界事物看作理念外化的结果，把对事物的分析与综合仅仅看作理念在各个环节上的运动和展开的过程。马克思主义经典作家则不然，他们批判地吸取黑格尔分析与综合相统一的合理思想，科学地阐明了二者辩证关系，使之成为辩证逻辑的科学方法。分析与综合的辩证关系主要表现在：一是相互依存、互为前提，没有分析就没有综合，反之亦然。任何综合必须以分析为基础，任何分析又必须以综合为指导。一是相互渗透、包含和交叉，即在分析中有综合，综合中有分析，尤其在复杂事物认识过程中更是如此。一是相互转化递进，人们认识事物从现象到本质、从不太深刻的本质到更为深刻的本质的过程，表现为分析—综合—再分析—再综合，呈现相互转化的前进运动。就认识的程度来说，分析与综合在后一层次上的重复，总比前一层次要深刻得多。分析与综合的这种辩证关系是辩证思维的特点，也是辩证逻辑方法的体现。

农史研究运用分析与综合方法最为常规习见，其法所含的上述辩证逻辑关系，在研究实践中也自有心得体会。总体而论，中国传统学术思想崇尚大一统，故思维方式也善于综合。古代农业首创天地人三才哲学理论，传统农业综合概括为精耕细作思想，农耕经营讲论全农道，大型古农书题《齐民要术》《农政全书》《授时通考》等名，其中齐、要、全、通等字，即可见思维方式崇尚综合的倾向。但对于如此高度综合的理念当有自知之明，古代综合方法缺乏分析的基础，综合认识多大而化之，失之于空疏笼统。人所共知，我国传统农艺属于经验科学，与西方近代盛行的实验农学不可同年而语。其深层次根源在东西方思维方式根本差异，西方有重视分析的传统，从哲学理念到思维逻辑都习惯也善于运用分析之法，由此创兴了近代先进的农业科学技术。随着辩证思维和逻辑方法盛行，西方在哲学和科技领域也同时重视综合法的运用，而这种综合是建立在严谨的分析传统和精密的分析方法基础上，促使西方现代农业科学技术领先世界。近百年来我国科技领域包括农史界，也在努力学习科学思维调整认知方式，强化分析研究意识和手段，同时坚持辩证逻辑发挥本国学术重综合的传统和优势。农史研究在分析与综合手段方面也颇有建树，分析方法得以广泛的采用，几乎成为论道著述的主流方法。石声汉先生农书整理的"校、注、按、释"体例，分条析理，把科学分析法发挥到了极致；又在农书校注基础上撰著的《中国农业遗产要略》和《古农书系统图》等，以高超的综合手法，全面精辟地总结了古代农业科学技术成就。分析基础上的综合，综合指导下的分析，辩证逻辑的方法可为后学者典范。

四、农史研究中历史与逻辑的统一

历史与逻辑的统一，是辩证唯物论和唯物史观的思想和方法，这里的历史指客观现实发展过程，当然也包括人类历史以及农业历史。所以，历史与逻辑统一的理论，完全适用农史基本思维方法。所谓历史方法，指客观世界历史进程，以及人们所认识的历史发展过程，历史研究中常称为实证方法或记叙方法。历史方法优长在于可避免论史的主观任意性，缺点是容易停留在历史表面现象，对历史演变深层次原因和发展规律无所解释。所谓逻辑方法，指思维规律及其表达形式，即以概念、范畴等构建的理论体系，历史研究中或称为推理方法或论证方法。逻辑方法虽也要根据历史事实，但侧重用概念系统和理论形式说明历史，优长是排除各种非本质因素，深刻揭示历史发展原因和规律；其弊端是把鲜活生动丰富的历史，流于概念化、公式化、简单化的论说。逻辑与历史统一可概括而言，恰如恩格斯所说："历史从哪里开始，思想进程也应当从哪里开始，而思想进程的进一步发展，不过是历史进程在抽象的理论上前后一贯的形式的反映。"客观现实的历史发展与理性思维的逻辑进程相统一，所以人们在认识事物时必须把二者有机地结合起来。历史方法与逻辑方法的辩证关系是：逻辑分析要以历史发展为基础，历史的记述要以逻辑论证为依据。任何一门科学不能只用历史方法或只用逻辑方法，即使历史科学，也不能排斥逻辑方法。同样即使逻辑性理论科学，也不能排斥历史方法。历史与逻辑的统一，也并非是二者之间毫无差别完全等同，逻辑方法反映历史是扬弃其中非本质的成分和偶然性因素，集中论述历史发展的主流历程和必然趋势。通过严密逻辑形成的理论表述，并不违背历史规律而能深刻精确反映历史本质。历史与逻辑的统一的理念，首先是由黑格尔提出来的辩证逻辑，但由于唯心主义哲学体系局限，所论始终停留在唯心哲学的范畴。诚如恩格斯所评价："他的思维方式有巨大的历史感作基础，形式尽管是那么抽象和唯心，他的思想发展却总是与世界历史的发展紧紧地平行着。"马克思从辩证唯物主义出发，批判吸收黑格尔历史与逻辑相统一的思想的合理内核，抛弃唯心主义实质而加以唯物主义改造，使之成为科学的辩证逻辑方法。

从唯物史观和辩证逻辑学理论体系看，历史与逻辑的统一，无疑是最为切近历史研究的方法，即使作为狭义的历史学理论方法也恰如其分。值得注意的是历史研究中对此利器运用并不充分，尽管人们对历史与逻辑统一的思想心悦诚服毫无疑义。历史论作中较常见的偏向：历史自历史，逻辑归逻辑；结合点模糊，统一性缺失。如何在实践中运用此高明的理论，怎样把高度抽象的逻辑具体化，这里结合农史研究实际，简要分析历史与逻辑相统一具体问题和解决办法。

一是农史研究中逻辑的意识不强，忽略历史记述要以逻辑论证为依据。习惯于埋头农史资料，让史料牵着鼻子走，不知理性的农史研究是从逻辑开始。宏观而论，农史的逻辑就是其演进发展的规律，广义的历史逻辑正是规律二字。农业历史的沧桑正道，始终遵循辩证逻辑的规则，逻辑的结论研究者必须心知肚明，即使不行诸文字也要化为强烈的意念。特别在谋篇布局立题设纲时，全篇的逻辑大意当拟定在先，作为著作依据须臾不可离。历史唯物主义的原理和辩证思维原则，都应视为农史最大的规律和最大的逻辑，高度统一于农史著述论作的文字之中。论著主要章节或段落也要有逻辑性表述，或导引于前，或结论于后；即便一字不著，也要存乎于心，作为农史记述的逻辑依据。

二是逻辑学知识相对欠缺，因而在农史研究和表述中，往往难免出现逻辑性错误。例如最简单的是概念错误，忽视逻辑思维以概念为起点，若农史论作中用字遣词出现概念错误，则失之毫厘，谬以千里；其次便是判断的逻辑错误，即陈述语句意义乖舛谬误，导致判断难以成立；再其次推理不合逻辑法则，最后结论难免错误，终被真知灼见所颠覆。此外还有造句语法等形式错误，也会导致逻辑的混乱。由于受西方翻译语句行文影响，常见过长的单句和过量的多重复句，既不符合汉语习惯，又最易导致逻辑上一系列错误，这是当前研究和写作最值得纠谬的问题。

三是历史方法与逻辑统一的方法，做到恰当运用并非易事，需要农史研究者从实际出发，才能巧妙结合达于统一。历史记述与逻辑论述，章法形式虽然迥异，但无论先叙后论，或先论后叙，唯有随文循章灵活运用才能和谐统一，故史家多主史论结合为最佳笔法。《中国当代农业史纲》前置导论6万言通论全书，主要用逻辑之法行文，随后60万文字正文便省去大量宏观逻辑论证，体现全书结构布局的历史与逻辑的统一。但是并非所有论著都要历史与逻辑处处相随完全一致，而是要根据史事文理而变通。常见结合形式倒是若即若离、此起彼伏、时隐时现、详略任意、不一而足，自然本能地体现相辅相成的辩证法则。例如本书大纲目录，唯列章节段落各级题目，虽只字不提逻辑，而逻辑蕴含题文的字里行间；又如若干自然段落构成的长篇大段中，其逻辑关系无处不在，有以时空逻辑关系为序者，有以事物发展为顺者，更多还是历史因果和事件的逻辑关系，有序排列构成自然段落。

总而言之，历史与逻辑的统一是最切近本学科的理论方法，既是马列主义哲学理论指导，又是辩证思维的逻辑法则。故可作为历史学的具体方法直接运用，引为史学家法也合情合理。农史侧身现代学林为时较晚，学科理论方法建设起步维艰，不妨以辩证逻辑学作为切入点，在践行过程中总结经验，体会辩证逻辑的妙道，逐步建设农史科学思维的方法论体系。

五、农史研究中感性、知性和理性认识

感性、知性、理性是康德哲学中三个重要概念，就哲人原本意义解释：感性是人凭借感官接受表象获得知识的认知能力；知性是人运用概

念和范畴进行判断推理思维的认识能力；理性是建立在先验认知能力之上的能力。后来哲学家们对感性和理性探究不断深化臻于完善，感性到理性的认识过程人所共知，如今几乎传为普世真理。但是唯有知性概念的意义却很不明晰，无论在哲人的宏论和常人感悟中皆缺乏共识，知性二字至今处于纷繁多解的游离状态。就多数论著的定义所言，认为知性是介于感性和理性之间的认识能力，因而常见感性—知性—理性排列，或将三者明确统一为认识论范畴。然而知性到底是什么认识状态，在感性到理性思维过程中，属于此还是属于彼，还是非此非彼自成一体？德国古典哲学将知性与理性区别开来，认为前者仅是人类生活的"一个半圆"，后者才是人类生活的"整个空间"。近代哲人或为不然，论说知性是依据概念进行理解的能力，且从逻辑角度看，知性对应的是概念与判断，理性对应的是推理结论，概念、判断、推理正是理性思维过程，近哲仍然是将知性终于理性之中。

知性概念模糊不清也理所当然，康德作为首创者也没有明确知性定义，或者就以为本没有必要明晰这种过渡性质的概念。正如黑格尔所说："康德采取心理学的方式，亦即历史地进行工作；对于这些形态他就只是这样加以叙述，完全经验地予以接受，而不是根据概念或按照逻辑必然性去发展它们。"无论哲人们如何巧论，颇为有趣者正是这一概念，恰给引用者以充分想象和阐发的空间，各种创新思维倒可在感性与理性之间驰骋，所谓执其两端运用其中。本讲在农史研究方法探索中，将农史发展"过程"的认识与"知性"的概念相统一，坚定地认为农史研究确实有感性—知性—理性过程，且为农史最基本的思维方法。所有历史学科大概都有此共性的特点和观点，这里唯就农史研究的真情实感，不再囿于多年关于知性的说解和概念之争，唯就农业历史研究的具体课题，实事求是地践行"感—知—理"的农史研究方法。

关于农史的认识、思维、逻辑等可作跨学科的借鉴，但为农史者一题当前，无非如是而为：首先必须搜集大量文献资料，或考古资料和社会调查材料，这个所谓的感性认识较其他学科更为艰巨，耗时费力气。

史料总是历久隔代难得直接的感受，农史资料较一般历史更为专业冷僻，素来缺乏历史文化背景作感性认识参照，感性的史料阶段抽象思维和形式逻辑较少运用，农史研究很难得从直观史料达于理性认识。其次便是对农史事实过程的认知，称之为"知性过程"，完全是长期资料感受中历尽艰辛完成的认识成果。思维科学一般把知性过程视为理性思维的起点，但对农史研究却是目的或目的之一，因为通过零碎的史料会重现历史发展过程，能讲出史事发生演变结局的故事，也可视为初步的研究成果。知性过程的认识和历史过程的内涵的确复杂，尽管概念和逻辑上说不清论不明，但在农史过程中康德提供的知性模糊性倒可参用。最后就是农史研究另一个目的，即理性认识的极致，那就是农业历史的规律性和为现实服务理念。从知性的过程达于理性规律，准之于成功的农史课题屡试不爽，业内无人不以求得农史规律为研究的终极目的。若联系农史从过程到规律的认识实践，知性达于理性的过程绳之于哲学认识论、逻辑学、辩证思维等理论，可谓左右逢源无不相通。知性到理性正是辩证逻辑中抽象到具体的过程，也符合历史与逻辑相统一的原则。若将感性资料—知性过程—理性规律统为一体，也符合马列主义认识论两个飞跃过程。所谓飞跃还可理解为两种形式：一种是跨越式的飞跃，一种是桥梁式的过渡。农史认识不同于一般的快速跨越飞跃，而是需要通过知性的桥梁才能达于理性认识。实际上许多感性缓慢过渡到理性的认识，似乎都有农史认识过程存在的知性的现象，可见农史知性认识具备一定普遍的哲理意义。

六、农史研究中分类与比较方法

分类就是按照种类、等级或性质分别归类，既是认识事物的方法，也是科学研究和思维的一种方式。通过分类可以把无规则的事物划分成有共性和有规律的类别，以便于认识和研究事物。分类法在生物学中发育最早也最为发达，成为著名的"分门别类"的分类学，而且狭义分类学就指生物分类学，通常直接称分类学。但是广义而言，分类学仍属于系统科学，归之于系统论。盖因动植物分类目的也是为把物种划分到一定等级系统，进而探索生物的系统发育及其进化历史，揭示生物的多样性及其亲缘关系，并以此为基础建立多层次的、能反映生物界亲缘关系和进化发展的"自然分类系统"。另一方面又因为发达的生物分类，已经广泛渗透到诸多学科和科研方法之中，而且充分地具备科学方法论意义，即在农史研究中也常见运用。同时分类法与比较法总是密不可分，可以说没有比较就无从分类，而有了系统分类后更便于深入地比较研究。当然农史在运用分类与比较的辩证思维中，更多倾向于比较法，常见多是两事物为题的比较研究，所以下面重点探讨比较研究法原理。

比较本是对事物相似性或差异性的判断，是最为普通的用语，也是最常用的思维方法。可谓人人口称，事事应用，为最平凡的词语，却是并不简单的概念。比较是人认识客观世界的基础，也是探知事物的基本思维方法，比较从各个学科领域介入哲学范畴，成为思维学、逻辑学、认识论、方法论必不可少的重要概念。如今各种比较学、比较法、比较研究等新兴学科层出不穷，自然和社会各学科无不结合实际在探讨运用比较研究之法，农史学科依然如此。

比较研究法是一种思维方法和具体研究法，其法自身简单、鲜明、生动，又与观察、分析、综合等逻辑方法交织在一起，因而实为复杂的智力思维方法。比较研究法按属性可分为单项比较和综合比较，按时空可分横向类型比较和纵向历史比较，按目的可分为求同比较和求异比较，按性质可分为定性比较和定量比较。比较法研究历史可追溯到古希腊亚里士多德关于雅典城邦宪法比较，有趣的是后来主要在教育领域萌芽、形成、发展、成熟为科学研究方法。一般认为20世纪60年代，比较研究法开始用于社会科学和自然科学研究领域，代表人物美国教育家乔治·贝雷迪。他重建四阶段比较研究法，即描述、解释、并列、比较等，从而使比较法具体化和科学化。同样有趣又值得史界关注的是历史比较法，西方比较研究发展一直围绕历史专业教育，特别是为适应中学历史课程教学法不断探索，最终成熟为著名的历史比较法，后来为诸多学科参用。20世纪80年代改革开放，比较研究法让我国学术界如久旱逢甘霖，尤其在中西方文化比较热潮中，可谓开一时比较风气，带动了各学科领域的比较研究。回看这一时期趋热追风的大比较大普及，虽成果累累，但也有劣籽秕糠，不妨结合所见农史比较研究文章，分析比较法思维境界问题。按照比较学最初原理，比较的最后结果，不可仅止于求"同异"，而是要终于求"统一"。常见比较研究大约可分以下层次：一是比异同，比较事物之间的相同和不同之处，作以客观的表达；二是比较出其同中之异或异中之同，分析比较的难度显然要大一些；三是把以上二者结合起来做综合比较，分析事物高下优劣利弊得失，比较能力水平要求更高一筹。但是从认识论角度看，以上比较大都是静态的表象的观察对比而已，虽客观的反映事物的同异状况，并未揭示比较物的实质和相互关系，实难说达到理性高度。从上文农史感性—知性—理性认识看，充其量还是知性认识，是对农事状态和农史现象过程的如实反映。

本讲认为比较研究无论求同还是求异，都要从本质上认识同异的原因，分析事物同异矛盾的对立统一关系，用辩证思维求得比较法的理性高度。凡为比较研究须知历史比较语言学，正是该学科创通了比较研究至高境界，成为最先实现比较结果高度统一的著名范例。历史比较语言学18世纪起源于欧洲，重点研究印欧语系语音系统，英国威廉·琼斯研究梵语，找出原始印欧语言源头和定律形式，于是有"语言规律无例外说"。历史比较语言学是以比较法为基础，把各种语言放在一起加以共时比较，或把同种语言的发展阶段进行历时比较，找出它们之间语音、词汇、语法对应关系和异同之处，进而研究相关语言结构上的亲缘关系，从而求得共同的母语。历史比较法为现代语言学奠定了基础，促使语言学走上科学的道路，而历史比较语言学也把比较学提升到前所未有的科学水平。

历史比较语言学著名范例，充分说明比较法中无论比相同还是比差异，同异之间都存在着对立统一关系，比较是逻辑思维，也是辩证思维，绝不可做简单化的认识和运用。既然历史比较语言学探索到人类语言的大一统结论，农史研究也应努力追求比较事物的统一关系，绝不能仅仅简单地为求异同而一比了事，客观事物之间的统一性是普遍存在的，也服从于"无例外"规律。这里也讲两个差异比较统一性的农史例题。一例是南北方农业巨大差异性对比，就大端而论，南北气候地理自然环境差异，水旱农业不同耕作制度，稻作粟作种类农艺迥异，养殖动物不同的品种方法，还有农业文化民生习惯诸多巨大差别，比比皆是。但是如果从历史渊源关系和农业生产本质看，南北方农业生产同源于耕耙耱锄，南方为耕耙耖耥实则一也，都是以翻地碎土调水为活路的耕作要领。这些农耕核心技术南北方同为一源，传统农业时期在北方成熟完善达于极致，后来在南方因地制宜有所创新而已。所以当经过连篇累牍的差异比较后，最终的结论竟然是二者高度统一，南北方农业都统一在"精耕细作"优良传统的旗帜之下，可用"精细"二字概括。另外一例是西南与西北生态环境和社会发展比较研究，两区同为经济贫穷文化落后地区，故有诸多共性可比之处；两者自然环境面貌和社会生活风俗又大相异趣，有若干独特性构成强烈的反差对比。本讲在《西北农牧史》和《历代西部大开发战略》研究中，终于找到了西南与西北统一性，并作出由抽象到具体的辩证逻辑概括，即"水土流失"或"水土不调"的高度统一结论。具体而论，西北高原山脉缺水干旱，导致风蚀流失土地荒漠化；西南山地高原多雨水沛，同样导致水蚀红壤土地沙漠化。西部自然环境变迁和历史文化发展，正是系于"水土"二字，认识大西部奥秘也是因其"无例外"的统一性规律。

最后再略提"由抽象到具体"的辩证逻辑方法，因上两例用"精耕细作"和"水土流失"总括如此重大历史课题，正是运用抽象到具体的逻辑形式。历史科学是一门具体的科学，当然必须有感性的具体认识的积累。作为感性的具体，还必须通过科学的抽象，达到本质属性和内部规律的认识，然后再把抽象的结论上升为理性的具体。"从具体到抽象，再从抽象到具体"循环不尽，这种反复认识过程是贯通历史研究最常规的方法，也是科学领域认识事物普遍性的基本方法。

最后，简单小结一下农史研究思维的方法。科学思维方法多不胜举，而且随时代而发展，近年又涌现出以创新思维为主的多种思维形式，农史研究应敏感地领略新思维新观念。本讲以上列举推崇的乃是历经成百数千年的经典思维方法，再次复申其名目：归纳与演绎、分析与综合、分类与比较、历史与逻辑统一、从具体到抽象、感性知性理性思维等。凡此方法既包含着逻辑思维法则，又具有辩证思维原理，为治农史者必守必修之法。这里再附带补充对科学思维形成各种研究方法不同总结概括，以为历史研究参考。

宏观分类：根据认识层次和特征分为理论方法和经验方法；根据研究规模和性质分为战略方法和战术方法；根据规则性分为常规方法和非常规方法；按普遍程度分为一般方法和特殊方法；按研究手段分为定性方法和定量方法。

具体研究方法分类：调查法、观察法、文献法、实证法、定量分析法、定性分析法、跨学科研究法、个案研究法、功能分析法、数量研究法、数学研究法、系统科学研究法、探索性研究法、信息研究法、经验总结法、描述性研究法、模型方法，包括数学模拟和物理模拟等。既为时兴流行科学方法概念，不妨予以关注或参照运用。

第六节　农史研究法基本类型

　　20世纪80年代初在农史前辈语境中，已经涉及农史研究方法类型问题，时常听到"学术路子"的说法。例如言某某先生走的是农书校注路子；某某是农业遗产整理路子；某某是农业考古路子；某某是农史社会调查路子，等等。细微体会"路子"便知其含义颇为复杂，有学术路径、法门、功力等传统意味，也包含其不同类型学术特色、方法、手段等意义。反复斟酌"路子"的说法，似乎可用"农史研究方法类型"来表达，以严整其概念以便书面表达。中国学术自古讲流派类别之分，上自先秦诸子百家，继后数千年学术分聚繁衍赓续不绝，乃至流派纷呈甚而有门户之见。所幸农史研究兴于当代，立学也晚，未形成学派林立争奇斗艳的气象，但也免于门第森严、学术不端的陈旧习气。农史研究不同的学术门径，是数代前辈分而共治的成果，当然也有社会制度和治理体制的保障，故有今日资源共享、学术互通、协作攻关、和谐共济的农史学术关系。鉴于当前农史研究方法花样繁多，所谓路子也皆可殊途同归，故在方法类型前加"基本"二字，以便论其大端，略现农史学科主干结构和研究方法之系统。

　　关于农史研究方法体系，20世纪80年代就有见地者，江西社会科学院陈文华先生，喻言农史方法门道为"两条腿走路，再加一条拐杖"。

即依靠文献书面资料和农业考古地下材料为两大腿，民族学为辅助拐杖。后来又称农史研究方法为"三驾马车"，这个比喻更好，三马就有了骖服之分，文献资料显然位于中心，系驾辕服马为主力。时过境迁又数十年，农史方法并未完全构成如此完美的共识体系，但是这种有主有从的理想结构，倒不失为好的认知思路。而今讲论农史研究方法基本类型，举大端舍细微，仍然需要坚持农史文献研究的中心地位，农业考古和农史遗产调查也不失为辅助性两大基本方法类型。

再说确定农史研究方法基本类型的原则，首先要从农史研究现行实用方法出发，坚持实事求是原则，争取农史界所见略同。统观各种方式方法，凡符合基本类型含义者方可列入。所谓基本类型主要就方法而言，而且是带有根本性有明显共同特征的方法，同时也要有约定俗成的共识。所谓符合农史实际的方法类型，既要合乎农史研究以往实际，又要合乎当今研究现状实际，且要合乎农史研究方法未来的发展可能性。其次是要充分具备农业历史资料的基本形式，能稳定地提供农史研究的材料资源，有自我发展的可持续性。因为农史是不复活现的事物，研究工作只能凭借历史遗留的各种资料，从中挖掘各种农史信息构成研究类型。史料形式不同，其研究方法便大相径庭，故凡列为类型者，必有可为农史利用的独特的稳定的资料来源，同时也要有成熟的资料研究和运用方法手段。再次者为学科的交叉互联关系，凡列为农史研究基本类型，还要有相关学科的支持。其交叉互联学科也要具有相当成熟的科学方法，而且对于农史研究也是非常合用，与其方法相辅相成共襄农史基本类型和方法体系。另外还要明确一点，基本方法类型不同于学科门类的概念，农史方法类型不属于农史分支学科，不能与前几节所谓的农史分支系统混为一谈。根据以上说明和原则，农史研究基本类型及方法现列为三种：农史文献型研究法；农业考古型研究法；农史遗产型研究法。根据资料来源特征，三法分别出自书中、地下、地上等，不妨通俗称为书本中的路子、地下的路子、地上的路子，凡三种农史基本方法类型。所论各种类型，各有其独特基本方法，现就类型及其方法简介如下。

一、农史文献型研究

农史研究者皆知文献概念之浩瀚，也深知文献研究方法之深奥，如何在一个小节领会农史文献研究法，不妨抓住以下要点：一是认识文献研究独一无二的主体地位，崇尚文献知其为看家本领；二是略知文献学和文献法，领悟文献之"一学一法"，便如虎添翼；三是农史研究中如何修炼得文献功夫，在文献之中驾轻就熟游刃有余。

1．文献研究的主流地位

在历史研究中说文献本位，或者称为"文献本位说"，一点也不为过分。文献词出《论语·八佾》："夏礼吾能言之，杞不足徵也；殷礼吾能言之，宋不足徵也。"学者征文引献释"文献"，无一不用孔子这段论语，是为文献之言的嚆矢滥觞。仔细分析语辞的本义，可知其中包含文献的价值观念，这段话的旨趣显然有若无文献或文献不足，就不能讲论历史，用现代语准确释读其意思：没有文献就没有历史的发言权。可见文献研究本位思想非常明确，两千多年前圣人对此早有践行和结论。文献本位之说史不绝书，随着文献形式和内涵的丰富发展，遂有文献学理论出现引领文献学术研究，古今学者用文献、论文献、崇尚文献蔚为文风，成为数千年绵延不断的优良学统。文献的形式与时俱变，从书写材料、记载手段、构成形态、传播方式等，不断翻新；其类型由镌刻型到书写型、印刷型、缩微型、机读型、声像型等，古今异形；其以内容和加工方式，分称零次乃至一、二、三次文献等。关于文献总体称谓：由古代典籍图书，又增入现代的媒介载体；国家文献著录标准定义为"记录有知识的一切载体"，而国际定义则称"一切情报的载体"，世人言为人类知识的宝库，誉为文明进步阶梯。总而言之，无论文献名实如何演变新化，本质始终是无比美妙的事物。从文献二字本初的意义上来认识，孔子创用的文献意义，朱熹集注最合于文字本义："文，典籍也；献，贤也。"文献是典章书籍，也是宿贤掌故；有文的因素，也有人的因素。孔子时代文献包含贤能燕谈，当今文献新载体更多人工智能，似乎万变不离其宗，文献的本性和本位千年不变，永远包含着人文意义。

农史研究者认识文献本体地位更为亲近，因学科历时不长又完全立学于文献研究，半个世纪发展中寸步不离文献，创通农史学科的正是彻头彻尾的文献治学路子。文献被喻为书山，言其高大攀登维艰；又被喻为学海浩瀚，言知识领域广大无边。身临文献环境感触良多，如鱼吞水冷暖甘苦自知，又如鱼需水须臾不可脱离皆感同身受。本节虽也讲农业考古和农史遗产调查研究方法，但充其量只是文献研究的附庸，这两种辅助路径丝毫无法独辟蹊径而脱离文献。两法始终要依靠文献佐证，研究结果要以文献形式报告，籍藏传世就更离不开文献载体。所以广义的文献，其中就包括这两类资料，或直称之为考古文献等。互联网时代数字化的文献形式新潮涌动，农史研究中也开始利用计算机、互联网和大数据提供的资料，这是文献形式的创新发展，极大丰富了文献检索传播的科技手段。然而大可不必动摇文献在人文科学研究中的根本地位，也不必担心多维媒体颠覆平面文字的传统优势。须知纸质文献提供的系统知识和便于深思熟虑的资料形态，绝不是现代传媒载体可以完全越俎代庖的，只能是取长补短共同发挥文献研究的作用。总之农史学科应坚守文献型研究主体地位，因为文献也是历史范畴，文献学和文献研究法都是在漫长的历史时期发展而成，故能跨越时空传播于今日以至未来。

2．文献学与文献法

农史文献型研究有其坚实的学术基础，乃是建立在文献学和文献法学科之上，故称这两科为古老而充满功力的学问。通晓文献和精熟方法是农史研究必修的基本功夫，本节唯能简介要点，修习者不妨举一反三，潜心文献之中修学识探法门以利用文献。

文献学一般定义为：以文献和文献发展规律为研究对象的一门科学。文献是科学研究的基础、资料的渊薮、治学的门径，古今中外无不赋予文献学以高尚的学术地位。文献学研究内容包括文献属性、功能、特点和类型，以及文献演进规律、整理方法、发展历史等事项。中国自古有重文献优良传统，历代学者在典藏校理文献过程中就形成典籍之学。汉刘向《七略》首先编制国家藏书目录，郑玄遍注群经深度整理经典，后代沿革成为文献制度。南宋郑樵《通志》从理论上阐述文献收集、真伪鉴别、分类编目、流通利用等事项。时至清代随着文献实践利用和学术研究的发展，章学诚提出"辨章学术，考镜源流"的著名文献学宏论，致传统文献学达到历史高峰。新文化运动以来有近人郑鹤声《中国文献学概要》和张舜徽《中国文献学》两书问世，文献学遂立名现代学科之林。20世纪80年代改革开放，西方文献学理论为国人借鉴，文献计量学和检索利用方法被广为效仿。盖按照西方传统称文献为图书馆学，讲究文献收集、分类、传播等技术，重视文献分析、组织、检索等方法，极尽现代文献处理之能事，故又称广义情报学。另外当代国际文献联合会为世界性组织且有会刊，已成为当今我国文献科学与外交流的主要渠道。

　　文献学研究内容广泛众多，常与图书馆学和情报学交织结合，以致界限显得模糊，人或归结为以下六七个方面：文献本体概论研究，包括性质、定义、特点、功能、价值和流布发展历史等；文献类型研究，包括多种标准的类群划分及其相互关系，已发展为文献类型学；文献与文献学发展史研究，包括文献产生发展历程，整理研究历史成就以及未来前景展望；文献流研究，包括文献数量增长、知识更新周期和半衰期老化规律，以及文献相互引用频率等，构成文献计量学分支，对科学知识运用有积极意义；专门学科文献研究，建立专科目录学和专科文献学；文献群或某类型专门学科文献研究，如图书学、专利学、纸草学、敦煌学等；文献某些问题研究，形成版本学、目录学、校勘学等。由此观之，文献二字实为以"文"为中心的偏义复词，从古及今其意义越发偏于文，形成以文字为主的知识载体，构成"文"字当头的各种文献学科。故农史研究势必要全面地修习文献学概论，重点要精研古代文献，特别是古典文献知识，更要烂熟于心，以为学业素养。

　　文献学有古今中外分别，又分门别类不胜细举，这里特别强调古代文献分类问题。中国古代文献分为历史文献学和古典文献学两大类，皆为文献学分支学科。历史文献学范围相当广博，定义为古今一切有历史价值的文献，连古典文献也包含其中。历史文献学研究的内容与一般文献学表述略同，即对文献产生演进、展现形式、流布传播、内容类型、整理利用、数字化处理等，是以总结文献发展规律并加以理论表述的综合性学问，也是一门具有深厚文化底蕴和广阔发展前景的科学。历史文献学最为突出的特性就是综合性，以及历史基础性和实践致用性。特别在有些方面多见优长，如历史文献学理论方法，包括属性确定、学科体系完整、文献学方法之精善等；又如文献学历史中关于文献和文献学产生、发展、繁荣、演化的历程，以及阶段性发展脉络清晰可观；再如广泛涉及古代学术思想领域，充分展现历史文化发生发展历程及各阶段辉煌成就；另外在文献整理领域，既见传统功力，又展现文献数字化科技愿景。

再说古典文献学，全称中国古典文献学，系国学基础且有直系学术关系。古典，就是古代的典范之义，为西方文化惯用语。主要指古希腊、罗马时代的学术文化，在中国没有明确的古典时代和文化体系，但仅就古典文献学具体概念而言，狭义者专指目录学、版本学、校勘学三科；广义者指综合运用目录、版本、校勘、注释、考证、辨伪、辑佚、编纂、检索等9大方面理论方法，科学地分析、整理、研究古籍文献，探讨古文献产生、分布、交流和利用的规律。古典文献学素来被视为高古典雅的学问，主旨在于对古文献的深度开发，涉及多学科的文化知识和学术修养。在以上9个方面的学问中，目录学、版本学、校勘学最为核心学术。目录为治学门径，学者皆知其要领，所谓三志目为主，加两著名书斋志录，再加丛书综录。具体而言，即根据《汉书·艺文志》《隋书·经籍志》《四库全书总目》，及宋代晁公武《郡斋读书志》、陈振孙《直斋书录解题》，以及现代《中国丛书综录》，就能把握汉—隋—宋—清各代节点书目分段廓清。近现代出版的文献索引、引得等，也可助通古籍。当代文献检索之道，特别是中图法分类体系，二次文献的报刊书索引，开启了现代图书情报之门。版本辨章学术源流，校勘判定文献是非，为古典文献学核心之核心。古典文献中校勘学源于西汉刘向《别录》校雠之学，"一人持本，一人读书，若冤家相对"得谬误为校。后世发展成为不同版本比勘异同以正误而名为校勘，于是目录、版本、校勘三科随之鼎足为古典文献领域的基础，辨伪、辑佚、校注附庸而立，编纂、检索、考证之法也随之大行其道，古典文献学遂成颇为显赫的传统学问之典雅学术。当然历史文献学也涉及版本目录等文献运用，所以二者有区别也有联系，应视具体问题而论，不可绝对化理解和应用。

文献研究法，也称文献法。根据科学研究目的或课题需要，通过查阅文献获得相关资料了解所研究问题，从而认识课题的本质和规律，发现问题并提出解决意见的研究方法。文献法是科学研究最常用的方法，几乎所有课题都要先事文献研究。文献法研究的一般过程为：提出课题或假设，设计研究方案，搜集文献，整理文献或作出综述。主要是搜集、摘录、整理文献三具体环节，并通过对文献鉴别、分析、研究，形成对事物科学认识和结论。首要是文献搜集，应熟练运用目录学知识，包括检索图书目录、期刊目录、文献索引、论著文摘和现代网络等；同时进行文献鉴别、资料摘录积累、分析整理结论。文献法优点是超越时空限制，可研究不易直接感受的对象，通过古今中外文献，掌握书刊资料和情报信息；文献为书面搜集，获得资料比口头访谈更系统、稳定、准确和可靠，真实性强；文献是间接式非介入搜集，又称非接触研究法，相对客观不受人为和环境因素影响；文献法自由方便，安全系数高，又省时省费，成本低效率高。文献法也有许多不完善性，收集、保存、整理也各有其困难和缺欠之处，当然任何研究方法都有局限，无论哪种学科都不可能包打天下。文献法阶段性的成果是综述，其关键在于评述，分为综合性和专题性两种形式，综述就是文献综合评述的简称。就是在全面搜集文献资料基础上，经过归纳整理和鉴别分析，对文献进行系统的叙述和评论，指出当前研究的动态水平和未来发展趋势，为新课题提供强有力的支持和论证。

文献学与文献法，一学一法是理论和方法的关系，二者紧密联系无须割裂。理论源于方法实践，许多文献学原理就出自文献法的实践和经验；其状态形式就与方法交织在一起，如文献校注、辑佚、编纂就是以方法为主的学问。另外方法总是具体的可操作性的，有关文献研究方法，在下面的农史具体研究法中还要系统介绍，所以文献法就此不再赘述。

3. 农史研究中文献方法运用

我国农史研究源于文献学，依靠文献法起家，是地地道道文献型主导的学科。令人信服的是各骨干农史研究单位皆出自图书馆，早期均隶属于农业院校图书馆体制之下，便于依托图书文献开通学术研究，也为馆藏与利用农业历史文献开创改革之路。最见学术关联的是各校图书馆馆长也多是农史文献大家，可以调动农业文献资源为农史研究建立资料籍藏，也可利用农史研究为图书馆藏提高学术品位和文化价值。这些农业图书馆界的学术带头人有著名的历史文献学专家，有古典文献学名家，有目录学专家，也有古农书辑佚和收藏家，正是他们在长期的文献学的基础之上，开发出古农学、农业遗产整理直至农史学科。

人道中国农史研究起于农业遗产整理和古农书校释，这是毋庸置疑的客观事实和历史结论。若从文献学的理论和方法分析，农史研究曾经走过的文献路子清晰可辨。农业遗产整理是一典型的历史文献的大规模建设工程，与历史文献学的范畴正相吻合。历史文献概念相当宽泛，包括历史上的文献，也包含现代的历史研究文献，农业遗产整理涉及资料概不出历史文献学范围。文献学中历史文献因外延宽泛难以把握，所以名为农业遗产整理，属于专业性历史文献范畴。历史文献学近年也得以全面发展，各种专业类文献学科和研究方法竞相发展，在此基础上开辟农业历史文献学，故有充分的基础和条件。中国农业历史学科的稳健崛起，农业科技史、农业经济史、农业思想文化史等领域全方位拓展，农史研究百花齐放万紫千红新兴局面，也在召唤着农业历史文献学自立于中国文献学的科学之林。

再看古农书整理的学术路径和辉煌成就，显然是古典文献学在农史领域创通其道充分发展的硕果。古典文献学以校勘学为核心学问，古农书整理攻坚克难，正是以农书校注为中心任务和目标。在以《齐民要术》为核心的大型骨干农书校勘中，充分运用了目录学和版本学的原理方法，确保农书整理工程完全合乎传统校勘学的规矩和家法。同时用分工协作合力攻关的方式，在古代农学书目著录、孤本珍版搜寻、逸书散文的辑佚、古籍的考证辨伪，以及古代文献学所有9大科目中，都做了大量集思广益的研究。围绕古农书的校注还作了文字、音韵、训诂方面的小学功课，修炼传统考据学的功夫。在半个世纪之后的今日，欲认识前贤整理古农书的功德伟业，不妨回归到古典文献学和考据学的境界，方可领略前贤们的学科高度和学术深度。

古农书校勘整理除含蓄古典文献学底蕴外，同时古代农业科技与现代农学充分结合，从而继承又有创新地标立出古农学的旗帜。古农学原是清末民初有学者拟定一部丛书名称，中西农学交叉研究的思想萌芽显而易见。共和国初标立的古农学研究机构，强化现代农业科学的意识进一步增强，旨趣在通过古农书的校注工作，把传统古典文献学和现代农学交融贯通成独立学科。回头看来，古农学既为传统农书为主体的古代农业知识立学，又为新兴的农业历史学科奠基。总之，古农学和农业遗产整理，同为当今农业历史研究的始祖学科，体现着农史学科起点的水平标高和品位规范，农业遗产整理必须发扬光大，古农学必也永置于农业历史基础学科。从国学热潮兴起看古农学也有独特学术意义，人言20世纪为生命科学时代，传统生命科学唯以古医学和古农学二者为基础，弘扬古农学的历史价值和现实意义当毋庸忽视。古农学中农学价值、历史学价值、文献学价值、考据学价值以及文化意义，古人喻为车载斗量，今日同样无可限量。古农学又直接关乎古代农家者流，在诸子百家占有重要的地位，国学、子学、古农学一脉相承，其学术文化价值应全面开发光扬。

总之，文献型农史研究涉及学科可谓博大精深，内容头绪纷繁复杂，研究生以有限的课时学修，总难登堂入室。本讲虽欲提纲挈领，总也是挂一漏万，唯能略言大概、略道门径、略见方法。今从多数同学文史基础和学时实际考虑，欲执简驭繁，尝试一种"文献—文字—文章"的学习法，谑称"三文法"。三文以文献为首，体现文献型研究的主导核心地位，修习要领详见上述；文字指修小学三科，以文字、音韵、训诂知识疏通文献内容，读懂古书以搜集史料；文章是在具备传统文字功力基础上，修炼农史论著的章法体例，应对学业所需各种文体的写法，最终使自己文章也能列入文献系列。

二、农业考古型研究

农业考古是20世纪80年代创新自立的学问，主要是考究和利用古代有关农业遗存，用以研究农业历史的交叉学科。农史界与其联系非常密切，甚而视为己出。按照学理农业考古无疑为考古名门一分支，然学科发起发展主要依托着农业历史学科。农史研究需要有考古学的支持，今后无论学科体制如何变化，农史学科都不可能离开考古学的资料之源，农史将会一如既往地与农业考古保持学科交叉关系，故将农业考古列为基本研究类型。

1．农业考古学兴起及发展

中国农史研究立学文献整理，始终坚持着文献为本的研究路子。但是当遇到农业起源和原始农业发展问题，农史研究就陷于被动境地了。即便人云亦云原原本本引用考古报告资料，在缺乏考古学交流协同背景之下，也难以对史前农业全面开展系统研究。同样在考古学发掘和研究报告中，因缺乏对农史和现代生物学了解，也难免出现分析判断的错误，所谓隔行如隔山。而且考古界向来有轻农业重文化，轻作物重文物的专业倾向，凡遗址发掘金玉器物和文史遗存时便如获至宝；凡农事物类器具多置之度外，如家禽牲畜骨骸必丢弃或回填，遂失去许多农业起源的真凭实据。据说在发掘丰富和选藏多样文物时，总是先弃动物骨骸，再弃谷物，后弃农具，最根源在于考古界重社会史，不重生产史的习惯风气所致。农业是人类走向文明的第一产业，中国是农耕文化重要发祥地，农业之源头和原始农业自成重大学术问题。假若史前万年的中华农业起源不知从何处说起，首先对考古界，其次对历史界，特别是农史界，都是无以面对又必须面对的史命性课题。

20世纪80年代的改革开放，是创新者脱颖而出的时代，在考古界的千军万马中，江西社会科学院陈文华教授，揭竿起农业考古的旗帜。此举固然有历史使命的必然性，但也有斯人担当的时遇性，在交叉学科新生点上必要有左右逢源的特殊人物。陈氏长期在考古发掘地风餐露宿、摸爬滚打，深得考古理法方略，又始终对农业考古情有独钟。陈初现农业历史学界完全是有备而来，当中国农史劫后余生正在恢复之中，便将自己"文革"后期积累的农事考古材料，编制成"中国农业科技历史成就"展巡览全国，可谓先知先觉。这位国内外业界呼为"农业考古第一人"者，别具学术眼光故能独辟蹊径，将农业考古树帜首先树立于农史学界而非其他领域。"农业需要考古，考古需要农业"，这是其当年高调宣扬的立学理念，曾广传国内外学术界，颇为许多著名考古学家称赞。新生的农业考古学海纳百川，云集农史、考古、历史学科专家学者，特别是大批中青年学者加盟，大型期刊《农业考古》发挥了重要作用。陈氏通过学术论文交流，收集大量农业考古资料，会聚志同道合的人才队伍，农业考古学科也立在其中了，可谓桃李不言下自成蹊。如同当年《农学报》传播西方农业科学，又类似法国年鉴学派依托杂志刊物创立新史学。农业考古虽未列入学位体制目录，但已经在民间科研教育领域深深地入土扎根了。《农业考古》杂志耕耘播获30多年，仅从资料收集的成绩看就令人惊叹不已。由于杂志学术和资料并重，兼容相关学科门类广，开张版面篇幅规模大，总页码多达数百页之厚重，经数十年苦心经营，有关涉农的考古资料基本囊括殆尽。农史研究有新中国成立后30多年的文献资料收集，又有《农业考古》改革开放30多年的考古资料收集，农史学科占有文献资源堪称豪富之家。

农业考古学科的交会参入，改变了农史研究的格局，为农史学科增入了新的内容和研究方法。首先是史前农业历史研究全面展开，有关农业起源和原始农业研究课题，在农史学科内部便可担纲研究。农业考古研究出成果出人才，通过著作成果的传播耳濡目染，人才队伍也随之发展壮大，中国农业史的史前考古研究与历史时期文献研究，终于可以并驾齐驱。近年来依靠农史自主力量同时联合相关学科，针对中国农业起源和原始农业历史，展开了全方位的探索和研究，可以说对史前农业面貌有了基本认识。在有些领域还取得可以称道的国际意义成果，如有关水稻的起源和国内外传引路线研究，从野生稻种质资源到原始驯化，以及栽培稻的传播发展，农业考古和农史研究都取得全面系统符合历史实际的认识。农业考古与农史深度结合有许多值得总结的经验，主要还是两学科自身迫切需要合作发展的学缘纽带联系，农业考古欲自觉为农史提供资料服务，农史也不遗余力的学习和运用考古学知识和研究方法。农史学界接受农业考古，根本原因是史学与考古近缘，同在历史学门类，研究对象同为农业历史遗存，目的都是为认识农业发展的历史和规律。就农史研究而言，考古学实为其工具之学，为打开地下农史文献宝库钥匙之学。农业考古为农史开发了起源和原始状态研究，把农业历史研究时段上移五千年，构成中国农业史近万年的大格局。农业考古像望远镜扩展了农史空间，一望可见万年的农业历史；又像放大镜，看到了地下史前农业的内部结构和生产方式的细节。在当今农史学界，利用考古资料和文献资料进行农史研究，已经没有太大的学科和方法上的障碍，二者在多年的合作交流中已经融为一体，故可列为农史研究法的基本类型。

2．考古学原理与方法

农业考古属考古学一特殊门类，考究的对象是农业历史遗存，所依据基本理论方法和技能等，皆遵从考古学的科学原理和技艺方法。故从事农史和农业考古，必须学习基本的考古学知识，本讲因此结合农史研究实际重温一些考古学常识。

（1）考古学及其学科特点

考古学尚无被普遍确认的定义，通常说法是：根据古代人类通过各种活动遗留下来的实物，以研究人类古代社会历史的一门科学。平实而言，考就是考察、考究、考证之义；古就是古代、古人、古物之义，即考其古代人类遗留的实物。在考古概念和定义中"实物"二字非常关键，是考古的研究的对象，也是考古学区别文献学的本质所在。这些实物为古代遗存，包括各种遗址、遗迹和遗物，一般多埋藏在地下，故要通过发掘、鉴定、分类等工作，才能系统完整收集起来以为展览和研究所用。起自考古发掘，再到文物的整理考订，从而达到考究古代社会历史的学科宗旨。考古中包含从感性到知性再到理性的认识论，考古学的理论方法也在此逻辑之中，农业考古和农史研究需要补充学习的考古知识要义也在这里。

考古的初现渊源久远，无论中外考古学的萌芽和发展，都经历过漫长的历史过程。在我国春秋战国时，残破的周洛邑即有文物"守藏室"，东汉时出现"古学"一词，泛指研究古代学问。历朝历代盗掘活动与古物收藏史不绝书，宋代就出现金石学和"考古图"的器型分类研究，但这种零碎散片式的古董之学，与近现代考古仍不可同年而语。西方科学考古传入我国较晚，20世纪初北京周口店猿人化石发现，河南渑池仰韶村彩陶文化发现，证明中国也存在旧石器和新石器时代。1926年山西夏县西阴村遗址，是中国人第一次主持的田野考古学，河南殷墟发掘堪称中国现代考古人才的摇篮，这些都使国人耳目一新，为新中国考古事业奠定了新的考古理念。我国考古得天时地利人和，考古科学研究和教育事业蒸蒸日上，珍贵重大的文物出土发现令世界赞叹和惊讶。改革开放以来，凡西方数百年探索的先进考古理念和科学方法，均加以引进并得以创新发展，适合国情实际的考古理论和方法正在探索之中完善。

现代考古学是欧美西方工业革命的附生物，大约在寻找矿物开发山野过程中，大规模的地面勘探和地下发掘，形成了地层知识并逐步发展成近代地质学。同时发现地下岩层埋藏的大量的古生物化石和遗存，于是产生了古生物学。正是在地质学和古生物学理论方法的主导下，在工业发达的欧美学界，形成了以地层学和类型学为基本方法的近代考古学，所以西方至今多将考古学归属于人类学而非历史学。考古发现首先重视田野勘探和调查，考古学基础知识是地层学和古物的分类学，以及地层和类型并结合现代科学综合分析的年代学。西方考古学的价值取向为研究人文社会史，但又与自然科学方法手段密切联系在一起，并不断地把新的现代科学技术引入考古学。19世纪晚期的西方欧美国家，最早理论取向是文化史考古学，目标为解释文化改变和调整的历史特殊论。20世纪初考古学家研究注意到与现存有关联的过去社会，比较古今族群及文化间连续性，如美洲原住民、西伯利亚人等问题。20世纪60年代美国考古学家突破了建制完备的文化史考古学，提倡更具科学与人类学性质的新考古学，后称过程考古学。现今的考古学理论来自更大的思想范围，包括演化现象学、后现代认知考古学、考古学系统论等，研究方法更加丰富多样。

现代考古学理论多元，方法多彩，农业考古和农史研究当知其最基本的分类体系，一般分为史前考古学、历史考古学、田野考古学、特殊考古学等，其中要特别注意史前考古学、历史考古学之间的分合关系。史前考古学是以文字记载之前时代的考古资料为研究对象，与以文献记载时代为对象的历史考古学相对应，是考古学一重要分支，也称史前学或史前史。史前考古学空前延伸，即人类历史时期范围。从人类与古猿分化，是以制造工具为标志，至少经历二三百万年。关于史前下限，由于历史发展不平衡，划限颇不一致，如埃及为公元前3000多年，欧洲古典时代始于公元前6世纪，中国以公元前20世纪殷商甲骨文出现前为限。经过西方学者们长期研究、补充和修正完善，漫长的史前考古学一般分为旧石器时代、中石器时代、新石器时代、铜石并用时代、铜器时代、铁器时代等，可见史前史发展有极大的不平衡性。历史考古学研究范围，是有文献记载以后的历史，所考的遗址遗物必须参证历史文献，可以与历史学充分结合，这一点与史前考古大不相同。史前考古学也要与地质学、古生物学、古人类学和民族学等学科配合。历史考古学除历史文献外，还常与古文字学、铭刻学、古钱学、古建筑学，以及物理、化学等自然科学联合协作。总之，起于西方的考古学，具有充实的内容、周密的方法、明确的目标、系统的理论，在当今我国的考古实践和考古事业的发展中，也充分显示出普遍意义及其先进的科学性。

（2）考古学主要理论和方法

考古学有整套完备的严密的理论方法，地层学、类型学和年代学，号称三大原理或三大方法。地层学是通过判断遗址堆积形成的先后过程，进而研究遗存之间相对年代早晚关系的方法。又号称考古学第一方法，是从地质学中引进的一种理法，借鉴地质学有关定律逐步形成，或为考古资料的方法论。17世纪丹麦地质学家斯坦诺提出三大地质学定律，即叠置律、连续律、水平律。叠置律指未经扰动的地层，年代早者沉积在下面，而年代晚者沉积在上面；连续律指原始未扰地层，横向上连续延伸而逐渐尖灭；水平律指地层未经变动呈原始水平状。正是在斯坦诺科学定律基础上结合考古实际，经过不断探索改进而形成考古学的地层学，即根据土质、土色区分不同堆积；根据叠压、打破及平行关系，确定不同堆积形成的先后次序，进而判定各层次遗迹遗物的地层关系。因为自然界地层形成自下而上，正常情况下居住点人类活动的堆积物也是按同样次序形成的，但有时会受到人和自然因素对地层的干扰，就需要考古学综合运用各种理论方法研究解决。

考古类型学是研究考古遗物形态及其变化过程，找出先后演变规律以确定文化性质，分析人类生产和生活状态及社会关系。类型学是考古学又一重要理论和方法，是科学地归纳和分析考古资料而加以分类的方法论，是从古生物自然分类学得到的启示而产生的考古方法，又称标型学、器物形态学或器型学。正是有了地层学和类型学，考古才真正从传统史学中分化出来，成为利用古代遗留实物资料恢复人类过去时代面貌的科学。类型学操作步骤：确定典型器物，选择地层关系清楚且出土单位明确的器物为标准；典型器物型与式的区分，即以同类器物中的平行并列关系与先后继承发展关系，区分型式之类别；最后确定文化发展的编年序列，即在型式基础上对器物排比年代顺序。在运用类型学研究考古文化发展系列关系方面，20世纪80年代苏秉琦教授系统提出"区系类型"，探索考古文化发展谱系的原则，就是要分区、分系、分类型地寻找考古遗存的来龙去脉，是我国考古类型学方法又一次新发展。根据区系类文化类型学说，就把中国考古文化划分成块块、条条、分支三个层面的系统。据此又把中国史前文化划分为六大区系：北方区、中原区、黄河下游区、长江中游区、长江下游区、南方地区等，被誉为具有中国特色考古道路的科学理论。

考古年代学也是近代考古学建立的基石之一，是考古研究中利用多种方法手段，求证或检测古代遗迹和遗物年代的科学方法。考古年代包括相对年代和绝对年代，相对指不同考古文化和遗存时间上的相对早晚关系；绝对是以确切的纪年给出时间顺序，年代学是考古研究的基础环节。上言地层学、类型学都有揭示和表达相对年代的意义，无须赘述。另外将二者结合起来对考古文化遗存进行阶段划分，称为考古分期，也具有表示相对年代作用。考古分期是在地层划分的基础上，对早晚不同的典型出土物进行类型排比，如显示出阶段性变化，便可以将这些层位的遗存划分为不同的期，通常用早、中、晚期或一、二、三期等区分。绝对年代测定除参照文献记载和文字实据外，对于史前和没有文字记载的考古实物资料，需要借助一系列自然科学技术方法检测绝对年代。考古中运用最为广泛的就是C-14断代法，20世纪50年代出现时，被誉为考古年代学的一场革命。其原理是根据古时生物死亡后体内积存C-14，以一定速度逐年递减，只要测出遗址有机物残存C-14的比度，便可推知其死亡的年代。C-14测定法具体实施步骤：采集能代表考古层位年代或与文化分期高度相关的系列含碳样品；经过精心的样品制备，测出精确可靠误差符合实际的C-14年代数据；将系列样品的C-14年代数据同高精度树轮校正曲线进行匹配拟合，定出其考古内涵的日历年代；最后经过测定专家和考古专家定出相应的考古年代表或称考古年代框架。除此之外，利用自然科学技术测定绝对考古年代，还有树木年轮断代法、热释光法、古地磁法、钾—氩断代法等。近年随着现代科技日新月异，考古年代学技术方法也在不断地改进和发展。

（3）百余年考古学成就

总之，起自西方的近代考古学，20世纪初逐渐传入我国，田野考古及地层学与类型学，就开始见诸某些遗址发掘。新中国全面吸收国外考古技术，并自主发展考古事业，包括国外新兴的几种年代学测定法也借鉴为用。考古三大基本方法坚持数十年，所取得的成就十分可观，上古和史前历史面貌轮廓逐渐清晰，特别是对新旧石器时代和夏商周时代重大历史问题，有了考古学的框架性认识。例如田野考古的调查发掘，突破了传统三皇五帝古史体系的禁锢，重建史前历史成为考古界的使命担当；青铜时代系列考古发现和研究，使传说的夏商周时代成为信史；铜石并用时代一系列发现，证明传说的尧舜禹时代相当于龙山文化时代，原始社会从此发生重大转折即出现国家；新石器考古区系类型体系建立，表明中国文明起源是多元一体；依靠大量史前遗址的C-14测定年代的积累，全国各地数十个距今一万年前的史前文化类型，均有了各自起始到消亡的年代范围；通过夏商周断代工程研究，明确了夏代自始至终的时间、商代前期的年代框架和后期诸王的年代；新石器时代一系列发现和研究成果，证明五六千年前文明因素出现，认定中华文明是本土独立起源非外来；从旧石器时代以来考古学文化发展的连续性，表明中国文化一脉相承不曾间断，在世界几大文明体系中独有特点。至于当今研究人类起源学者有利用DNA分析技术，得出中国现代人类祖先来自非洲大陆结论，仍要用多年来史前考古的实际结果辨析。域外新说中国大陆过去发现的元谋人、蓝田人、北京人等古人类，是否为现代中国人的祖先，20万年前从非洲大陆辗转迁徙而来的古人类之说是否可信，元谋人等古人类因何讲不清楚的原因而消亡等问题，都需要多学科共同研究解答。这些的确是当今考古界必须面对而毋庸回避的问题，既然是运用新的科技方法提出的新问题，解铃系铃，就必须调动现代科学技术手段逐步解谜。展望21世纪考古事业，自然科学必将在考古研究中大显身手，考古学与自然科学的结合，将会把考古学和历史科学推进到新的研究境界和新的学术高度。

3．农业考古方法的运用

农史研究三十年前常说，"农业需要考古，考古需要农业"，此言确很有道理；三十年后今天要说"农业离不开考古，考古离不开农业"就更成为实事求是的说法。在这几十年的实践中，农史研究方法与考古学方法已经融为一体，成为农史学科司空见惯的基本方法。农业考古研究法的要点：学习熟悉考古学的基础知识和涉农考古基本方法，充分运用考古学有关农业遗存的发掘报告和研究资料，紧密结合传统文献研究的专业优势，相辅相成，相得益彰地解决农业历史问题。从近年农史研究实践看，农业考古法的运用，既见其丰硕成果，又见其改革创新的机遇。

（1）农业考古法研究硕果

考古学长于研究史前史，农业考古的优长适在于农业起源和原始农业研究，这也正是世界性的农史学术热点课题。国外学者从古生物和古人类学提出农业起源的学说或假设，史前考古也对此做出实证性起源研究。国外学者研究公认中国为世界农业起源一大中心，农业考古学引入后农史研究开始关注此类农业起源学说，并结合我国农业历史实际和史学家长期积累的认识，在综合多种学科共识的基础上，形成关于中国农业起源的理论框架。近年研究确认我国农业起源于距今万年前的新石器时代，与旧大陆西亚农业起源基本同步。最主要的证据是考古发掘的大量新石器遗址出土的栽培谷物遗存，时早者距今七八千年，按作物品种成熟程度和储藏数量推测，中国栽培植物起源当在距今一万年左右。这个结论包含着现代考古地层学、类型学和年代学的科学检测证据，也参证中国传统历史学和其他人文社会科学的共识，成为颠扑不破的历史结论。学界以栽培植物起源为农业起源学说的鲜明标志，确证中国为世界农业最早的起源地之一。这一结论并非单一关于野生植物品种和栽培植物的种子的遗存，可为佐证的还有新石器时代遗址中出土的原始农业石器、饲养家畜的骨骸和圈栏遗迹、农业定居所用的陶器等。

考古学最重视石器工具的标志意义，最精明于陶器类型学考据，最精准于炭化作物种子的年代学测定，而遍地开花的中国新石器时代农业遗址，提供的上述农业起源科学证据俯拾皆是。中国农业起源学说还得力于现代生物科学的支持，特别是种质资源和种质库提供的资料，确立了中国为最大的最早的独立的栽培植物起源中心的地位。因为在漫长的旧石器时代，人类从事采集渔猎经济，种植产生于采集，养殖产生于渔猎。围绕农业栽培植物起源中心的研究，生物科学家开始重视动植物优良品种的驯化历史，为动植物种养不断提供新的有力证据。除原始五谷为主的作物起源结构外，同时还研究驯化成以马、牛、羊、鸡、犬、豕六畜为中心的饲养家畜结构。农业考古抓住作物种子这一起源之核心依据，农业定居所用陶器就会大放光彩，就全面展示出原始村落遗址的生态环境和先民的生活方式。通过农业考古与各学科综合研究，中国农业起源的基本框架灿然大备以展现于世人。

原始农业生产活动，也是农业考古提供了科学的思路，即从新石器磨制石器类型分析农业的发生，开辟了农业文明时代，号为"新石器革命"，正是历史唯物主义以生产工具为标志的理论观点。从南北方新石器时代遗址发掘看，主要为石质锄锛耜和镰刀两大类型。这个消息揭示了史前农业生产方式的原始简陋状态，就是播种和收获两大事项，与上古传说的稼穑两大农事完全相同；同时与后来夏商周铜石并用，以及田间管理环节的逐步出现相衔接，从而构成了符合历史逻辑的上古农业发展过程。原始农业的区域分布和产业结构，通过新石器时代遗址的考古发掘也昭然若揭，南稻北粟的格局也是通过作物种子考古所揭示。粟黍类小粒作物在黄河流域的出土，传达出外人百思不解的中国农业旱作起源的秘密，高度的耐旱抗逆性和黄土特殊的结构环境，驯化出千年不衰的特有的抗旱作物种类。得天独厚的长江流域是水稻的原产地，水稻野生到驯化再到大范围原始栽培，以及后来向东南亚和世界的传播，在新石器遗址图示中一目了然，人称"中国稻米之路"。再看北部中国长城线之外古代地区，新石器时代晚期和细石器遗址清楚地说明，此区域非为农耕地而是广袤浩瀚的畜牧区。原始农业分化出畜牧业后，中国农牧业进一步分区、分族、分养法的过程显而易见。中国北方农业考古也可以证明，纯放养的游牧业完全是从原始农业中分化出来的，史前不存在一个先于农业定居驯养的独立而出的畜牧业。所谓畜牧业是农业祖先的观点，是缺乏农业考古学支持的说法。如果再放眼旧大陆副热带的史前遗址，还会发现从北非到黄河套区的绿洲带，正是旧大陆农业出现在最发达的区域。这个绿洲农业带也是古丝绸之路的大通道，今之"一带一路"主体干线，这就涉及中国大西北和亚非绿洲农业起源的历史。中国农业起源和原始农业全面研究起步较晚，然而运用考古学方法和现代科学手段，终于开辟出史前农业研究领域。各地新石器时代遗址发掘保护，基本上是按国家统一的规划探掘，相当部分都是基础设施建设工程中发现。各学科自发地积累了大量的发掘资料，在国家体制下进一步整合起来，中国农史著作中的农业起源与原始农业研究，正是在农业考古大量发现的背景下取得丰硕成果。

（2）农业考古再图新进

农业考古法融入农史研究运用过程中，也显现出某些自身局限和需要进一步改革的问题，最突出者是遗存实物的变态变质所造成的误区误判。农业考古特有的基本方法，为原始农耕石器、种子、陶器、畜骨四大证据，但在地下埋藏成千上万年重新挖掘面世之物，大多数情况下已经面目全非，四证据也往往会造成农史研究中的失误差错。首先看石器的问题，原始石器农具多半一器多用，既是生产工具也是生活用具，彼此是非若无其他佐证，多置之为两说或数说难以定论。另外还有众说不一的细石器，直接关系到狩猎与农业、游牧与种植业经济类型的划分，对这种既非旧石器又非新石器的文化形态，至今缺乏明确判断，常令农史研究困惑不已。再说按照作物种子作为判断农业起源标志，植物学的个体通常必以"种"为基本单位；但考古发掘的种子标本大多高度炭化，出土后又继而氧化，古代百谷中的种类所属已不易判断，其品种问题就更难定论。特别是采集所得野生种与栽培作物果实的辨认，关系到采集经济与原始农业的区别，成为考古学家和农学家最难判断的问题。家畜骨骼考古也存在同样问题，由野生兽类到家养畜类的过渡形态，最难分辨而结论常很不统一。考古学对此类遗物明确不列为类型学之列，发掘到动物骨骸多弃之不顾，这本身就是农业考古难以塞责的问题。家畜驯化是畜牧业起源根本，野生与家养动物的判定骨骼是第一位的证据，所以这不仅是农业考古的短板误区，而且是考古学最大的漏洞所在。当然考古物中农业定居的生活用具陶器，本是类型学最为得力的科学依据，判断农业遗址类型非常准确。但是陶器在史前考古中出现的时代相对较晚，不足以破解新石器时代早期农业起源问题，农业考古中陶器在四大证据中有其时代的局限性。总之任何学科都不可能包打天下学术，任何学问都有所长也必有所短，在学科高度分化时代，必须通过不同学科交叉结合，方能扬长补短以求真理。考古学优长在于发掘地下，但对地上现存自然生物环境多有隔膜，这需要各种自然科学协作辅助；考古学专注于实物，则短于对人和社会历史研究，就必须有人文社会科学相辅相成。故农业考古要充分结合农业科学、考古学和历史科学，还要包容相关的自然科学和社会科学，抓住科技改革创新的时代机遇，为农史学科发展提供更为得力的方法和手段。

农业考古还要重视研究领域的拓展，考古学名为考究古代实物遗存，近代之前即从远古到明朝之末，皆在应考的古代时间范围。但国内外考古界从来偏重于史前考古，进而划分出史前考古与历史考古类别，实际践行中又有意无意淡化了历史考古。于是乎出现史前时期研究靠考古，古代历史时期研究唯靠文献的偏向，进而不自觉地造成考古学与文献学的分离。在我国一直有"古不考三代以下"说法，现在看这观点很不合时宜，起码有悖于农业考古的发展国情实际。上言农业考古在夏商周以前的原始农业研究成绩斐然，但在秦汉以来2000多年传统农业历史研究中，却未能大显身手。传统农业技术博大精深一以贯之，现在仍以实物和技艺的方式保留在乡野田间。地面遗存农艺实物，无须发掘而唾手可得，若田野考古介入这一领域，必然在文献疏漏阙如处，会有新的农业考古发现。故知史前考古与历史考古当并行同重，农业考古与农业历史研究实现一体化结合，是农史学与农业考古学共同面临的改革任务。农业考古还要顺应互联网时代学科交叉融合的新趋势，除与社会科学相关学科深度交融，更要注重与自然科学广泛交流，特别是数字化科技手段的运用，决定着农业考古和农史研究现代化的前程。

三、民族学等调查型研究

这是第三类型研究法，内容既有少数民族的民族学，又有汉民族的民俗学，还有无论族群的文化遗产调研法。农史遗产主要指地上所见遗存，非地下考古类实物，也与文献资料类型大不相同；调研型方法主要依靠知情人的口传引见提供农史资料，非同文献研究检阅书刊，也不同于农业考古靠琢磨文物。可见农史研究作三种基本类型划分，相对说来还比较科学且合乎实际，三种类型虽相互或有所交叉，但学术路子和思维考究方法却明显不同。再从当前科研实际出发，农史遗产型研究法中的民族、民俗和遗产各种学理和方法，其共性在可作考察观览，同属以社会调查为基本手段的研究方法。三者同样有交叉互通的关系，但各自的独特理法又各具情态，非常适合农史研究直接运用。民族学提供大量少数民族生产和生活方式，可谓原始族群生活和史前农业的活化石；民俗学传承的先民风俗习惯和农事技艺，可喻为民间世代演唱不衰的高台活戏；至于民间俯拾皆是的农业遗产，其概念已进入世界农业遗产专项之列，成为当今旅游观光的世界文化遗产博物馆。

1．民族学原理与研究方法

民族学是研究民族共同体的学问，是以民族、族群为研究对象的科学，为社会科学中一门独立学科，其源头可追溯到古希腊时期。民族学主要考察研究民族起源、发展及消亡的过程，研究各族体的生产力和生产关系、经济基础和上层建筑，等等。欧洲大陆多称民族学，英国称社会人类学，美国称文化人类学。在我国也译称民族学，并按国情把人类学、民族学、民俗学三大族群学科功能作合理化分工，或者说根据意识形态而中国化。在族群学中，人类学研究人种，即研究种族，以体质人类学为先，社会和文化人类学次之；民族学研究民族相关的文化，以文化人类学为主；民俗学在中国文化研究领域，主要指汉民族为主的民间风俗习惯。人类学定义和学科归属在世界上很不统一，但在学理和方法上却是基本相通的，有其共同的底线和界限。

（1）民族学发展概况

早在民族学发展为独立学科之前，世界各国在遥远的古代都有关于异族的史志记录，但这些文化资源与科学民族学仍相距甚远，只能作为志书资料参考。近代以来古典民族学渐兴，学界论为工业革命的产物，或者说也是殖民主义的结果。时在19世纪中叶，西方国家为研究殖民地各民族社会情况，欧美各国纷纷成立民族学研究机构和学会组织。在达尔文学说影响下，学者们提出人类社会进化思想，出现以美国摩尔根为代表的进化学派，古典人类学由此自立于近现代科学之林。马克思对民族学基本取称赞态度，认为摩尔根是进化论学派的杰出代表，肯定《古代社会》一书尤为重要，达到了自发的唯物主义的结论；同时还对此书调整结构，补充材料，加入摘要和批语评注。马克思创立的唯物史观，成为科学民族学理论指导，恩格斯依据各种资料也撰写大量民族学著作，共同为马克思主义民族学奠定了科学基础。

从西方主流民族学发展历史看，先后出现古典民族学、现代民族学和当代民族学发展阶段。一百多年间流派纷呈，学理不断翻新，涌现出有进化论学派、传播学派、历史学派、社会学年刊学派；还有功能学派、学理学派、结构主义学派、新进化论学派、文化相对论学派、新心理学派、社会生物学学派等。初期的民族学主要针对殖民地民族的研究，以原始、简单、无文字、初民社会为概念和对象，热衷研究人类起源、宗教起源、法律起源、婚姻起源。20世纪初逐渐进入到现代民族学阶段，民族学家走出书斋去实地调查，并建立起田野综合工作规范，在理论和方法上都有自己的科学标准。为此做出突破性贡献的就是英国学者马利诺夫斯基，自此民族学完成了从古典到现代的过渡，而其人也成为现代民族学主要创始人。他所提出的功能论认为，民族学应该探讨各种文化现象的社会功能和它们之间的关系。功能论可以解释进化论难以归纳的微观文化现象，鼓励学者亲自到实地调查研究，必须结束过去随意的粗糙的调查方式；从业者必须接受民族学理论和方法训练，必须做田野调查，必须撰写民族志，才能获得民族学职业资格。

现代民族学也正是这一时期全面引入中国，蔡元培撰文介绍其内容和意义，倡导开展民族学研究，并身体力行组织到少数民族地区实际调查。1934年成立了中国民族学会，许多学者也作考察研究，开办刊物发表文章，民族学在社会上始有了一定影响。第二次世界大战后，随着民族独立运动在世界各地兴起，西方殖民主义民族学不得不向本国、本地、本民族和发达社会领域发展，成为所谓现代和纯学术的民族学。新中国成立后坚持马克思主义民族学，同时也批判地参考西方资产阶级民族学，为各民族的发展和国家民族事业服务。首先开展民族识别工作，经过多年多学科多方面的普查研究，国务院先后公布了56个民族组成，是民族学和民族事业的伟大创举。其次大力进行少数民族社会调查，为少数民族民主改革和制定民族政策提供科学依据；并组织历史学、语言学、考古学专家们，合作编写各少数民族史、志和自治区状况三套丛书。此外还开题立项研究少数民族社会性质，这是我国民族学研究方面的重大课题，可谓成就斐然。其法主要是以马克思主义发展阶段理论，判断各民族社会进程，勾画各民族社会经济文化结构，制定其向社会主义过渡的方针政策，因而在少数民族地区的民主改革和社会主义建设中，收到良好的社会效果。改革开放以来，民族学发展进入新的大好时期，1980年中国民族学研究会成立，各省市自治区社科院相继成立民族研究所，中央民族学院等高校还成立民族学系，出成果、育人才，民族学的科研教育事业蒸蒸日上。近多年在举国体制下，民族学领域对各民族社会经济结构、政治制度、社会生活、家庭婚姻、风俗习惯、宗教信仰、语言文字、道德规范、思想意识等，都展开全面深入研究。民族学与社会科学，以及自然科学诸多学科，都开展广泛交叉研究，农史学与民族学也正是在这样学术背景下得以交融结缘。

（2）民族学理论

民族学理论体系构建，经历了一个半世纪的建设和完善，基本形成了宏观、中观和微观三层次理论体系。宏观理论是对人类和人类社会历史的总体思考，例如对人类社会进行宏观解释的有达尔文进化论，又如马克思主义的历史唯物主义，等等；中观理论一般指对某个民族和阶级的整体研究，如马克思对资本主义社会性质的论述等；微观理论指对某些或某个文化现象的研究，探究其社会本质和历史规律等问题。民族学理论流派，还可以按照学派类型和传播的时代背景划分成：传统民族学理论、马克思主义民族学理论、当代民族学理论三部分。

传统民族学理论。主要是通过对非洲、北美、太平洋岛屿现存的原始社会文化研究，探讨人类初始阶段的制度文化，试图重构人类社会早期历史。这时期指导民族学理论主要是进化论派的学说，另外还有传播学等流派，其共同特点是从历史发展观点宏观地研究问题，运用民族学构拟人类历史。先后出现以托德克利夫·布朗和马利诺夫斯基为代表的功能主义学派，他们不试图纵向地从宏观角度解释人类社会的发展，而是着力横向分析各种文化现象之间的关系。功能派出现标志着现代人类学的理论已经成熟，其理论在国际民族学界至今仍有巨大影响力，我国老一代民族学家大都熟谙功能派学说，著名学者费孝通的导师就是马利诺夫斯基。

马克思主义民族学理论。与西方现代意义民族学，同是19世纪中叶产生，现代民族学对马克思主义产生也有积极影响。另一方面马克思主义理论对民族学发展，在世界观和方法论有引领作用。中国学界一般认为，马克思主义民族学与西方主流民族学，既有一定联系又有较大区别。在《德意志意识形态》等著作中，马克思论证了民族形成、民族结构、民族关系、民族社会形态、民族解放五大基本原理。同时还论证了劳动在人起源过程中的作用；关于两种生产的理论；关于氏族和家庭史的理论；关于原始公社的理论；关于直接过渡的理论等。学界还认为，恩格斯《家庭、私有制和国家的起源》为民族学经典理论著作，标志着马克思主义民族学说的确立。

当代民族学理论。20世纪中叶出现的当代民族学理论新潮，对传统的现代科学理论和方法展开批判，对传统的民族志描述手段，提出了根本性的质疑和挑战。当代学派认为传统民族学家的考察和记述，受自身文化和主观认识影响，不可能作出客观的分析研究。当代民族学提出新的理论思想，代表人物为美国人类学家克利福德·格尔茨。这些称为后现代民族学理论，主张自由论述的新思潮，认为民族学没有任何普世的理论，反对传统学术权威和现行的学术秩序。当今民族学似乎进入多样化的时代，呈现出百花竞放新景象，但是传统民族学理论仍在实践中发挥着一定的重要作用。

（3）民族学研究方法

分析人文类学科研究方法，大体都有三个层次：方法论层面的理性认识方法；研究方式层面的基本类型和研究方法；操作技术层面的分析资料和报告工作方法。民族学的方法论、方式和方法，同于本讲农史研究方法中所划分的思维方法、方法类型和具体方法的基本思路，都是从相对宏观抽象方法，到微观具体的操作过程，层层深入地推进的方法模式。

关于民族学认识论和方法论，在我国主要坚持唯物辩证法，并以此作为民族学理论和方法的指导思想。在西方民族学主流学派中先后有实证主义与人文主义、主位研究与客位研究、知性研究与量化研究等，其中最主要的就是实证研究。关于民族学研究方式，最为重要或称最独特的方式为田野调查；除此之外还有文献研究、跨学科综合研究、跨文化比较研究等方式。具体操作技术层面方法，有搜集资料、整理资料和研究问题的具体工作事项，等等。若从方法、方式、方法论三层面认识民族学研究方法，可以清晰认识到民族学基本方法是实证研究，必须进行实地的田野调查，获得的资料还要以民族志的体例记载。所以一般认为田野调查和民族志撰写，就是民族学实证研究最主要的方法和基本过程。

民族学的调查，具有明显的生活性、平民性与现实性。民族学研究平民的文化和平民的生活，平民的生老病死、衣食住行、喜怒哀乐、风土民情和价值观念等。从时空观念上来说，民族学的研究既包括人类的过去，也包括现实生活，但主要是研究现实。民族学调查与研究的成果，经历若干年后将成为历史著作，但与历史著作大不相同，是活的历史，而非死的历史；是作者根据亲身的实地调查所撰写的历史，而不是根据死的文献撰写的历史。关于田野调查的重要性，民族学者并非早期就自觉有所认识，故有"扶手椅里的民族学家"的讥讽。其工作方式多是在书房里阅读资料搞写作，即便做了实地调查，田野记录和民族志的写作都没有科学的规范，这个时期的民族学被称为古典民族学。自马利诺夫斯基以来，民族学的研究建立在实际调查基础之上，通过实地观察进行民族志的描写进而分析研究，为民族学研究的基本步骤。

中国民族学研究方法自有特色特点，如在方法论上强调实证，坚持辩证唯物主义和历史唯物主义；研究资料的利用和分析，较多关注历史文献学和历史背景，重视利用各级政府机构发布的统计资料；研究对象主要以中国民族和社会为主，田野调查中较多利用大规模集体调查和分工合作方式。这些中国特有的具体研究方式方法，在新中国组织的大规模的少数民族识别、少数民族社会、少数民族历史调查研究中充分运用，显示出独有的特点和制度优势。

（4）民族学在农史研究的运用

民族学与农业历史并非井水不犯河水，我国老一代农史学者倒是与民族学曾有过鲜为人知的奇缘。当现代民族学在我国方兴之际，时在1928年，后来成为农业历史学创始者的辛树帜和石声汉先生，就曾经发起组织广西大瑶山综合考察，史学家顾颉刚赞为"真是一件大功绩"。大瑶山考察虽以动植物资源为宗旨和主要内容，同时深入瑶族山村开展田野考察。相关内容有调查瑶民历史、标记瑶族语音、谱录瑶歌舞蹈、采集瑶服装饰、记录民谣、调查民俗、体验民风，等等。经初步的整理研究，出版了《瑶山两月考察记 》《正瑶歌舞》《甲子歌》《瑶山采集日程》等大量民族学资料，当年语言历史研究所周刊，为此还特别出版《广西瑶山考察专号》。这是一次开风气之先、当入史册的民族学科研史事，民族学和社会学对此本家事似乎深究博扬远为不够；当初筚蓝启林的辛树帜、石声汉等前辈，因专业和研究法的变更，新中国成立后虽未参与民族学研究工作，但开创民族学调研的理法，却一直保留在学术思想中。改革开放之后农史学科正式确立，民族学研究方法再次受到关注，提出运用民族学和农业考古深入研究原始农业的创新思路。

中国农业区域广大，农业历史发展很不平衡，在穷辟深山老林仍可见原始农业的遗迹。特别是西南少数民族地区，民族种属多杂而农业生产方式尤其落后，刀耕火种和母系社会的遗存，20世纪80年代在有些山民中仍有所保留。"中国（中原）失礼，求诸四裔"，于是农史与民族学者们，开始围绕农业起源和原始农业，进入地理环境极度封闭地区考察调研。虽然民族学参与的规模并不大，取得的成果及其意义却非同小可。少数民族原生态的农业生产方式遗存，揭示出许多关于农业起源和原始农业社会的历史信息，与史前农业考古和传统神话传说的研究结论，殊途同归地展现出我国农业的原始状态。其中有些还属于创新性的成果，对农业起源与高原山地的关系，锄耕农业辟土植谷阶段的划分，在农业起源和原始农业研究中都具有理论意义。凡此充分说明民族学在农史研究中的运用是非常成功的典范，民族学不失为一门成熟的科学，完全可以与农史学科充分交叉融合。民族学为人们展示活生生的原生态农业，给人以重演历史之感，具有活化农史的功能。农史研究因此如同获得血液和氧气，生动具体地再现初民古老的生产和生活方式。例如泸沽湖考察摩梭人母系遗存，可以领悟到母系社会关系的和谐稳定及其深层史理。在一种血缘纽带家族中，成员皆为兄弟姐妹，非同于非血亲的夫妻妯娌之家；另外摩梭人走婚制度，男女分离后无子女失养之虞，亦无离婚带来的家庭财产分割问题。民族学把史前的家庭和社会关系活生生重现给世人，无须在历史文献中矻矻考证，也无须史家喋喋论证。

我国农史研究与民族学，有上述深厚渊源关系和富有成效的合作硕果，在当今学科交叉大趋势下，民族学在农史研究中的运用，自当强化而丝毫不可削弱。农史研究中应建立起以民族学为核心的族群学科群，把人类学、社会学、民俗学和农业遗产学科整合起来，成为以社会调查研究为手段的研究方式和学术路子。民族学要发挥核心学科作用，还必须适应农史的实际需求和发展，进一步革新理念和研究方法。当前参与农史研究的民族学定要坚守自家的规范性，全身心做好现代民族学两项基本功，即田野调查和民族志撰写。民族学田野调查不是一般化考察和调查研究，而是要深入到少数民族地区和少数民族的生活之中，经长期自我观察体验和深度调查研究，持之以恒坚守数年才算完成田野调查工作。现代民族学以此为规范程序步骤，并以此作为专业与业余、主体与客体、有无发言权的区别，为现代民族学最为严格的首要法则，农史研究在运用民族学方法时必须严格遵守。民族志非同一般的调查报告和史料综述，民族志的宗旨和志书的体例决定了高度的全面性、客观性、现实性和具体化的标准，民族方法的农史研究也必须不折不扣的撰写民族志，然后方可作农史研究。坚守现代民族学规范的同时，还要关注和择取当代民族学新的理念和方法。现代当代民族学强调多学科交叉和多样化的研究方法，农史正可与涉农自然和社会科学结合，提升民族学在农史研究中的水平。当今首先要做好人类学、社会学、民俗学等族群学科协作融合，加强多学科调查研究的综合手段和能力。同时要留意传统民族学、现代民族学、当代民族学研究地域和族群的变化，进一步研究民族学由原始落后部族转向发展中国家，以及后来普及于发达国家和世界各族群的历史过程。更新民族学观念，调整科研选题方略，在农史研究中开拓新的民族学领域。

2. 民俗学原理与方法

我国是传统文化历史悠久的文明古国，民俗二字人人耳熟能详，依常识而言，就是民间大众风俗习惯和事物现象。但是本讲欲言的是近现代在西方发展起来的民俗学，有其系统的理论方法即学科体系。参用西方民族学原理和方法，可以科学地认识农民生活和农村社会历史，同时也包括对民间农艺技能等农业生产事象，为农史研究不可或缺的研究方法。

（1）民俗学大概

民俗学作为科学名称最早见于英国，意为关于民众知识的科学，举凡常民生活之衣食住行及思想行为等，所谓约定俗成的风俗习惯，都是民族学的学科范畴。民俗学兼具人文科学和社会学的性质，与民族学、人类学关系尤为密切，三者都是以族群文化为主体，田野调查是其共同重视的常规方法。民族学与民俗学差异，在前者重视特定族群文化起源变迁和融合分化发展，后者研究对象为本族文化内部的常态细节。人们常把民族学看作少数民族的学问，民俗学视为汉民族习俗事象，概念虽不科学严谨，也反映出某种显然易见的现象差异。民俗学与社会学交叉深度广度也相当可观，学科间理论方法相辅相成，互相促进共同发展。

有人或将民俗学内容归纳为六个方面或六大结构体系：理论民俗学、历史民俗学、生活民俗学、意识行为民俗学、应用民族学、资料民俗学，以及综合民俗学方法。具体内容也可分为六部分：民俗学原理，主要是对民俗事象发生、发展、演变及性质、结构、功能等方面的理论探索，包括对综合与单项问题的研究；民俗史，对民俗事象的历史进行探究与描述，包括通史、断代史、专门史；民俗志，对一定范围（如某一民族、某一地区）民俗事象进行科学记述、描写、呈现的研究方法；民俗学史，关于民俗问题的思想史、理论史，也包括研究史；民俗学方法论，关于民俗事象整体的观察研，以及具体的调查整理的技术与理论方法；民俗资料学，关于民俗事象资料的获取、整理、保存和运用等活动的探索与讨论。上述民俗学研究涉及的领域，随着时代的发展也越来越广泛，今天在有些国家已经扩展到全部的社会生活和文化领域。当今民俗学的内容，还包括对民俗事象的理论探索与阐释，民俗史和民俗学史的研究与叙述，民俗学的方法论研究，以及对民俗资料的收集保存等理论与技术的探索。总之民俗学研究的是具体的民俗事象，是适应一定的社会生活和相应的心理需要而产生的现象。各种民俗现象的性质、结构和社会功能并不一样，同一个民俗现象，由于所处的社会形态及历史阶段不同，其功能也会起一定的变化。民俗现象的功能，主要在于规范人们的社会生活，使之巩固发展更为和睦协调。

民俗学也是随欧洲工业革命出现的学问，在当时历史背景下，新兴资本主义国家社会文化风俗为之一变，传统农牧业为主的封建制下民风习俗受到巨大冲击，学者们开始研究这种现象并加以科学解释，民俗学遂风靡欧洲。由于殖民主义者，需要研究被统治民族的民情风俗；争取民族自主独立的国家，同样也需要了解自己民俗文化，于是民俗学遍布世界各国，成为社会科学中引人注目学科。

民俗学在中国也有同样的近现代背景，且有中华民族的特色和历史特点。古代学者们就积累有不少民俗资料，成书于先秦至西汉的《山海经》，记载了丰富的民族和民间的神话、宗教、医药等古民俗珍贵资料。东汉时期产生了专门谈论风土习俗的著作，如应劭的《风俗通义》。魏晋南北朝时期产生了专门记述地方风俗的著作，如晋代周处的《风土记》，梁代宗懔的《荆楚岁时记》等。隋唐以来，记录风俗习惯及民间文艺的书籍更多，可谓不胜枚举。真正具有现代意义的民俗学著作，主要产生在新文化运动之后。1920年北京大学成立"歌谣研究会"，1922年创办《歌谣》周刊，首次揭示研究歌谣的文艺性和民族学性质。1928年年初，中山大学正式成立"民俗学会"，出版民俗学期刊和丛书，并举办民俗学传习班，其社会影响颇大。20世纪30年代初，杭州成立了"中国民俗学会"，继承并发展了北京大学和中山大学这方面的学术工作。从20世纪20年代到40年代末，产生了一批优秀的民俗学的学者和著作，如顾颉刚的《孟姜女故事研究》，江绍原的《发须爪》，黄现璠的《吸烟风俗传播考》《我国坐俗古今之变》，以及黄石、闻一多等关于神话、传说的研究论文。在抗日战争期间，西北的民主政权领导下的抗日根据地，由于毛泽东提倡文艺创作的大众化，指出民间固有文化的优点和学习的重要意义。在西北并扩及各抗日根据地，形成了搜集和运用民间文学艺术的热潮，给"五四"以来这方面的活动注入了新的活力，形成了新的科学起点。新中国的民俗学活动空前活跃，1950年在北京成立了"民间文艺研究会"，开展采集、研究和组织民俗队伍等工作，出版了《民间文艺集刊》《民间文学》等刊物和许多歌谣集、故事集。20世纪50年代后期，配合各少数民族地区的民主改革，有关部门组织力量，对国内各少数民族的历史、语言、社会、文化、风俗习惯等进行了比较广泛的调查，积累了大量资料。1978年改革开放以来，民俗学活动又有新的全面的发展。民间文艺的收集和研究工作进一步展开。1983年5月在北京成立中国民俗学会，一些地方也相继建立起民俗学团体，有些地区的博物馆建立了民俗学部，开办了民俗学资料展览会，中国民俗学事业进入了一个新的繁荣时期。

（2）民俗学流派及其理论方法

西方民俗学发展中先后形成许多不同的类别，可谓流派纷呈各具形态。与其他学科相似，西方民俗学的理论和方法也是分派而论，这也是民俗学发展成熟的表现。其主要的流派及其理论方法，可分以下几种介绍：

一是神话学派。这是西方民俗学第一个影响巨大的派别，出现在19世纪初的德国，代表人物是著名学者威廉·格林。主要的学术思想和观点认为神话为民族文化源头，具有无所不包的性质，一切民间文化皆出于神话。神话本是各民族的共同创造，反映民族的集体心理，倘要对某个民族的文化、心理和世界观进行阐释，就必须从神话入手研究。格林兄弟运用语言学的历史比较法，作为研究民俗文化的切入点，认为语言是神话的载体，透过语言可以了解神话和宗教信仰，还可以看到风俗习惯乃至民族和人类世界的关系。于是将历史比较语言学运用到民俗学，以此努力寻求雅利安民族"原始共同神话"，来说明民族历史和民俗问题。

二是语言学派。是以英国语言学家麦克斯·缪勒为代表，其与格林神话派也是一脉相承。缪勒擅长印欧比较语言学，通过对神名进行比较研究，提出"神话是语言的疾病"的著名论点，认为一义多词的错误解释产生了神话；认为"民间故事就是古神话的现代发言"，提出由今溯古的神话研究思路。但是只管神话的语言研究，而不管民俗学的其他方面问题，也正是这一派学术的局限。

三是人类学派。运用生物性和心理学分析民俗，从风俗习惯中看先民认识事象规律的智慧和能力。该学派产生于19世纪中叶，是在达尔文进化论和时兴的社会人类学基础上建立的学派，英国文化人类学家爱德华·泰勒为先驱者，安德鲁·朗也是位主要代表人物。泰勒观点是人类各民族，从生物性和心理学规律看有着一致性，因而人类的精神活动包括神话传说等，就必然有某种共同性。同时认为未开化民族与文明人祖先的神话也存在统一性，研究前者并与后者相比较，就有可能追寻出人类文化和思维方式进化的轨迹。安德鲁·朗用同样理论方法研究而范围更有所扩大，强调用思想、信仰、习俗解释未开化民族文化，而不能归于自然现象和语言疾病。

四是心理学派。主要理论思想源于20世纪初，奥地利弗洛伊德创立的心理学中的精神分析学，并以此作为基本指导思想来分析民俗文化实质，形成民俗学中的心理学派，或称精神分析学派。弗洛伊德揭示人类心理潜意识层次本能性冲动，当受到社会压抑形成所谓的"情结"，普遍存在人们心中，从而成为一切文艺和精神创造的内动力。弗氏的学生瑞士学者荣格创立的集体无意识说，即遗传保留的无数同类型经验，在心理最深层次积淀的人类普遍精神，可以解释一切民间文学艺术乃至于整个文学史。心理学派虽然忽略物质生产和社会生活方面，但对加深人对自身认识和民俗学建设是非常有益处。

五是社会学派。运用社会学讲求实证的方法，研究民族生活的历史发展过程。社会学派认为，社会由个别成员组合而成，对每个成员行为和思维都具有强制力，人并不能随心所欲地生活；但社会成员能构成共同的信仰和集体意识，如宗教观念等。人类社会和社会环境，才是产生宗教和集体风俗习惯的真正原因。民族学家马利诺夫斯基吸收社会学派理论，提出著名的功能学说，主张民族文化应作为整体来研究，认为神话是原始先民关注自然，并企图使自然服从人的意志的产物。

六是历史地理学学派。兴于20世纪初，创立者是芬兰语言学家、民俗学家科隆父子。其理论基础是达尔文进化论和斯宾塞的实证论，认为民间文艺作品都有原始态和发祥的时间地理环境，通过对其迁徙流变的探索，确定发展变化的时间和地理范围，从而追求民间习俗文化的模式和历史。为此对民间创作题材模式进行分类，并作出索引。阿尔泰《民间故事类型索引》便是这种研究方法集中体现和重大成果。卡尔·科隆曾撰《民族学方法论》，治学态度相当严谨，理论方法探讨有高度自觉性，芬兰因此一度成为世界民俗学研究中心。

七是结构学派。20世纪50年代，结构主义思潮首先在语言学领域兴起，影响及于人文科学领域，也被引入民俗学研究。结构主义认为事物内部存在着种种要素，且按一定规律组合而成结构体系，对构成要素联系进行剖析，可以构拟出事物的整体结构，从而找出贯穿其中的总法则。结构学派研究方法特点：一是强调研究对象的内在性，主张就神话论神话，就故事论故事，排除与外部诸因素的联系，可达到深入细致之地步；二是强调对研究对象的共时性分析，不顾及历时性因素，故有割断历史之弊端。

上述民俗学七大流派理论学说，包含着各自的方法论和独特研究方法，可谓其理其法各有其妙。各大流派从共性看，在方法论中运用分析和分类的手段较多，这是西方近现代科学的优势特征的体现。具体方法中，运用调查研究方法最为普遍，几乎每派毫无例外要用此法来操作。民俗调查方法具体操作主要有两大步骤：首先是实地调查工作，包括调查前准备、观察与参与、个别访问、开调查会、问卷法、谱系调查法、自传调查法、定点跟踪调查法、文物文献搜集法等。其次是民俗调查记录和调查报告工作，调查记录的方式有文字记录、录音记录、影视记录等。调查报告分记录式和综合性两种形式，记录式报告多将报告人改变为第三人称整理而成，综合性报告是在搜集大量资料基础上分类、整理分析而成。民俗综合报告基本格式分为导语或前言、正文、结语三个主要部分，可以体现民俗调研的成果，其特色表现为资料性和学术性，综合报告在民俗学中应用最为普遍。

（3）民俗学在农史研究中的应用

悠久的中华民族历史文化，植根于农耕的文明，培育着丰富多彩的富有农业特色的民风习俗。中国民俗同样起源于古代神话，同时也源于农业生产和农居生活，而且古代神话传说也多与农事活动内容相关。早先的农业历史研究大都从伏羲、神农说起，开讲农牧原始起源，既是历史传说，也赋予神话色彩，与西方民俗学神话派毫无二致。如今国外民俗学流派繁多，唯独没有涉农学派，我国民俗学中也未为农业设立学科；但是农业生产民俗和农村社会民俗的概念已普遍流行，约定俗成地进入民俗学范畴，已成中国民俗学重要组成部分。按照钟敬文《民俗学概论》的划分有这么几种：物质生产民俗，包括农业民俗、狩猎游牧和渔业民俗、工匠民俗、商业与交通民俗等；物质生活民俗，包括饮食民俗、服饰民俗、居住建筑民俗等；社会组织民俗，包括宗族组织民俗、社团和社区组织民俗；人生仪礼民俗，包括诞生仪礼、成年仪礼、婚姻仪礼、丧葬仪礼；以及岁时节日民俗、民间信仰、民间科技、民间医学、民间语言、民间艺术、民间游戏娱乐等。但是必须肯定民俗根本和源头，来自物质生产特别是农业经济活动，即农业生产历史过程。所以，民俗学有农业民俗范畴，而且还有农业生产民俗的概念。因为农业民俗是伴随古代农业经济生活而产生的文化现象，具有农业生产的季节和周期性特点，具有农业的地域性特色，是农民在长期的观察和生产实践中，逐步形成的文化产物。农业民俗既是生产经验的总结，又是指导生产的手段，具有明显的传承性，涵盖农业生产的全过程全部历史。具体内容包括：一是农业季节性非常强，生产完全按时序节令来安排，所谓的春耕、夏种、秋收、冬藏，其实都是农业生产按时序节气因循而形成；二是大量经验性的占卜天象以预测农事的习俗，既是在生产过程中形成的经验总结，也是遵循天地变化规律的产物。包括预测农事丰歉、祈福、禳灾等习俗，表现出对臆想中的自然力怀着敬畏的感情；三是农业禁忌方面的习俗，古代人们缺乏现代科学思想，认识自然和社会现象常带着浓厚的迷信色彩。四是祭祀田神，古人迷信所有的物种都有神灵主宰，农俗中多有信天由命的思想认识。如有些地方祭祀田神也叫五谷神，有些地方祭社神，有些地方祭先农，有些地方则祭祀各种变异性的神灵。五是欢庆丰收，农民劳作一年，一旦丰收就掩饰不住喜悦的心情，尽情地感谢天地神灵的赐福，最终形成了相似于节日性的庆贺。所有这些农业民俗都是历史上长期积淀而形成的产物，是农业历史研究的重要内容，也恰正是农史中的农村和农民生活史的题中之义。

农业民俗和农业历史的交叉融合关系非常明显，二者之间相辅相成的协同合作研究关系，也不可轻淡或忽略。坦率地说，农业民俗与农业历史学缘如此相亲的领域，以往却老死不相往来，殊违现代学科广泛交流的时势，负面的影响两厢都有明显的警觉。农业民俗研究以往因不甚了解农业历史背景，孤立研究民俗问题，难免发生片面性错误。例如《荆楚岁时记》中"二十四番花信风"，完全是关于花的物候，不能解读为24种自然风的征候。有关饮食文化习俗中，其故事传说起源时代和人物，与农业历史实际差异很大。如北方面食花色品样，多是在秦汉以后广泛使用石磨才流为食品，谬传秦汉以前的许多美食民俗，显然不合农业历史实际。再如牛耕本是春秋战国后，随着传统农业进步出现的农业动力机具变革，但历史上常把西汉赵过称"始为牛耕"的发明者，等等。至于农史研究中，缺失农业民俗资料和系统研究方法，就更需要农史研究反思并作出全面的学科建设思考。

当前农史研究着重点，主要集中在农业科技为主的生产力和农业经济为主的生产关系方面，然而推动农业历史的是历代广大的农民群众，在现成的农史著作中几乎看不到农民的身影，可谓只见物质不见其人。换句说法表达，农史研究中应有的"三农"之义，当前只是专于农业，而将农村和农民历史多置之度外。必须明确农业绝不限于农业生产方式，农业历史的主体力量农民要当仁不让地进入农史，生态盎然、丰富多彩的农村自然和社会生活，必须走进农史为之增添生机光彩。这是一道农史学术创新的大课题，也是农史学科建设面临的新的改革和挑战，需要考虑多方面的因素作长期的战略之计。首先应开辟以农民和农村生活为中心内容的农村社会史研究，与现行的农业科技史、农业经济史、农业思想文化史、农业生态史并列为农业历史学科五大分支系统。新兴的农村社会史先为顶层设计，探索其学科属性概貌和理论方法体系；次作教材课程和教学方案，以及学科建设计划；再作科研选题规划，选定核心学术课题并尽快编写出史料集和《中国农村社会史》等专著。有了农村社会史学科，民俗学将会成其坚强的学科支柱和重要的资料源泉。其次要配合农村民俗学研究，从农史角度拟围绕下列中心论题研究，即上古农事和涉农神话传说的研究；月令农书系统的民俗研究；农谚民谣中的民俗文化；岁时类文献中的民俗文化研究；民间故事乡土文学中的农史问题；民间艺术中的农史问题；还有农业生产中种艺技能类的民俗和农史问题，等等。当知在中国讲民俗的含义：民，以农民为主体；俗，以农村乡俗为风气；民俗，实为农民和农村社会文化历史，农史研究参与民俗学完全合乎学科交叉关系。

３．农业遗产调研法

农业遗产调研法，是指农史研究中对农业遗存调查与研究，或称农业遗存研究法。主要针对遗留在民间的有农史价值的文化遗产开展的调查研究，与上述民族学、民俗学并为农史三大调研法。这里说的农业文化遗产，有物质文化遗产，也有非物质的精神文化遗产；所谓有农史价值，既有当今国际社会规定的农业遗产的部分含义，同时也有拾遗我国传统农业遗产研究阙如的内容。总之，本讲提出的农史遗产和农业遗产，其概念大同而微异。农史遗产完全就农史研究实际需要而言，运用中对宏大的农业遗产概念有所取舍；在农史三大调研法中，农业遗产研究自有其内容、特点和方法，与民族学、民俗学的理论和调研方法不尽相同。

（1）农业遗产概念

农业遗产是20世纪50年代，在我国农史研究之初，就已纳入国家科学研究体制并命名为研究机构。本世纪之初，联合国粮农组织发起"全球农业文化遗产"保护项目，农业遗产概念普及世界成为热词。在连年不断的"申遗"热潮中，国人才逐渐开始领悟和珍惜祖国农业遗产，感叹农史前辈们的先知先觉，运用农业遗产概念竟早于国际组织半个世纪。前辈提出的农业遗产也是广义的大概念，只是因国家下达任务的研究项目名称为"农业遗产整理"，按照当时整理工作条件和上下共识程度，主要围绕着农业历史文献开展整理研究。久而久之我国广义的农业遗产概念，在实际整理和研究工作主要专指农业历史文献遗产的整理。改革开放以来，文化遗产的概念在国内外交流中广泛运用，农业文化遗产在社会中流行更为广泛。直到联合国有关组织提出农业遗产项目，并对项目明确作出界定和解释，农业遗产和农业文化遗产，以及本讲提出的农史遗产等概念，都在各自的专业领域不断地深化，三种概念的交叉离合关系也正处于约定俗成之中。

首先应厘清联合国组织申遗政策中，农业遗产是个什么概念，其内涵外延到底是什么？弄清楚后有利于开拓农业遗产视野，以利与国际社会在这一领域接轨，同时促进我国农业遗产保护和农史事业的发展。按照国际组织和相关机构制定的法律规章和经费管理规定，世界遗产分为自然遗产、文化遗产、文化景观、自然文化遗产混合体，以及其他类的遗产。各类遗产都有明确的定义和标准。世界农业遗产列于其他类遗产之中，此类是含有多种遗产的综合性项目。具体说，2002年世界可持续发展高峰论坛上，联合国粮食及农业组织（FAO）提出"全球重要农业文化遗产"概念和动态保护的理念。联合国开发计划署和全球环境基金，启动设立全球重要农业文化遗产项目GIAHS，按照粮农组织的解释，世界农业遗产属于世界文化遗产的一部分，在概念上等同世界文化遗产。世界农业遗产保护项目，旨在建立全球重要农业文化遗产及其有关的景观、生物多样性、知识和文化保护体系，并在世界范围内得到认可与保护，为现代农业的可持续发展提供物质基础和技术支撑，将对全球重要的受到威胁的传统农业文化与技术遗产进行保护。世界农业文化遗产不仅是杰出的景观，同时对保存具有全球重要意义的农业生物多样性，维持可恢复生态系统和传承高价值传统知识及文化活动，也都具有重要作用。例如农村与其所处环境长期协同进化和动态适应下，所形成的独特的土地利用系统和农业景观，这种系统与景观具有丰富的生物多样性，而且可以满足当地社会经济与文化发展的需要，有利于促进区域可持续发展，充分体现人类长期的生产、生活与大自然所达成的一种和谐与平衡关系。显然这里所指的农业文化遗产，不是一般意义上的农业文化和技术知识，主要是强调保护那些历史悠久、结构合理的农业景观和系统，是一种典型的社会—经济—自然复合生态系统。农业文化遗产所包含的农业生物多样性、农业知识、生产技术和农业景观一旦消失，其独特的、具有重要意义的环境和文化效益也将随之永远消失，故而提出对农业遗产的保护项目。其次，农业文化遗产保护，强调农业生态系统适应极端条件的可持续性，多功能服务维持社区居民生计安全的可持续性，传统文化维持社区和谐发展的可持续性。它具有自然遗产、文化遗产、文化景观遗产、非物质文化遗产的综合特点。FAO提出的GIAHS评选标准有以下5条：提供保障当地居民食物安全、生计安全和社会福祉的物质基础；具有遗传资源与生物多样性保护、水土保持、水源涵养等多种生态服务功能与景观生态价值；蕴涵生物资源利用、农业生产、水土资源管理、景观保持等方面的本土知识和适应性技术；具有文化传承的价值；体现人与自然和谐演进的生态智慧。若分析十多年世界农业申遗评审结果，从13个国家31项获评项目内容看，可进一步明确广义的农业遗产，指人类在历史时期农业生产活动中，所创造的以物质或非物质形态存在的各种技术与知识集成。世界农业遗产概念，包含着世界遗产中自然遗产和文化遗产的综合意义；同时具有鲜明生态文明大景观特征，即涵盖世界遗产的所有方面，而不失传统农业固有的历史文化品位。

（2）农业遗产调查研究

农业遗产经国际组织的倡导，在世界范围内引起人们的高度珍重，有关发掘、保护、开发、利用、观览、申遗等，已成为各国发展农业遗产事业的战略之计。我国是农业遗产最富饶的国度，也曾做过大规模的农业历史文献整理，然一旦纳入世界农业遗产的科学框架和文化格局，还必须重新转变传统观念作出全新的绸缪。无论从宏观的适应世界农业遗产工程大势，还是从农史研究对农业遗产开发利用，当前最主要的是要做好农业遗产的发掘、规划和保护。为此有关部门的专家向国家层面提出建言：一是明确农业文化遗产的行政管理职能，完善保护工作机制，将农业文化遗产的发掘与保护列入国家公园建设体系。二是加强与粮农组织等国际机构的合作，继续保持我国在该领域的话语权。争取在中国建立FAO"世界农业文化遗产中心"。三是强化农业文化遗产及其保护研究，建立农业文化遗产保护的科技支撑体系。农业部联合科技部设置农业文化遗产保护研究行业专项，或科技支撑计划，在全国范围内开展农业文化遗产普查。在农业文化遗产的战略安排、指标体系、评价方法、宣传展示、示范推广，以及政策导向等方面，开展深入的科学研究；对农业文化遗产价值进行科学评估，确定分区、分类、分级保护重点，鼓励多学科跨部门的综合性理论研究与示范工作。四是探索可持续利用模式和多方参与、惠益共享机制，加强农业文化遗产保护的能力建设和社会参与程度。农史研究要围绕这些方面参与其中，以专业优长发挥建设性作用，特别是在农业遗产的判定和历史内涵的发掘中要努力作为。

从国情和农史研究实际出发，我们重视的农史遗产含有大量传统农器、技术、作业、秘方之类的遗存，因其形态细微缺乏景观博览性，难为上述国际性农业遗产关注，但在农业生产和农业历史研究中意义重大，正是本讲提出农史遗产所要拾遗补阙的内容。农史研究如何发掘和利用这部分遗产，也应有独特的符合农史实际的调查研究方法。为此很有必要重提当年农史在文献遗产整理时创用的"清家底"号召，或者称之为农史遗产"二次清家底"工程。依照此种思路，既将农业历史遗产融入世界农业遗产范畴，又使二者各有侧重而别具特色；同时在农史学科内部，又将农业文献遗产与农艺遗产相统一，使农史遗产两部分结构统为一体。所谓统一即农艺遗产要遵循当年农业文献遗产整理基本经验和路子，农艺遗产调研工作规划和获得的资料整理，要充分参照农业文献遗产编排的体系，努力实现两部分遗产完美的合璧统一。当然无论农艺遗产还是农史遗产调研法，都应归之于农业遗产法，诸种方法基本要领达于完全相通。农艺遗产调研一般可分为两大类型：农器和设施类、农技和秘方类。前者多为物质形态，后者多为操作和知识形态。下面列举本人农艺遗产研究的实例，以见农史研究遗产调研法行之有效。

（3）农史研究中遗产调研法亲验实例

例一，周畿求耦。这是一例典型的综合方法的农史遗产调研课题，旨在探明周代耦耕技术要领，解读奴隶制鼎盛时期"千耦其耘"的大协作生产方式，破解众说不一的周代大田规模化耕作农艺。调研在西周丰镐古都附近的地区进行，调查涉及文献参照以考镜源流，询之老成与有传统耕作经验老农座谈，寻找传统古旧的协作翻地遗风，仿照考古实物制作古代耕具，等等。最关键的调研步骤是农田实际耕作实验，手持仿制石耒耜的农民，按照古农书所记各种耕法和民间逸散诸种翻土形式，逐项操作验证并观察评估效率效果。然后组织参与调研人员开会讨论各抒己见，初步确定史书中"并二耜耦耕"基本方式方法，论证在牛耕现世前此法是耕翻面最宽、耕效最高又最具协作气氛的耕地方法。调查表明西周形成奴隶制时代最大规模的生产力，在徒有人力而缺乏畜力工具的状况下，农村中很自然地都有可能出现耦耕作业法，甚至在1958年的"大跃进"中也曾出现过热火朝天的耦耕现象。耦耕逸史既明，虽未按民族学、民俗学方式作志记，最终撰写出《关于古代耦耕的实验调查和研究报告》，刊于《农业考古》杂志1987年第1期为世人评说。耦耕调研农史学术性较强，但涉及的农业遗产多种调研法均在其中，而且当属于典型的农史遗产调研实例。无独有偶，不经意在中央电视台1991年某晚观光节目中，看到秘鲁印加土著保留的原始工作方式，恰是二人并耜翻耕揭起巨大土块，还有一人随之搬动以使耕地均平的景图。活灵活现地揭示耦耕之高效，全在较独耕扩大了作业面，为原始木石耕具最得力的耕作方式。观罢印加农耕遗法，看到二人并耕之协调灵动，便会对周畿求耦的结论更加坚信不疑。

例二，推镰考工记。为规模较小而颇有农史遗产抢救性质的调研。元代《王祯农书》图谱有推镰一器，具有初步的机械收割原理，在中国乃至世界农具史上价值极高。但是后来推镰似乎失传了，明代就有学者认为图谱徒载其型，实际难以为功没有使用的可能。当代农业机械学家也困惑其致功原理和结构。经过"询之老成，验之行事"，终于在渭北深山找到蛛丝马迹，按图索骥造镰实验，确证王祯图谱纯真无误，某农机厂还据以造出现代新式推镰用于农业生产。文献、踏访、实验、创新四个步骤的农具遗产调研，最终也形成报告式论文见诸农史刊物。

例三，倒拉犁现象调查。为农业生产技术类型的调查研究，属于农业生产力重要内容，民俗学和农业遗产调研都明确列入题中之义。倒拉犁现象奇特：一是犁具简单，以至近于原始，形式如同手执锄具倒行逆施而耕作；二是如此简陋不堪的农具竟大行其道，在20世纪80年代骤然出现在渭河平原，又不胫而走普及于黄土地农区，一时成黄河中下游农田风景线，颇具农业遗产大规模景观式特点。经多年观察和调研得到以下几点结论：首先认识倒拉犁及其耕作，是北方农村一定时期出现的阶段性现象，主要是适应土地承包制之初田块分散碎小，现代大型农具无法施展而采用的简陋耕具。倒拉犁虽简而适用，不需牛具以单个劳力即可耕作，在间作套种和麦茬抢种秋作中极已为功。后来随着现代化农业和土地规模经营发展，倒拉犁使用逐渐减少以至今日又极为罕见了。

例四，窍瓠巧理通古今。窍瓠是一传统点播器，俗称点葫芦，《齐民要术》和《王祯农书》均有记载，后书还有图谱。但是这种古老的农器早已退出大田生产，今人对此简陋朴拙的古器巧理并未尽知，至于窍瓠在播种农器发展中的历史意义更少有探索。20世纪末在杨凌农具市场，无意中发现一种金属材料的点播器，与古代窍瓠原理完全相通。上部有一金属管装盛种子兼有把柄作用，相当窍瓠盛种的葫芦；下部装有尖锐的推种装置，相当于窍瓠的刺土播种部分，唯前者有弹簧牵引精确控制下种粒数。两者虽有简陋和机制之别，但利用窍空锐器直接隐播土壤之中而无需覆盖的原理却完全相同。这正是古代耧车和现代大型播种机和核心技术所在，无论古今播种器具有多大的差异，其农具发明的基本原理和机制仍然有相通之处，从调研中仍可以找到播种机演进的历史轨迹。

第七节　农史研究具体方法

所谓农史研究的具体方法，就是以研究具体问题为目标，进入具体的操作运行过程，采用具体的研究方式手段，达到解决具体农史问题目的。无论前几节所讲的何种方法论和基本研究方法，最后都要落实到具体课题的写作过程，最终形成以文字形式表达的研究成果。农史研究的具体方法，完全适应于文献型的研究方式，或者说就是文献方式形成的基本手段；同样也适应考古型和遗产调研型的方式，可以说一切形式的农史研究方法，最后都要转换为文字资料而且成就为文献形式，这也是前所谓农史研究文献学为本的重要理据。一般说具体研究的步骤或曰体系，按照史学研究法可以有多种划分。农史研究在这里明确提出划分原则，即必须坚持科学认识论，宜按照感性、知性、理性的认识过程，划分为资料工作、选题谋篇和论著编写三部分，基本合乎感—知—理的认识过程。在史学研究中有将资料工作置于选题之后，有的置诸选题之前，还有二者交织在一起进行。本讲认为资料工作为感性认识阶段，又是农史研究基础并渗透这个研究过程，所以必须独立起来并作为首要部分。选题谋篇与论著编写是相互联系的两个部分，可以理解为知性与理性的紧密结合的统一过程，因为认识论中知性和理性本来就是难分难解的抽象思维。总之本节将资料工作列为第一部分，但与第二、三部分有序联系，所以要充分理解资料在农史研究具体方法中的感性特征和基础地位。资料、选题、编写构成有序的具体研究过程，并非农史学科特有的方法，社科类研究大都如此操作，历史学科运用最为典型娴熟。本节充分参考了史学具体研究方法的许多论著，而资料工作部分受史学启迪最多，盖因农史原本为史学类中专门学科，学科相通其方法也必然相通。

一、农史资料工作方法

欲做农史资料工作，必须认真学习历史学有关资料方面的知识，因为在社科类学科中，历史资料早已成为非常成熟的专门学问，称为史料学。任何资料都是积累而成，宽泛而言都是非现时的历史性记录，故从历史学立场认识和搜集利用资料，其典型性非其他学科专业可比。史料学既是传统学科，同时也不失现代的科学性。农史资料研究必须遵从史料学的理论方法，同时结合农史资料实际择要而从，如此构建起科学务实的农史资料工作体系。

1．史料学与农史资料工作的意义

（1）史料学

史料学是研究史料的源流、价值和利用方法的学问，为历史学基础性的学科。史料学与历史学的密切关系，根深蒂固地蕴含在"史"字的古义之中。《说文解字》："史，记事者也。从又持中，中，正也。"本字起于史官之属，俨然为"记事者也"的形象。段玉裁注释更为明白："君举必书。动则左史书之，言则右史书之。良史书法不隐。"可知史字本义指记言记行作实录资料之人，史料的原始意义正在其中，至于据此编写著作成为历史书之意义，还是后起的引申之义。然而后来在根据史料编撰史书的过程中，在长期利用史料的实践中，体验资料的搜集整理和研究利用的规律，又形成了关于史料理论方法的学问称史料学。这正是史料与历史，也是史料学与历史学的辩证关系。若站在两门学科的立场强调各自的重要意义，都可以充分理解其必要性和重要性，但是过分偏颇或极端的观点则也层出不穷。二十世纪二三十年代，历史语言研究所傅斯年提出的"史学即史料学"，就可谓非常极端的典型，曾引起学界激烈争论。梁启超在《中国历史研究法》中也认为，历史研究法就是史料研究法，即所谓的"客观研究法"。史界不少前贤曾多持这一观点而成为流派，曾经以精专古史考证为一时风尚，著名的疑古派正出此背景。今以唯物史观评章，傅氏说法显然难以成立，但是强调史料学基础地位和重要性却当铭记，前辈们史料学的修养和研究功力更值得我们敬仰和学习。

（2）农史资料重要性

如今史料学已成为历史专业基础课普遍设置，史学研究者也视为看家本领，史料学知识在相关的学科中得到前所未有的传习普及。当前关于史料学著作正式出版发行的为数不少，教材、讲义也以网络传播等形式流传，农史研究应系统研读史料学的基本理论和知识。史料学有通论和专论之分，通论主要论述史料的发掘搜集、鉴别考订、校勘整理、编纂研究、检索运用等事项，从而认识史料和史料学的一般规律；专论又称具体史料学，是研究某历史时期和某领域史料的来源、价值和利用的具体资料知识，农史资料就属于专论性具体史料学。农史资料非常丰富，有待研究的专业性资料问题更多，构建专论性具体农史资料学，应作为农史学科建设课题加以规划。农史资料学构建基础和参照，必以通论史料学为科学依据，且要知农史学科史料学建设非一日之功，农史研究必从通论史料学的修习做起。本讲言农史资料工作，既要充分利用史料学理论及其具体的知识和方法，又要充分考虑农史研究实际和资料工作实践经验，以解农史资料运用中的燃眉之急。重点讲农史资料的搜集分类、运作模式和资料研究方面的问题。

2．农史资料发掘与分类

（1）农史资料的开发

农史资料学创建，首先要全面深入地做好资料发掘和开拓，乃是农史资料学建设的基础。农史资料开拓发掘与史料学开发颇有不同之处，我国历史研究和史料学有数千年的积累，史料的渊薮、源流、分布、类别、检索、利用等既成科学规范，所谓的史料开发，也是在史料学规范之中的开拓。农史则不然，虽有大量史料积累，但还有待于史料学的科学规范；而且除了文献资料外，其余形式的资料尚未全面发掘，潜在的资料领域还不甚明确。前面虽然讲论考古资料和民族学、民俗学、农业遗产等方面资料，但其索取的渠道还未达于畅通。农史新的资料开拓领域和渠道，首先应着眼社会学的广阔天地，沧海桑田的农村社会变迁，丰富多彩的农民生活，亟待农史建立农村社会史分支，为此必下大气力开发农村社会的历史资料。当前正值城镇化和乡村振兴热潮时期，出现许多美丽古镇和农业历史文化景观，全新的农史资料宝库正待攫取。其次是开发国学中农家类的资料，先秦农家思想文化领域应作为重点，农家类资料的发掘研究，直关农家者流在国学中的地位。农家思想学说不仅在古农书中，还广泛散布诸子百家，乃至经史子集各部文献。再次开掘集部即古代诗词歌赋和散文小说等文学作品中的农史资料，可以丰富农史内涵和外延，提升农史的美学和文化品位，为农史研究和农史著作开新面。研究古典文学领域的农史资料研究，还可为文学艺术界的农史事实作出辩证完善，文艺与史学交流会增强作品的科学性。再还有世界农业历史和研究成果史料的收集，前辈有学者已经开辟了世界农史方向，如今仍有学者坚守研究，惜未形成规模和气候，今后应按照学科建设的目标作全方位的资料建设。

（2）农史资料分类

此项分类必须在史料学的分类体系下，结合农史资料工作实际进行。事物的分类是非常重要的学问，常置于学科理论部分，史料学著作总是用大量篇幅讲分类，初读者观见鳞次栉比、形形色色的史料，难免有繁琐细碎难得要领之感。史料分类有一定的体系，要从大处着眼提纲挈领，无论多么复杂的事物，抓住要领便执辔如组、运用自如。史料学类型，一般分文字、实物、口碑、音像数字四大类，各种史料无论属于何等层级，大致都可囊括分置其中。关于四大类资料关系也要有灵活的理解运用，根据资料实际情况还可以归并调整。例如口碑音像之类，也可以视为实物资料，也可以分解到文字和实物类。最主要的就是文字资料和实物资料，文与物二字颇能概括和区分其特征。史料学求全责细有分七八十种者，一般专门史资料体系似无必要，如农史资料就大可不必，现按四大类资料体系细化如下：

第一类，文字资料。从文字载体材质和书写工具看，早期有甲骨文、金文、石刻文等，为硬笔刻写。晚期为软质材料载体有竹简、木简、丝帛、纸张等，用软笔写印。文字资料主要为古籍文献，系文字资料中最重要者，农史研究习惯用文献资料的概念。古农书是农史文献的核心资料，起始于先秦农家论记农政和农事的著作，战国后则以记述技术农艺为主，即古代农业技术为宗旨，形成独特的专书体例。自汉代起古农书传承不断，源流文脉与时俱进，直到近代为西学农科取代而终止。《汉书·艺文志》收录早期农书目录，随后历代官私书目无不著录农家书目，两千年间的重要农书一直流播传世，可为农史研究提供系统完备的历史资料。古农书历史价值无与伦比，所记内容皆是所谓的"干货"，为古代农业科学技术，即生产力要素。

其次，为二十四史中有关的志、书部分，如河渠书、食货志、地理志、灾异志等，分别按水利、经济、地缘、灾害等门类记述历史，传承记载因而包含大量农史资料。正史志部资料价值极高且系统性强，显示出农业专门领域的历史脉络。例如将历代灾异志按朝代排列，农业灾害史的演变过程和历史规律便可认识。正史传记等其他部分，也散布大量涉农资料，可谓俯拾皆是，若能分门别类集录，农政、农经、农村社会历史文化的脉络也是清晰可见。

再次，便是历代政书记载的历代典章制度，包括政治、经济、文化方面材料，分门别类即见历代制度沿革。政书可分"通字"和"典字"两大类，通字类是记述历代典章制度的通史式政书，有《通典》《通志》《文献通考》等，先后形成三通、九通、十通系列政书；典字类为记述某朝代典章制度的断代式政书，称会典、会要等，如《秦会要》

《唐会要》《元典章》等。古代社会以农业为基础而形成传统，政书内容总与农史有千丝万缕联系，治农史者必知熟悉善用政书文献。

史料分类集中的文献，还有类书一族。类书自成体系，称典籍之荟萃，知识之精华，实为开辟农村社会文化史研究的百科宝库。政书也有类书性质，可算专门性类书。类书之祖起自魏《皇览》，两千多年体例不断完善，文献价值高和规模巨大者有宋《太平御览》、明《永乐大典》、清《古今图书集成》和当今之《中华大典》。古典文献以丛书规模最为宏伟浩大，运用上述类书等二、三次文献资料，通常要与丛书结合，若要参照原书，就必须熟知丛书体系才能准确利用。丛书起于南宋，距今仅800余年，有数种大部头丛书将历代要籍几乎囊括无余，其中以《四库全书》规模最宏大。若查阅丛书和子目，古代文献皆可找到原始资料。当然若能掌握目录学基础知识，了解从《汉书·艺文志》《隋书·经籍志》到《四库全书总目》的目录体系，便可考证史料源流辩证学术。善用文献资料者，还能熟练使用各种古籍文献的索引和引得，即将文献中有检索意义的事项，如人名、地名、词语、概念等编排成工具书，以利便研究者检索利用。工欲善其事，必先利其器，大凡查阅古代文献，大约在上述目录文献知识和方法指导下，便能逐步熟练地从事资料工作。

此外还有方志类的文献，为资料性很强的大宗史料资源，其重要意义常见"史""志"并提，甚或有"史源于志"，或是"志起于史"的说法，乃至常有车轱辘语式的史志起源争论。广泛的方志撰修并形成制度传统，显然还是应从宋代为起始，随后以行政区域为单元的国志、省志、州志、县志及各种专志沿袭至今。方志的体例决定它与史书的互补关系，并具有独特性质：如特定空间和行政区划的地域性；以当代为主兼及古代的时代性；包罗自然地理、政治、经济、文化、风俗、人物的百科广泛性；记述事物体例和修志制度的连续性等。当然从农史资料角度看，志法横排竖写、述而不作的客观资料性，品位极为纯真宝贵。近年盛世修志风尚中，农业专志已全面进入省地县三级方志体系，农史研究利用农志资料若囊中探物，史志结合呈现前所未有的学科交融关系。

随着近现代农业历史领域的开拓，上述古籍文献资料分类和利用方式，已经不能完全覆盖农史资料，文字资料分类构成增加了新的体系。其内容分列如下：一是报刊资料，近代以来报纸作为最流行的新闻媒体，记录社会生活各个方面；期刊成为各类文章传播科技文化知识，这些正是史料学中的实录性资料，舍此近现代史就难得实事求是的科学研究。二是档案资料，古今国家档案既成传统，近现代国家档案制度更为完备，当今若无档案，近现代中央地方政府和各项事业，就难得权威性资料。故知档案为近现代历史原始记录，在各种史料中占有独特重要地位，是编修史志的第一手资料。三是年鉴资料，政府机构和部门按年度编制的重要事件事实，其中包含大量的统计数字，积年累代，史料价值极高。四是各级政府的法令文件和公报，为各级政权行政的重要依据，也是研究国家和地方近现代史的基本资料。五是重要人物文集、日记、书信和回忆录等，其微观真实性较高，也是不可或缺的宝贵历史资料。六是家族谱牒传承悠久，反映血缘社会关系和民间生活最为近实，近年氏族家庭修志立谱热潮新起，谱牒资料资源大可开发利用。

第二类，实物史料。主要指人类历史上活动的遗存，包括遗址、遗迹、遗物等，常见为考古出土的文物，故以考古资料为实物资料之大宗。实物史料有带有文字的甲骨、铭文、石碑、竹简、帛书等，"实"在此类只言片语的文字载体，本身近于当时实际，物体自带古代的信息可供感知和研究。以上零散文字尚不具备传统文献性质，但经整理刊印很容易转换为文献形式。实物资料最典型者如考古遗址、古塔古建、园林景观、石窟墓葬；微小者如生产工具、家什器物、壁图绘画，乃至钱币饰物之类；还有大规模复修的旧村古镇，宏观的传统田园风光，乃至世界农业文化遗产景观等。实物史料直观可见可感，比文献资料更为真实可信，常与文献资料相互参证，弥补历史文献之不足。

第三类，口碑资料。通过人们口头转述传流历史的特殊形式，梁启超以"十口相传为古"，提示口碑的历史学意义。古字从十从口，《说文解字》专家们递解为：故也；识前言者也；十口所传是前言也；凡事之所以然皆备于古，至于十则辗转因袭，是为自古在昔矣。古字的说解逻辑非常明晰，古下口字，道出古和史之所以然，令人不能不对口和口碑史料刮目相看。史和史学起源于口，古昔事世代传承凭借与口，有口皆碑今还正在记录着历史，历史认识完全统一于十口古字。口是古的基础所在，口是史的本质使然，无论古义和今义，口碑的史学意义和口碑资料的价值绝不可忽视。口碑资料多以社会学调研，以及民族学和民俗学的田野调查为基本方法，来收集整理运用。关于少数民族历史文化的非物质形态，汉民族的风俗习惯群体意识行为等，已见前述无须赘语。另外各民族口碑资料，最为成熟且赋有民间文化色彩的形式，莫过于歌谣和谚语。歌谣是一种民间文学载体，包括民歌、民谣、儿歌、童谣等形式，为劳动人民口头创作，贴近普通百姓的生活和思想感情，多为韵语便于传播，为民间喜闻乐见。古代统治者为了解民情世风，重视采集民谣形成历史传统，采风成为文学艺术和社科研究收集资料的常见现象。谚语是规范的流行民间的言简意赅的短韵语，反映着劳动人民的生产和生活经验，已列入国家级非物质文化遗产名录。谚语涉及社会生活各个方面，内容分为气象、农事、社情、医病、俗语、歇后语等。谚语中反映农业生产知识经验最为丰富，至今还在指导着农事活动，通常称为农谚，资料价值常与古农书并列。

口碑资料中还有口述历史一类，号称声音的历史。通过访问曾亲经目验历史事件者，听其讲述并采用笔录和有声录音，或配以摄像录影形式，获取资料以研究历史。口述口传历史自古有之，传统的方式是运用笔记文字收集，把"言传"转化为"文传"。19至20世纪录音录像技术出现，开辟了声音形象传播的记录方式，欧美史学界提出先进的口传历史的概念和研究方法，这种现代技术和新兴学科迅速发展起来。我国学界在20世纪50年代社会调查中，也开始试用口述历史方式方法。近年口述历史大显其能，广泛地为社会科学领域运用，许多高校和科研单位也设立口述历史研究机构，全国性的中华口述历史研究会成立，中国社科院还推出《口述历史丛刊》。当前所见的重要成果有名人口述传记，也有普通人口述历史，人类学和社会学许多学科重视用以抢救史料，收到立竿见影的效果。随着现代音像技术和数码科技快速发展，口述历史将迎来前所未有的发展契机，农史研究也应抓住大好机遇，开辟口述农史新领域。

第四类，数字化资料。数字化资料为当今最为先进的科学索取资料手段的统称。上言传统文献载体，由文字资料发展到现代音像资料，改革开放以来音像传播手段发生变化，出现新的资料形式或称广电资料。而今音像和广电文化借助计算机和网络技术传播，又出现新的高科技主导的传媒方式。各种形式资料的开发、制作、传播、共享、储存、永藏等环节，都发生了前所未有的变化，成为现代传媒学或新媒体事业。联合国教科文组织命名为数字化新媒体，定义为"以数字技术为基础，以网络为载体进行信息传播的媒介。"当今所见的现代科技手段的资料类型，均不离数字化资料的总名称和新概念领域。当前手机、计算机、网络同样成为研究人员须臾不可缺少的工具，农史研究者已经普遍使用互联网、计算机网络、手机移动网络资料。将来随着大数据、云计算、智能化科学技术发展，还会涌现新的更为先进的资料形式，将与传统文献手段结合运用形成新的史料局面。数字化资料不仅改变农业史料手段，也在不经意中调改着农史研究方法，所以要全面更新农史研究的观念，用互联网+学术，互联网+农史，拓展农史研究不断创新提升资料工作的境界。

3．农史资料工作四事

相较于上述资料分类，农史资料工事操作，就比较单纯具体。一般可分四个过程，或称为农史资料工作四事，为搜集、考订、整理、藏用等。资料工作诸项还可以概括为"搜用"二字，即搜集资料加以初步的考订和整理，储藏起来以为研究所用。上言资料分类管理和下面的资料深入研究，均不列资料工作题下，正是为将"搜、考、整、用"划分为相对统一的具体操作过程。

（1）资料搜集

顾名思义，搜集就是以搜寻和收集为手段的资料操作事项。就农史研究实际而言，资料搜集主要有两种企图用意，一是围绕小型论题搜集资料，就是常见的为做某一具体论文查找材料，多为带有针对性的临时小规模资料工作。另一种是为大型课题或学科领域专业知识资源储备，所从事的是较长期的或日积月累的资料工程，实属从事农史研究职业者的立学的基础和基本功。两者虽有小战斗与大战役之别，资料搜集的途径和基本手段，仍是大同小异，有共性思路和方法。总之，农史研究资料搜集着眼首先在于文献目录，思路唯在目录学理论方法，操作手段全在目录学知识的运用之功。

目录学问，起于汉代刘向、刘歆父子开创的《七略》，初现为图书的收藏和阅用之功能，是国家藏书制度和图书文献分类管理开创时的产物。目录学发展数千年，其制度体例可谓"前人之述备矣"，故称为古典目录学。今日目录学与时俱进，有全新的现代目录学体系出现，但现代目录学总归仍是传统目录学的历史的发展。农史资料搜集，唯以古典目录学为根基，方能适应历史文献查阅的基本要求。

首先要明确农史资料搜集的基本路径渠道，大课题和小论文都要纳入目录学的范畴；无论古今目录体例异同，首先熟悉古籍文献的目录学体系，方能轻车熟路地直达相关文献领域，检索搜寻资料便若如取家珍或囊中探物。古典目录学宗旨和功能主要在于为读书治学指示方向路线，古人视为治学的门径。如清人王鸣盛所论："目录之学，学中第一紧要事，必从此问涂，方能得其门而入。""目录明，方可读书；不明，终是乱读。"目录学坚持"辨章学术，考镜源流"的传统文献学术价值；同时目录学也是致用之学，具有"即类求书，因书究学"的功能，并在数千年目录学发展中不断得到强化。目录考源和求书两方面功能多以后者为主，最常见的方式是人们通过检索目录，先查阅书目和篇目，进而翻阅浏览摘录资料。古籍文献目录，根据主事者分官修书目、私家书目和史志目录，从《汉书·艺文志》《隋书·经籍志》到《四库全书总目》，构成最完备的古籍目录体系；再加上几种小型私家目录拾遗补阙，欲检阅古籍书几无遗漏，这就是古典目录学的"即类求书"功能。求得书籍后接下查阅资料，考研课题，也包括辨章学术，那就是"因书究学"的功能了。古人做学问重视查阅原书，搜集资料也坚守这样的基本途径和方式，即便参用政书、类书和其他索引之书获得资料，也要回归到原书与原文加以对照。

从20世纪50年代之后，传统目录体系有所改新，随着近现代文献形式的改变和新书的不断增加，国家有关部门组织编制《全国总书目》和《全国新书目》。新的书目按照《中国图书馆分类法》分类，与古籍目录构成不同的两大体系。同时大量出版的报纸期刊的收藏流通，也是按照"中图法"的原则加以分类，编制出各种期刊情报目录索引，于是全国书目和期刊索引，便成为当今通行的资料搜集新途径和手段。近年随着科学技术和网络信息日新月异的发展，数字化新媒体资料铺天盖地而来，信息资源的二次开发的技术手段愈加高明。网络目录、搜索引擎、多元搜索引擎等数字化检索程序，不仅覆盖现代目录学，而且也开始向传统古典目录领域渗透并加以现代化改造，给资料搜集带来前所未有的快速便捷，农史研究也要充分运用新时代提供的文献检索工具。这里就涉及目录学与文献检索的关系，其实二者从来都是相互配合如形影相随，古典目录中已经有丛书、类书等古籍文献检索形式，古人在利用图书目录进而搜集资料时，也自会摸索出各种巧妙搜书办法。时至近代开始出现大量的字词典和百科工具书，同时对书刊目录和文献资料进一步开发利用，编制出二次、三次文献和各类检索工具书，依照文字部首和拼音字母就能按图索骥。民国时出现的四角号码检字法，被广泛用于古典文献，目录和资料的检索有事半功倍之效，老一辈善治学者都有特强的目录学意识和古籍资料检索能力。而今在数字化信息时代，计算机和互联网作为现代科研工具，搜集文献检索资料的效力，较前辈又当有成倍提高。

农史资料搜集能力，虽说要在目录学原理和文献检索上下功夫，但也是农史研究综合能力的体现。这种功力亦非一日之功，需要在大量阅读文献的基础上形成，所以有学者提出读史料的概念，可谓是深得资料工作的经验之谈。读史料，其实就是读史书，就是带着目录学的意念读历史著作，体味目录知识和资料检索能力的意义，同时全力地捕捉书中的史料。读历史专业书与搜集资料要紧密结合，历史专业知识实为长期的资料积累过程，所以要根据研究领域坚持学习读书，在阅读中广泛地收集资料。清代学者提出的"不动笔墨不读书"，就是在平时读书时作出标记、摘录和批语等，动笔墨实际就是做资料搜集的工作。这种坚实的日积月累的资料基础正是常态化的研究，即便围绕某一应时论题查阅目录检索资料，大多数也是在长期读书基础上和广集资料的专业背景下进行，这一点初习农史研究者应当明晓谨记。

总体说来，农史不难学习，关键在史料积累。积少成多，置于农史资料库中，久之就会量变到质变，当用时似乎就会脱颖而出派上用场，故资料搜集也是成果感很强的非常愉悦的工作。对非文献资料，也要有留心意识和俯拾习惯，常以独特的专业慧眼考察辨识资料，如庖丁解牛所见尽非全牛，治农史者所见到处都有资料可为参用。

（2）资料考订

考订概念有两种释义：一是考据订正，一是考核订正。资料考订主要指后者，要在对文献资料搜集检阅中加以分析，进行简单的即时性的思考，作出初步的核实认定。择取资料考核订正之义，与下节将讲的严格深入的文献辨伪考据则有所区别。资料考核订正的目的主要在果断地辨识文献或文字的信度，剔除虚伪低劣资料，录取真实可靠的价值质量高的资料，所谓"去粗取精，去伪存真"。

资料考订内容：一是资料文献的来源，是否正式出版物，务求书刊和资料可靠无伪。非正式者则要审慎考订，对确有价值者非一概排斥，但要详明资料出处和选用的理由。二是重视资料的价值和权威性，选择质量水平高者为上，有学术威望的作者、单位和出版物的资料不可放过；一般作者和书刊资料择善而用，其中有新意创建的观点文字还要善于发掘。同样对权威性资料也要有分析，敢于指出引用的错误和遗漏，说明其文本的失察和解读不正确之处，有绝对充分依据还可修正其错漏或推翻其结论。三是注意本学科和学界舆论和评价，特别是引用过资料者的意见，可作为把握资料水准的重要参考。当然对各种评论本身也要有分析评判，不盲目地服从或排斥。四是不同形式的资料考订的基本原则，一般说来口碑资料服从文字资料；文字资料服从实物资料；报刊资料服从档案资料；外部资料服从内部资料；时间远者服从近期资料；局外者服从当事人提供的资料。五是对自己引用资料出现的问题，要有以实事求是的态度正确对待，勇于修正原引资料中的错误，对新史料的来源和价值要作新说明，善于利用新发现史料延伸学术成果开辟新领域。

总之，资料考订有别于专题性的考据和校注性修订，它是在文献阅读和资料搜集中，作出经验性的真伪优劣的判断，甚至就是融入搜集资料过程中随即式的取舍。所以资料考订能力水平，也是专业阅检和研究功力综合因素的体现，看来有人提出读史料的意见确有实际意义。修学历史专业者除读现编的通史教材，同时阅读二十四史和政书类书；学农史者读通史，还要读古农书，就会有读史料的直感，搜集和考订资料的能力可全面提升。

（3）资料整理

这里所说的资料整理，也是初步的资料整合之事，即将搜集考订后的资料从文献中摘录出来，再按一定格式条理齐整以便利用。现代资料学认为，资料整理是由资料搜集到资料研究的过渡阶段，是感性认识上升到理性认识的必要环节，直接关系到资料分析和研究结论的科学性。资料整理包括大型的集体性课题整理工程，这里所论的主要是通常普见的农史研究者个体性的资料工作方式。这种资料整理分为两种：一种是现代计算机整理，另一种是传统手工整理，特别强调手工方式的重要性，因为传统整理手法中，包含着资料整理的基本原理，现代计算机整理也是在传统手工基础上不断改新而成。

从文献中摘录出资料是整理工作的关键，传统手工方式古人多用圈点批注标记法，今人多用笔记摘录法和卡片登记法。老一代科教人员惯用卡片法收集资料，卡片登记法在图书档案和文秘管理中得以普遍运用。农史卡片登记法虽说因人而异，但有三个主要部分是必不可少的内容。第一，摘录资料部分，以原文摘录形式为主，文句标点等内容严格遵从原文，一丝不苟，即便讹误也不作臆改只加附注说明；摘录也可不拘原文字句仅录大意，但必须谨慎从事，并标明所录为原文大意的记述。第二，卡片著录事项，为资料形式特征分析、选择和记录的过程，故在卡片的上款或下款要登记作者、题目、页码、出版单位等项，以便必要时查对原文。著录项目和各种标记要力求规范，卡片既为自己使用，也可便利他人借用实现资源共享。第三，以上两部分纯为客观记录，最后为主观认识部分，多附注于资料引文之下。自我主观认识部分一般涉及以下问题：所引资料需要说明的背景，标明评论意见和价值估量等；记选录时对资料的第一感受或阅读后的直接体会，概括出资料包含的学术意义，或从中提炼出某些观点；注明资料的录用价值，拟用于哪方面的论题，要论证哪些观点和事例。总之主观部分不可缺少，除上述方面外，诸凡批语、札记、心得、感想等，不拘一格皆可列入，以便帮助记忆为日后思考应用提供初阅时的想法。

关于利用计算机的资料整理，一般要通过编码、登录、输入、建立数据库等步骤，现多与互联网联系构成全新的资料收集和整理方式。计算机网络资料技术是崭新的手段，在没有出现专门适用农史资料的软件行世时，仍需要以卡片资料为基础探索现代化的农史资料技术，同时要密切关注数字化科技发展，不断跟踪文献资料创新的步伐。从当前农史研究实际看，传统的笔记卡片形式仍在保留使用之中，老一辈习惯的这种方式使农史研究获益巨大。在现代数字资料技术尚不能普遍运用形势下，传统手段绝不可弃之不用，绝不能在新旧手段过渡之间留下长期空白，以免对农史研究发展造成不利影响。不弃传统，追求创新，在二者间做好农史资料整理之事。

（4）资料藏用

文献资料收藏与利用，也是不可忽略之事。收藏既是手段也是目的，图书文献的存储、收藏和管理是藏书制度的直接产物，图书馆最早的功能就是为藏书。当然利用功能也是必然的逻辑，最初可能不为重视，但是随着图书文献事业的历史发展，其利用功能越来越重要，在图书文献管理中占取绝大部分业务。况且这种利用功能，非但为日后一次使用，还要多次反复使用，甚至是长期或永久之计。

农史资料也是这种藏用统一关系，经过笔录卡片和计算机网络获取的系统资料，都要有这种藏用的意识和相统一的观念。阅读中随时注意遇到有价值的资料，无论当时用否都要有收藏的习惯，"处处留心皆学问"，"拾到篮子都是菜"。归藏就是要想到资料置于何处便于使用，如同囊中探物，这就要讲究科学合理而又简练实用的收藏之法。资料收藏的科学系统性，较搜集整理阶段更为规范更讲体例，一般以农史卡片资料的收藏作为传统范例；计算机网络资料手段虽有不同，但收藏原理也不出传统规范。农史卡片资料收藏宜设专柜，老一辈学者都自有其得心应手的资料柜，须知散乱堆积的资料病在不便使用，虽有近于无。本人曾见识并模仿几位前辈的资料柜编制体例，大致皆遵从着农史学科层次结构，可分为两大系统，即农史资料和人文社科资料两大部分。农史资料部分占据显著顺手柜位，分类严格按照农史学科门类，设置农业历史学及理论方法、农业科技史、农业经济史、农业思想文化史、农业历史文献、古农学等六大体系。每系又据其内部结构设次一级的标签，一般分为1～2层次到三级标签即可，若再繁多则失之不便检索。人文社科部分，或称文化领域，围绕农业历史学科相关的人文社会科学及文化知识，即农史学科结构中外部层次的资料。可分为文史哲，即人文科学核心学科资料；社会科学骨干学科资料，包括社会学、人类学、民族学、心理学等学科；历史学，包括考古学、历史地理、古代官制等学科资料；语言文字学，包括传统文字、音韵、训诂和现行古汉语知识；文学类，以古代文学诗词赋文为主；文献学，包括传统目录、版本、校勘和现代文献检索等。除此之外还有大农业部分，按古农学和现代农业科学分类设置，此不详列其体系，未尽资料类型也应留有充分余地。资料卡片柜或数据库应有充分开放空间，可以类相从增入和剔除，也可增加新的类目和删减合并类目，基本原则就是便于收藏和利用。

　　总之，从收集到藏用的资料作业四事，与研究者的资料意识和知识结构关系密切，二者都要在实践中修养构建。研究者的阅读，既读书同时也在读资料，会不自觉地意识到阅见的文字有什么用场，这种下意识正是资料意识。此种意识强者，藏用资料目的就比较明确，常有三个方面目的：利用资料，为课题研究所用；储备资料，为以后可能遇到的研究贮存备用；还可以把玩资料，有些富有文学文化价值，也可随时阅读欣赏，资料使用意识贯彻全部资料过程。为人所用与为己所用，而以己为主；当前利用与长期利用兼顾，把专题资料搜集与本人治学的资料系统建设结合起来，有长远的战略性的宏伟资料工程目标。关于构建知识结构，本是研究者学识水平之大计，也是资料工作诸事项中，须臾不可脱离的知识体系和藏用框架结构。首先要有宏观的知识体系，特别是时空或者说史地的知识结构，研究事物首先看发生在什么地方，周边是什么样的环境；再看发生在什么时候，处于什么样历史背景，然后把它归到史地坐标。再看是什么性质事物，属物质文化、制度文化，或是精神文化，以便归于不同的资料系统。中观层面的知识可分为自然和社会科学知识体系，依照理工农医军管和文史哲法经教12大门类，再细分为一级学科、二级学科等层次。每遇一学问知识知其门类学科，方能科学归类收藏。至于微观层面的农史学科体系，应有更为细密实用的知识结构，即专业和专业基础知识结构，包括社会科学基础学科，主要是文史哲三基础；社会科学人类、民族、社会、心理四大支柱学科；历史学的四把钥匙考古、官制、史地、史论；国学中的经典与学术，十三经与子学、经学、玄学、佛学、理学、朴学、近代新学等七大学术；传统学术中的文献学三科，版本、校勘、目录；传统语言文字学三科，文字、音韵、训诂。现代农业科学中的三大类，大农学门类、农业经济管理、农村社会科学。农业历史专业主藏，包括农业之科技、经济、思想、文化、文献研究、世界农业史等。另外，还可变换角度，从社会文化知识体系划分：物质文化，即物质生产和社会生活领域文化现象，体现在自然科学知识体系，数理化天地生和工农医领域；制度文化，即经济制度和政法制度层面的文化现象，体现在经济学、政治学、法学、管理学等；精神文化，即社会思想上层建筑及意识形态领域的文化现象，体现在思想、道德、宗教、文学、艺术等学科。农业历史研究者有此宽广博大的知识结构，农史资料工作四事时便了然于胸，进一步的资料研究和运用自然得心应手了。

4．农史资料形态研究四事

资料形态研究四事，指资料文字形式的研究及其成果表达，并非具体资料实际内容的研究，而是资料形式状态方面的事宜。这里罗列以校勘学为主的辨伪、辑佚和编纂诸事，已涉及传统文献学领域问题，也是清代考据学攻坚的重要内容，然而对农史研究资料工作深入认识颇有学术意义。可为敬佩的是农史前辈在这些方面都有过探索，且有不少经得起评章的成果，值得领略、见识和广大发扬。换言之，农史研究者无论是否选择文献资料研究课题，粗浅的文献学知识必须有所了解。赏读之中，自会开阔学术境界，从而对农史资料工作逐步有深层次觉悟，全面提升农史研究之功力。

（1）校勘

校勘古称校雠，有广义和狭义之分。广义的校雠学包括目录、版本、校对、考证、辨伪、辑佚等，今或谓之文献学。广义的校雠学包罗内容过多，其含义不明难为专门研究，自然会分化而出现独立的学科。目录、版本、校勘三学科最为著名，虽分科而关系紧密；而辨伪、辑佚、考据各自的独立性似乎更强，就各自为学了。大约在汉唐时多取广义称校雠学，宋以后多取狭义校雠概念，今多称校勘学，专指研究古籍整理的文字比勘的科学方法和理论的学问。可知这门学问始于汉代校雠学，成于宋代称校勘学，大盛于考据盛行的有清一代。最终形成以文字、音韵、训诂为基础，以辨章学术，考镜源流为特色，包括目录、版本、校勘在内的传统校雠学体系。而今所谓校勘比清代还要简略，是最为狭义的校勘概念：勘，校也，校对也，复看核定之义。校雠概念虽也可见有使用，其意义多取表面意义，倒也十分的古朴简单，即一人读看为校，二人读看若冤家相对为雠。

关于校勘的历史，其源头起码可追溯到春秋时期，据说孔子的七世祖正考夫开启先河，而孔子整理六经，将《诗》《书》去其重，写版定本，纯系校勘之历史事实。在历经两千多年传承不辍的文献整理实践中，关于校勘的原理也异常的精辟，校勘的原则学界通有三点，即存真、校异、订讹。存真即求古本之真和求事实之真，前者多属藏书家所为，将自得善本与通行本对较，记录异同进而判断收藏的价值；后者是对原著事实考订，断其立说之是非。校异是罗列众本之异同，不作是非判断，特别是要找出不同之点，供引用者评判选择。订讹是最上乘的校勘，用正本订正讹误，或以理校之法论证其错误，并指明其致误原因。所谓主要指错字、脱字、衍文、乱简等，讹误常令阅览者莫名其妙，难以卒读。关于校勘的规范，从汉代刘向、刘歆父子的成就业绩中，就可以看出基本的程序：兼备众本；审理篇目；校勘文字；确立书名；厘定部居；录成专书。据此程式，历代校勘之业长盛不衰，唐代陆德明《经典释文》中便大有成就。至宋代校勘学独立门户，朝廷设专门机构由校书郎供职其事，并制定了校书条例。自此校勘学开始出现理性发展趋势，郑樵《通志·校雠略》从理论方法上初步为校勘奠定了基础。清代校勘学达于鼎盛，形成以传统小学为基础，以辨章学术、考镜源流为特色，包括目录、版本、校勘为主体的学科体系。校勘内容涉及版本考订、文字校勘、史事考订、古籍分类、目录编纂、内容提要等，几乎包括了所有古籍整理的各个方面和各个环节。风气所被，大家辈出，仅从《书目答问》附录所列校勘名家就有三十多位。凡名家经手的校书皆称善本，其中如《十三经注疏》《抱经堂丛书》《平津馆丛书》等，文献价值极高，倍受后代推崇。

　　清代校勘方法丰富多样，流派纷呈，校勘学方法论也颇有创新，各派都有其所谓的家法。清末叶德辉《藏书十约》提出"死校"与"活校"两种基本方法："死校者，据此本以校彼本，一行几字，钩乙如其书；一点一画，照录而不改；虽有误字，必存原文。""活校者，以群书所引，改其误字，补其阙文；又或错举他刻，择善而从，别为丛书，板归一式。"叶氏对死活两校法也有高度的见识："斯二者，非国朝校勘家刻书之秘传，实两汉经师解经之家法。……明乎此，不仅获校书之奇功，拟亦得著书之捷径也已。"虽然清儒如此说，今人讲校勘，还是习惯以近代学者陈垣的"校法四例"为教学范例，以其在汉代与清代家法的基础上，总结得更有条贯，非常适于今日校勘学知识的传授。

　　陈垣的"校法四例"，实为四种校勘方法：一是对校法，即以同书之祖本或别本对校，遇不同处，则注于其旁。这种"若冤家雠雠相对"的校法看似简单，实为最基本最常用的校法。优点是还祖本以本来面目，缺点是比较古板。其主旨是校异同，不校是非，只要与祖本相异，即照祖本改正。二是本校法，以本书前后文互校互证，以抉择其异同，校正讹误，适于孤本自校。若文献史源不同，如先秦古籍大多非一时一人所作，故不能本书前后自校。三是他校法，即以他书校本书。凡本书有采自前人者，以前人书校之；有为后人所引用者，以后人之书校之；有同时之书所并载者，可以同时之书校之。此法用力较劳，古书辗转摘引也多有不严谨处，故一般不轻用他校之法。四是理校法，即在无祖本和他本可据，或数本互异无所适从时，以道理论是非的校勘法。此法高妙而危险，容易出错，故慎用，必观书既遍的通识之士为之。陈垣有《校勘学释例》，近现代学者引为校勘圭臬，其全面总结了古籍校勘的理论、原则和方法通例，初建了校勘学的学科体系。

　　校勘学在农史学科奠基过程中发挥了重要作用，古农书的校注工程，其功夫正在校勘为核心的农书整理和文献考据，前辈农史学者不同程度参与其中的前后约十多人。石声汉先生为直追不舍又攀登不止者，不仅欲将校勘的家法渊源有本地运用于农史研究领域，而且戮力使农书校注整理，符合清儒考据学和汉儒开创的校雠学传统精神。石先生为我国传习西方现代植物生理学的首批学者，既严守乾嘉考据家法，又在农书整理中创用了新的古籍校勘体例。石注本《齐民要术今释》采用校、注、按、释四项分列的校勘的方法，分条析缕地整理了这部古农书经典，无论从古代家法和现代科学来看都是古书校勘的创新之作。盖因千百年来古籍校勘，虽为历代炙手可热之显学，清代又号称翻箱倒箧无所不注，但诸子九流中唯独农家书无注家问津，令现代农学家常大惑不解。或为古之学者卑贱农学？恐不尽然；或为注家不谙农事无能为之？也未必尽然，实为值得商讨的一桩千古学案。有趣的是中华人民共和国成立之初，就以整理农学和医学文化遗产相号召，宏伟的古农书校勘工程，终于在新中国时期取得了历史性成就。

（2）辨伪

辨伪是对古籍及其内容鉴别分辨，以定真实和虚伪的研究方法。辨伪内容包括辨伪书和辨伪事两方面。前者包括辨古籍文献的名称、作者、著作年代真伪的考辨，后者是关于书籍内容、事实、论说真假的辨证。辨伪的目的并非要将伪书和伪事从古籍中删削摈除，而是要把正确的书名、作者、年代和内容提供读者认识利用，重现古书应有的真实价值。辨其伪而用其真，正是辨伪学辩证思维的科学意义和学术价值所在。

辨伪之事自上古就有零散的事例和见解，直到近现代终成具有科学意义的辨伪学。宋代朱熹对辨伪曾作出了理性的阐述，以为辨伪求真之法，一则以其义理之当否而知之，一则以其左验之异同而质之。朱熹知之与质之，就是从理论分析和内容实际结合的辨伪原理法则。明代胡应麟进一步将辨伪方法条理化和系统化，使之具有规律性，为后来辨伪学的形成开辟了方向。今人梁启超全面总结古代辨伪方法和历史成就，特别是对乾嘉考据辨伪方法的深入研究，为辨伪发展成辨伪学奠定了基础。梁氏《中国历史研究法》《中国近三百年学术史》《古书真伪年代》等著作，运用近代科学归纳演绎的方法，建设新史学理论，同时也为辨伪学奠定了理论基础。与此同时，王国维创立了著名的"二重证据法"，把近代科学的实证主义方法与清代乾嘉考据学结合起来，用文献资料与考古文物相互引证，辨别古书古史真伪，至今有着强大的学术生命力。同样也是在二十世纪二三十年代，学术界出现以"古史辨"为主题的辨伪热潮，以胡适、顾颉刚等疑古派，对古书古史以怀疑态度提出重新认识考辨。特别是顾氏提出的"层累地造成中国古史"的著名论断：时代越后，传说历史越长，古史人物材料越发饱满高大。此论一出，惊世骇俗，疑古辨伪蔚然风从，辨伪书发展成辨伪史，文献学辨伪扩展为历史学辨伪，辨伪成为人所共知的一门学问。20世纪80年代，随着考古发掘大量新证据的出土，学界又出现辨伪正史的热潮，并取得大量新的成果。其中也有对古史辨的疑古辨伪，重新反思修正的证论，二重证据法再度表现出科学性和强大的学术生命力。新世纪以来，现代科学技术方法得以运用，考古学、历史学、社会学、计算机和互联网的交叉结合，辨伪学又迎来新的全面发展的新机遇。

辨伪学的基本方法，无论传统还是现代辨伪，学界共尊胡应麟提出的八种方法和梁启超《中国历史研究法》的十二公例，因为二者都有系统的理论方法意义，为辨伪学之圭臬。胡应麟"辨伪八法"：一是核之《七略》以观其源；二是核之群志以观其绪；三是核之并世之言以观其称；四是核之异世之言以观其述；五是核之文以观其体；六是核之事以观其时；七是核之撰者以观其托；八是核之传者以观其人。辨伪事之法，除注意以上八法外，兼考时间、地点、人物、事件、原因、结果、意义等七大背景因素，进行综合考证。

胡氏八法非常精要概括，而梁氏的"十二条鉴别伪书之公例"又非常的细致入微，便于初学者应用，此罗列其大意如下：①其书前代从未著录或绝无人征引而忽然出现者，十有九皆伪。②其书虽前代有著录，然久经散佚，今忽有一异本突出，篇数及内容等与旧本完全不同者，十有九皆伪。③其书不问有无旧本，但今本来历不明者，即不可轻信，皆为伪造之作。④其书流传之绪，从他方面可以考见，而因以证明今本题某人旧撰为不确者，殆可断言其伪造。⑤真书原本，经前人称引，确有佐证，而今本与之歧异者则今本必伪。⑥其书题某人撰，而书中所载事迹在本人后者，则其书或全伪或部分伪。⑦其书虽真，然一部分经后人窜乱之迹既确凿有据，则对于其书之全体须慎加鉴别。⑧书中所言确与事实相反者，则其书必伪。⑨两书同载一事绝对矛盾者，则必有一伪或两俱伪。⑩各时代之文体，盖有天然界划，多读书者自能知之，故后人一望文体即能断其伪者。⑪各时代之社会状态，吾侪据各方面之资料总可以推见崖略，若某书中所言其时代之状态，与情理相去悬绝者，即可断为伪。⑫各时代之思想，其进化阶段自有一定，若某书中所表现之思想与其时代不相衔接者，即可断为伪。除此之外，梁启超《中国近三百年学术史》中对伪书种类和原因也有精细分析：重要伪书种类有已定案、未定案、全部伪、部分伪、人名伪、书名伪等。伪书原因分有意者，为托古、邀赏、争胜、焙名、评善、掠人之美而作伪；非有意者，因作者不详被误题或妄题，因分不清历代注释而一起混入正文，因后人续写部分不详与原作混淆，因后人编辑之误而参入他人作品。总之，梁启超辨伪思想方法博大精深，继承传统遗脉，又博彩西学精理，包含辨伪方法论意义。

　　农史前辈有颇谙此道者，古农书校注整理，第一要事就是辨伪书。这就要熟知辨伪的原理和基本方法，充分利用前人辨伪的成果，知古籍中有哪些伪书前人已经论定，应慎重的摈弃或合理运用；前人未加辨证而在古农书出现，就必须先为辨伪方可利用。古代伪献很多，近人张心澂《伪书通考》罗列经部有73种，史部93种，子部317种，集部129种。在古农书中也有数种，仔细分析考订伪书的思路、方法、和提供线索，不断丰富农书辨伪的知识。伪献为什么如此之多，仔细考察也会发现某些根源和规律。例如伪书最常见的是托古传书，作伪者目的可分为两类：一类是假托古时或古贤增重，纯为传书；另一类是托古增重借以传名，即传书者名，古人也非常崇敬传书人，传者得名也得利。当然也有两类目的兼而有之，在客观上伪书同时具有传书传名作用。反观近世以来，作伪多变为剽窃，目的不在于传播原书或原文，直将他人文字变为自己的作品，不为传而是窃。何以作伪？近世剽窃自重，重在个人名利。伪书纷出之世的历史背景大多是拨乱之世，献书求赏，历史上颇为多见，西汉初年献书规模最大，伪书出现最多；汉代又是变革之世，托古改革，西汉末新莽改制，伪书层出与汉初相类似。此外，魏晋世乱，唐后期党争，北宋改用活字版印刷，都是伪书蜂拥而出的时代。当今之世，窃名营利，盗版成为地下产业，大约将成为伪书流传的又一时期。

王毓瑚先生的《中国农学书录》收录数百种古农书，每种务必先判书名、作者、年代等辨伪事项，然后才观其大义加以分类而录入。古农书流传两千多年几乎未经整理，校勘中发现很多篇目和内容的讹误，必须做大量的事实辨伪。例如著名的古农学经典《齐民要术》序言部分，并非北魏人所作，实为唐代参入的伪篇。又如署名晋嵇含的《南方草木状》，传为我国现存最早的地方植物志，本研究室前辈们根据书中的内容直斥其伪，认为非晋人作品，乃宋人伪作。农史界辨伪前辈不乏传统作风，农书辨伪牵扯出的学术问题很多，故辨伪知识和文献整理能力水平都需要全面修习。

（3）辑佚

农史资料研究中又一门学问便是辑佚，也是文献学一重要分支，称之为辑佚学。古人言"书有亡而不亡"，是指原文献亡佚或散佚，部分内容仍存于其他文献之中，或称佚文献；将佚文献从诸书中辑出加以整理，就叫作辑佚；通过辑佚得到的文献，称为辑本或辑佚本；研究辑佚的基本规律、原理、方法的学问，即为辑佚学。辑佚也有广狭义之分，狭义单指辑佚书，广义包括辑佚书、佚文、佚诗、佚书目等事，是古典文献整理和研究形式。

文献的佚失是自古以来的普遍现象，有天灾、战乱、人祸等外部原因，如史称的五厄、十厄之说；也有佚书本身因素甚至偶然性所致，造成书籍部分散佚，或者全部亡佚。佚书现象常令人惊异惜叹，若将《汉书·艺文志》中记载的书籍，与唐代所编《隋书·经籍志》比照核对，百分之六七十已经佚亡，唐以后历代书籍失传的情况与此相类。为保存文献计，辑佚学应运而生，故辑佚应当是很早的文献重建现象，最明确的记载是东汉马融用辑佚的方法辨识《尚书·泰誓》真伪。学界公认辑佚成法和辑佚学雏形应始于宋代，其标志一是郑樵《通志·校雠略》提出的散亡之书，可据现存之书的称引而辑录复现的观点；二是王应麟的《三家诗考》等，纯正辑佚成果的出现。自宋至今，辑佚学史可分作三个时期：一是宋元明时期，是辑佚学之初步发展阶段，王应麟成果最为突出且创立辑佚成法；二是清代，为辑佚发展的鼎盛时期，名家辈出，精品层出不穷，广涉经、史、子、集四部，体例方法更趋完善；三是近现代，是辑佚学发展的新阶段，古文献的出土为辑佚工作又提供了新的资料和信息。当然近四十来年校注整理出版的古代别集、全集中，都有许多辑拾漏佚的内容，对清人重要辑佚书的辑补也卓有成就。

辑佚的具体方法不一而足，学术界有不同的说法，就总体的思路途径大致而言，辑佚的全过程可分为筹备、辑录、整理和综结四个阶段。筹备阶段，一方面确定古籍是否佚失，同时另一方面寻查辑佚的材料来源；辑录，则是将分散在不同古籍的佚文加以收集，并加以考订确认；整理，主要是解决佚文编排次序，对佚文进行校勘、补缀和辨伪。综结，则主要进行确定编目和编制索引的工作。辑佚并非大海捞针漫无边际，所辑材料源分布相对集中，一般用于辑佚的文献主要有类书、古注、史书、地志、字书、杂钞、金石、书目、报刊、日记、书信、档案等。除此之外，凡是有转引佚书的文献，都可以作为辑佚的材料来源。佚文隐藏的来源，往往具有一定的规律性踪迹可寻，例如上古时期的佚书佚文，大多散见于诸子百家的著作和汉代的传注；两汉三国时期的佚文，大多散见于唐代的义疏里面；宋以后至清代，佚存多在类书和方志之中，近代则应以档案、报刊、杂录中寻觅。这些规律能够帮助高效地确定辑佚的材料来源，同时也要根据辑佚书文的特点，多途灵活的开辟蹊径。通过辑佚失而复得的辑本，为读者提供的较为可靠的文字材料，节约了学者检索文献的时间。当然辑佚基本理论还在于古今文献学，完全是在目录和版本知识主导下进行，也离不开辨伪和校勘的基本功夫。根据目录著作了解古书的存佚残缺，通过辨伪考证辑录文献的真假是非，通过版本和校勘审订所辑字句的异同多寡和是非得失。因此可以说，辑佚工作实质，就是目录学、辨伪学、版本学和校勘学知识的全面运用的过程。刘咸炘在《辑佚书纠缪》中提出辑佚中"漏、滥、误、陋"四大弊端：辑录而不遍检全书称为漏；本非佚文而指鹿为马称为滥；不审时代，据误本、俗本称为误；不辨体例，不考源流称为陋。可见辑佚要有广博的古典文献的基础知识，通过辑佚的实践和对辑佚学的研究，可以推动校勘学、训诂学、考据学、注释学等相关文献学科的发展。辑佚成果的文献价值弥足珍贵，所体现的学术价值和辑者学识倍受崇敬，当然对学者水平也是一种考量和挑战。所以除辑佚家外许多著名文史学者也常染指辑佚之事，农史界有几位前辈，就曾做过一些农书的辑佚，下面略举一例以见农书辑佚大有可为。

中国古代农学发生的文献依据，唯凭《汉书·艺文志》古农书存目。汉志八种农家著作，后来全部佚亡，先秦传统农业科学技术缺失专书记载，后代难知其详。20世纪50年代夏纬瑛先生从《诗经》《尔雅》《周礼》《管子》《吕氏春秋》等经子书中，搜集有关农事的篇目章句校释整理，实属广义的上古农学辑佚。可宝贵的是《吕氏春秋》中有上农、任地、辨土、审时四篇，完全非同纯农政论作，而是以农业技术为内容的体例形式，与后世赓续的古农书一脉相承。农史界公认《吕氏春秋·上农》四篇为最早的古农书佚篇，系吕氏杂家选录的先秦农书中的内容，中国农书祖述"上农四篇"，今成学界共识。传统农业技术至汉代，成系配套实现制度化，当时有农书开始详细记载种植业为主的农艺技术及原理，可谓古农书体例大备。据唐人贾公彦注记："汉时农书有数家，氾胜为上。"可惜同样因历代书厄之故，《氾胜之书》及汉代所有的种艺之书荡然无存，据考可能佚亡于两宋间。氾书农艺理论水平极高，常为后人引用，如"凡耕之本，在于趣时，和土，务粪泽，早锄早获。"可谓道尽耕作乃至农业生产的核心精髓。后世尊为古农书经典的《齐民要术》引用了其中大量内容，《艺文类聚》《太平御览》等也保留了许多文字。清人马国翰就曾经为之辑佚。近现代农史前辈万国鼎《氾胜之书辑释》和石声汉《氾胜之书今释》，辑佚并加以注释，虽仅得3500字，即见精金美玉和洞天大观。石声汉先生曾经明确介绍自己辑佚整理《氾胜之书》的三个步骤就：第一步，辨伪、探源、校勘；第二步，断句、标点、分段、划节；第三步，注释、今释。万、石辑本保留汉代土壤耕作、选种播植、收获储藏、代田区种等耕作栽培体系，涉及禾黍等十多种大田作物的种植技术，其中区田集约栽培，至今仍为最有成效的高额丰产种艺，在农林业中传承广用。

（4）编纂

即编辑纂集，事属资料研究成果的文献表现形式，即按照一定题目、体例和方法将农史资料辑集成书，可使零散资料整合并系统化和条理化。农史资料编纂是在搜集考订和初施整理的基础上，进一步审核、加工、整序、编制等，并附以各种检索方式，成为农史资料文献出版物以传世典藏，可视为由原始资料向著作过渡的中间成果。编纂步骤：首先要设计好编例为全书发凡，即按照主题层次结构，编制资料分类和层级目录，建立科学合理的体例；其次是经进一步审核后编排资料，最基层类目中的资料排序以时间、地域、事物阶段性或逻辑关系罗列；有些重要资料虽有明显错漏，但需保留时可加括注说明；最后编制索引类附录，以便应用者检索引得。南京农业遗产研究室收集的农史资料架屋充栋，除作为专业藏用，同时编纂多种资料文献集即便使用。例如按照农作物种类编制的系列史料集，在当今《中华大典》的编纂中正当其大用，也为农史资料编纂积累了丰富的成果和经验。该研究室资料编纂是大型工程式的农业遗产文献整理，出版的系列农史资料集主旨和编例极其博大宏观。这里仅举西北农林科技大学古农室编纂的专题史料集《中国农业自然灾害史料集》为例，以其编例相对微观事简，便于解剖麻雀作以示范。

首先是农业灾害史料集大题目的选定。史料集题目与全集主题思想要高度明确，据以决定编纂的史料内容和范围，为此要先事论证。农业灾害史料为国家自然科学基金项目"中国农业灾害史"的基础部分，农业灾害概念在当时所有字典、辞书和百科中阙如无释。经过深入考察知其分散在农业科教领域，涉农的灾害均分散在农业气象、农田水利、水土保持、植物保护等专业，故无统一的农业灾害概念和减灾知识体系。于是课题组用三年时间组织有关学科优秀专家，倚重现代学科交叉结合优势，构建农业灾害学新学科，出版72万字《农业灾害学》专著及高校教材版课本，农业灾害学在科研教育领域初步确立，在农业灾害领域逐步普及。《中国农业自然灾害史料集》正是在农业灾害学理论主导下，课题组对农业自然灾害与衍生的农政人为灾害加以区分后，围绕直接危害农用动植物划定了农业自然灾害领域范围。在农业灾害内又辩证地确立了灾害与减灾，即古人所谓的饥荒和救荒两大范畴，逻辑地展示出灾种、灾象、灾理、灾因、灾情、灾律等灾害系统，对应者为监测、预报、防治、抗救、重建等农业减灾系统。农业自然灾害的概念明确，内涵外延如此清晰，编纂史料集便顺理成章。

其次是《农业灾害史料集》编例设置。编纂《农业灾害史料集》的最大障碍，除自然性和农政性的义界划定之外，还有浩如瀚海的灾害资料范围廓清划定之难。特别是各地方志和档案所记载的大大小小灾害，难以全面地鉴别辑录以形成全国性灾害史料集，多年来这一障碍常使欲成灾害史料集者望而却步。人或提出以灾度大小强弱来判断制定入集的标准，但是历史上的农业灾度研究，至今仍是未曾解决的课题。针对如此现状，本项目组采取以文献划线的思路加以破解，在详细考评各类古籍灾害史料价值和文献征引关系的基础上，确定以经史典籍，特别是历代正史中《帝王本纪》《五行志》《食货志》《灾异志》等为主体资料。至于方志农业灾害资料，通过深入研究结果表明，凡属地方性重大灾害和震惊朝廷的灾害，历代正史中大都有记载，如此既免于地方史料浩繁无从出入之难，因而也无碍以经史取精用弘地建立《中国农业自然灾害史料集》。编例制定也是在农业灾害学的主导下取宏观视角，以天、地、生物之自然圈，划分出农业气象灾害、农业环境灾害、农业生物灾害三大灾类，灾类之下又再划不同层次以分列具体灾害资料。

最后再看史料编排程序。《中国农业自然灾害史料集》起于远古，终于清末，编纂农业灾害十余种80多万字，系通史性农业灾害基本资料集。史料编排力求科学实用，避免体例不当造成纪年不详、地域不明、史料挂漏、文献出处阙如之类弊病。编制采取以灾类为资料集的基本大单元，灾种之下以年月相系，灾害发生地区、灾情状况、振救等事宜资料皆辑录其下，数千年岁月灾害资料展卷可索。编制中与二十四史中本纪和五行志资料，务求严密过细地辑录，对灾种不明的饥、荒、灾、赈灾等资料，也稍变体例独列为一部类。事实证明，选用正史农业灾害资料是合情合理的科学选择，正史记灾严谨准确，一般都有具体的发灾时间、受灾地区、成灾情状、赈灾措施，或减灾方略等内容。有些记载虽三言两语，而灾情要素俱全，实为言简意赅的农业灾害信息报告，农业灾害研究的历史价值极高。从《中国农业自然灾害史料集》数年成书过程也说明，农史资料编纂绝非简单的徒手劳作，而是煞费苦心的农史资料研究和编辑纂集过程。

二、农史研究选题谋篇方法

选题谋篇，就是在上述农史资料工作基础上，选定题目进而谋划提纲的过程，为农史研究得失成败的关键阶段。选题中包括定题，谋篇包括终成提纲，细论则为选、定、谋、纲四环节。选题谋篇是经过日积月累的资料阅读和搜集阶段后，艰巨的写作阶段尚未启动，从读和写的角度看似乎事属简易，实则很不简单且大不易。非读非写，却是深思熟虑攻坚克难以谋制胜的研究阶段，前节所讲的农史思维方式方法，必须全部调动起来，而且要交叉交替交融运用。若没有成功的选题，前期的资料阅读搜集，就如同春蚕漫地吐丝而总不能缔结成茧之状；后续的论著编写就如同无茧蚕宝，老死不能化作蚕蛾而排卵创生后代，选题谋篇与春蚕结茧意义略同。选题、定题、谋篇、提纲全过程，依靠逻辑思维，要充分调动创新和顿悟思维，也常靠个性化独立思考。又因选题谋篇方法不像资料搜集和研究诸事，无有纯熟学理和成法可为参照，研究者个人或群体研究皆须入题谋思。所以选题谋篇部分的方法必须从实际出发，唯靠总结多年农史界的研究经验，这其中也有个人的心得体会，无论正确与否，总归都是实践经历性的参照。

1．选题

选题，即选问题；问题，即具有矛盾性的事物。就是根据一定的目的，围绕一定的问题和范围，选择要研究的重大课题，或选择要解决某一具体问题的过程。选题是广为使用的概念，在科研领域选题是常规工作平常用语，但选题的目的、原则、程序和方法也不尽相同，故而不必拘泥只要心领神会即是。一般说来选题一词，以图书出版界选题名实最称规范，成为专业化概念和理论方法，唯其事属图书题目的选择过程，不能适应各类专业领域而用为选题定义。所以农史研究选题唯从实际出发，同时参考人文社会科学相关选题理论法则，明确本学科研究选题的指导思想和原理方法。包括选题的意义、选题的思维、选题原则、选题过程、选题注意事项等。

（1）选题的意义

选题的重要性及其在科学研究中的意义，最精辟的至理名言莫过于爱因斯坦的话："提出一个问题往往比解决一个问题更为重要，因为解决一个问题，也许只是一个数学上或实验上的技巧问题。而提出新的问题、新的可能性，从新的角度看旧问题，却需要创造性的想象力，而且标志着科学的真正进步。"爱因斯坦是震撼世界的物理学家，也是伟大的哲学家，这一著名论断就充满了认识论和方法论的哲理法则，既适应自然科学，也完全适用于人文社会科学，农史选题的认识也应有哲理的高度。选题的实质正是发现问题的过程，发现问题的过程的实质又是什么？爱因斯坦在短短的几句话中，就连续地用了三个带"新"字的关键词语，清晰地表述了科学发现的本质是创新思维的过程。所以农史选题要把握科研的实质，在旧的问题中发现新问题，在选题中发明创造。可见选题不同于商场选购货物，不是一目了然地百里挑一。这就是说，选题并非是从资料中选资料，而是从资料发现问题，从旧资料中发现新问题；也就是说，选题是攻坚克难的过程，古人用诗文表达得淋漓尽致，"路漫漫其修远兮，吾将上下而求索"；"吟安一个字，捻断数茎须"。由此可知选题之难，实思维之难。

（2）选题的思维

古人俗语云"题成文一半"，从选题的思维过程分析，确实有一定科学道理。论文著作总归为"读—思—写"三步主要过程，即读书搜集资料；思考文章的主题和提纲；写作围绕题和纲形成文字论著。虽然全过程都离不开科学思维，但是有决定意义的仍在"思"的阶段，即思考出好的主题和提纲，亦古语申明的题成文半之说。盖科学思维过程关键环节，正在于感性认识到理性认识的飞跃，是选题的成功标志，随后写作就会顺理成章，所以中外古今强调选题的各种说辞不为过分。

选题思维需要调动各种科学思维方式，但主要依靠逻辑思维的推理论证方法，有关逻辑思维各种手段，需要在选题过程综合运用。在归纳和演绎方法中多用归纳法，因为归纳是由个别到一般的思维，即由若干个别事物推理出一般的结论，或用诸多个别判断作论据，证明论点或论题能够成立。选题面临巨量的资料要找到主题或题目，首先就必须用归纳的逻辑推理，才可能找到主题的本质和规律。其次在分析与综合思维中主要用综合的方法，因为综合就是把不同的事物或不同的部分的属性，有系统地整合起来进行研究。恰如面对一大堆资料，必须综理头绪总合一体，才能统观全貌加以命题。再其次是用从具体到抽象和从抽象上升到具体的逻辑方法，恰是选题全程必不可少的思维方式。因为对资料的收集和具体分析，仍是感性阶段认识，选题则是把资料提升到抽象思维，把主题逻辑地推进到理性认识阶段，又再从抽象的主题中形成具体题目和提纲。资料—主题—题目—提纲，实为完整的选题逻辑思维过程。或者说在占有资料的基础上，找出论点论据在头脑中形成题目，再按照由抽象到具体的逻辑思维，编制出具体的写作提纲。此外，在历史与逻辑的统一法则中，主要侧重于逻辑方法，也就是从抽象上升到具体的方法。因为历史方法是按照事物历史发展表述，而逻辑发展过程是历史发展过程在理论上的再现。除以上逻辑思维的基本方法，其他科学思维方式，如缩聚、假设、想象等，在某些选题中也常得以使用。

（3）选题原则

就字面而言，原则即原理法则，常义指人的言行所依据的道理和准则，其概念相当宽泛，含义和范围不一而足。科学研究的选题原则也因学科而异，自然科学与社会科学对此的表述便大不相同，近日见文史学者们论及何炳棣先生言及的"三有"的原则，值得农史研究参照，即有前途、有条件、有优势。有前途解释为有基础性、前沿性和后续性，也就是有各种发展要素的秉性；有条件指有进行研究的可能性，最主要的是史料条件，其次是有可实现研究的手段和物质条件保证；有优势指个人的专业特长和才性的优长，其次是所在单位和地域的学术环境特殊的强势之处。三有之中虽然包含着创新的因素，但是有必要明确地提出创新的原则，或作为选题的"四有原则"。因为创新现为国家发展驱动战略，创新理念已经广普而深入人心，科学研究更以创新为天职使命。农史研究过去曾经明确提出选题要有新意，即新的理论观点、新的资料内容、新的方法手段。现在看"三新"仍然颇具新意，唯须进一步加强创意，强化"创"的意识。即在继承的基础上，创造、创建、创通、创兴新的理论观点，以及新的资料源泉和新的研究思路手法。以上所说有前途、条件、优势、创新四项原则，是选题必须遵守的规律性法则，农史论著的主体和题目也不会背道而行。但是选题原则毕竟是原则，在具体的选题运用中均要从实际出发，师其精神而不墨守成规字句。例如在理论方法、资料内容和方法手段的创新中，过去有人就曾经强调，三者得一新意即可，不必面面俱到；新意中同样不必求全完整，重要的创新即使点点滴滴也不可轻言放弃。选题的创新要求，也应分不同的水平层次，有大师提出"千万不要做第二等的题目"，此言一般学者则不可当真，有一定的创新性就值得选作。人或对于初涉农史者也曾提出"四不要"的要求："不要乱种他人田"，即选自己熟悉的专业领域；"不要总吃炒米饭"，即不可老选别人做过的题目；"不要冒举鼎绝膑之险"，就是莫要选自己力所不及的课题；"千万不要先写文章后命题"，等等。事实是此类现象还大有人在且也难免，可见选题做到"四有"固然不大容易，即使从"四不"做起也非易事。

（4）选题过程和方法

选题的前提是在大量阅读搜集相关资料基础之上展开，但不由自主突如其来的命题，虽不在选题过程之中，受命之后仍要根据题目查阅资料。选题根本目的和任务是确定著作论文的主题，或主题思想。主题在古代称为主旨，指作者通过对事物的观察、体验、和分析研究，或对资料的搜集、整理和深思考究，提炼结晶出事物和资料所包含意义以构成中心思想。主题旨趣既反映客观事物的本质和规律，又包含着作者对资料的认识、理解和评价，成为论著的主体和核心。主题原本是西方音乐术语，在论著文字中同样也具有类似乐曲灵魂和主旋律的意义，主题总是萦绕在文章的全部内容直至字里行间。主题形成是系统至关重要环节，要运用文字形式加以概括表述，包含选题的依据、综括资料揭示基本内容、简述作者的见解和观点、考量选题的现实价值和学术意义等义项。主题思想确定后将主导后续提纲制定和文章撰写全程，所以要随时温习比照各项工作是否与主题思想吻合，而且要作为开题论证和书刊提要公之于众。

根据农史学科研究和教学实际，选题类型由宏观到中观再到微观，即由大题目到小题目的过程。学生入学首先遇到研究领域的选择，在农史学中选哪个学科分支，拟研究农业科技史，或是农业经济、思想、文化、社会史等。虽不属于具体的论作选题，但选择的原理方法别无二致，入学伊始就要用到选题科学思维方法。农史学科分支领域差异很大，选择的基本原则就是不可轻易远离自己原有的专业和文化知识基础，即便要改变原来专业方向或欲作总体性大农史研究，也要依靠原有的专业基础并作为切入点，方能辗转农史学科各领域。首当其冲的农史分支学科选择，为总体宏观的战略考量，要有任重道远的长期的乃至终生事业的弘毅之计。其次，接踵而来的便是学位论文的选题，这是农史全程研究过程，选题是在规模性的资料工作基础上开展，主题思想形成需要较长时期的潜心研究。学位论文主题事关三年读研规划，要作出文字性的表述和论证，深思熟虑，反复推敲而见大旨。修研期间还要围绕学位论文，写出数篇规定小论文，选题的范围和文章规模较小，但规定的论文水平却颇有高度，必须达到社科核心期刊登载的水准。另外还有所修课程的小论文和应时命题小文章，倒是锻炼灵感思维和作文练笔的时机。还有课程考核论文，可选综述题目总结课业知识，为选作大题目做好知识准备。以上各类选题因规模体例不同有很大差异，选题的思维和基本方法却是大同小异。选题过程是高度凝聚的思维过程，主要调动前面所讲的归纳、综合、抽象、逻辑等思考方法，从而聚合凝练出论文著作的主题思想。

现以学位论文为例，其余各类选题举一反三可知。首先，学位论文要根据阅读摘录资料及自注心得材料，按其揭示的内容加以归类；不必厌烦类别繁多，而应细心分析后再加以归纳合并，如此多次的归并为几个较大的方面。接下就这些方面深入研究，分析相互关系并揭示内在联系，由此及彼，由表及里，分类比较，归纳演绎，综合分析，聚合发散等等，无所不用其极地从中发现各种问题。随后逐步地概括出值得研究课题，并进一步深思熟虑，认识其本质和内在规律性问题，再对选题做出简短的概括性的文字表述，数百字的短文将来就是著作和论文的主题的初步雏形。最后再通过对主题思想反复研究和升华提炼，最终形成文章或著作的具体题目，选题全过程大致如此。所形成的具体题目虽然简短，其思维方法和过程却很不简单，特别是数字或数十字的题目，从主题思想中独立出来的过程，意义重大特名之为"定题"，下面还需要详细加以论述。

2．定题

定题就是用词，或词组和短句等，拟定出一言以蔽之的总标题，形成相对稳定不变的题目。确定论文著作的题目，又称标题，或文题和书名。题目如人之眼目，对文章起画龙点睛作用，简明、醒目、亮丽、有神采的题目，能吸引读者目光，引发阅读兴趣。更重要的是题目隐含着文章的主旨，为主题思想的核心价值，也是全书或全文的中心和重心所在，若眼中有珠，目中有睛，即有精神灵魂。从文献学考量其意义，题目是读者判断是否阅读的依据，也是文献检索的依据，所谓"考镜源流，辨章学术"的目录学价值，主要是通过题目名称体现。

（1）**题目意义**

题目，还有主旨纲领要义，与此要有高度充分认识。题目虽是一句话的事，却是千钧之力的功夫，小到千百字文章，大到百万字著作，皆可天衣无缝包含在题目之中。常言大纲细目，人或以为题目重要性在提纲之下，甚或先列提纲再定题目。这里特别强调，题目虽称目，但却是著作论文最大最高的纲，是大纲、总纲、综纲、纵横纲领，所谓纲举目张、提纲振目、执纲挈领，最主要指的就是题目的纲领意义。从论文著作体例形式看，题目总是名列在前，主题思想、层次目录、写作提纲等，无不概括其中烘托着题目的纲领要义。所以本讲特别强调定题的重大意义，主张题目不但要定得好，且必要"定题在先"，还要"定死"基本不变。题目与提纲，孰前孰后，即根据题目定提纲，还是根据提纲定题目，不能含混更不能颠倒。假若题目未定或尚未定死，提纲便处于游离不定之中，名为制定提纲，实无纲领核心可守。若按无题目提纲动笔撰写，无异于缘木求鱼，且自乱章法体例，绝非规范科学的撰著方法。

（2）**定题原则**

首先是要全面反映研究的对象、目的、方法和体例等，准确揭示论著内容内涵的深度广度；定题目必调动一切思维和修辞手段，精心遣词造句，琢磨词组短语，凝练出简明醒目深思遐想的题句来；题目要客观含蓄地描述研究结果，但不必直接表述结论，常以效果、价值、意义等词反映研究成果；题目追求新颖独特的创造语句，不仅令阅读者见题心喜欲罢不能，即使作者临题创作时，也会有不吐不快和提笔不能自息的感觉。如果确实精炼出作者和读者同感欲罢不能的题目，还要回头审视或修改主题思想，必要时再搜补资料，使题目进一步坚确挺立不再动摇。根据多年农史研究实践的体验，定题成功的自我判断：首先从形式上看中规中矩，合乎论著的体裁体例，符合本专业规定规范；从内涵看有意境有容量，能提领起全书或全文；文字上无可增减无可替代，俨然为论著的唯一标识；自我感觉心安理得，赏心悦目，如美眸能传神，能给研究传递灵感，给写作带来无限想象和思考动力。

（3）题目文化色彩

为拟制当今社科类命题过度直白无味倾向，特别提出这一话语。私意人文科学的著作文章，应该有适当的文字修饰，为题目增入必要的文化素质。大约受自然科学选题风格的影响，近年人文社科类中多纯专业用语和逻辑思维的命题，意思倒不错而辞语却显得寡味，即便自然科学者也常自感无趣阅读。须知无论文理科论著，凡属上好的题目，都是多种思维综合运用的结果，即便专业性很强的理学论文，题目中也常潜涵着学者美丽多彩的思想。人文社科类题目，虽不用文学式思维表达，但是一般的抽象、形象、灵感等思维方式，都可以综合或酌情选用以增言辞文采。孔子所谓："言而无文，行之不远"。近年本人在农史选题中始终执着两条原则：选题必定题，定题必行远。是否行远也未可知，但论著题目修辞之功从未懈怠，下举若干论文题目，现身说法。

《读诗辨稷》，学读《诗经》考证"稷"字名实，集录农作物的名称，按照考古和古籍记载作物基本种类，考证稷为谷子，而非高粱黍子等说。《周易农事披拣录》，从《易经》及易传中摘检有关农业的文字，如同披沙拣金，就《周易》社会产业结构和农牧起源先后辨析，并对古代阴阳哲学与原始农业起源，以及观象制造农器之说等，作出初浅的探究。《周畿求耦》，在西周丰镐古都曾经大兴耦耕的王畿故地，以调查和实验的研究方法，重现耦耕形式和技术要领，为研究三千年前奴隶"千耦其耘"的集体耕作法，用农艺遗产考察法独辟蹊径。《中国农业起源之河土辩》，副题为"谁是我们的母亲，是黄河还是黄土？"为旱耕农业起源和抗旱耕作原理争言特色优势，辩解中国农业非源于雨养，也不同于北非西亚的大河灌溉。《推镰考工记》也是用实验考证方法，探明《王祯农书·图谱》收录的双轮收割器的致功机理，并非连续行进而是间歇冲击式的作业，解除了多年人们难以索解的推镰机巧。《古器新研二三事》系古代农具改新的调查研究，另外还有《倒拉犁的悖出与传统农具生命力的正视》也属同类题目的调研报告，论道在现代农业机械化新潮中，传统农器也改头换面迎来改新发展的历史机遇，改新与创新是当前农具装备制造两种基本路径。《贾学之幸》借国外学者对石声汉研究《齐民要术》奖言命题，总结了石声汉教授树帜的古农学业绩，分析其古典考据与现代农学相结合研究方法，特别是凿空《齐民要术》创新"贾学"国际学术领域的功德。《论段玉裁〈说文解字注〉的农事名物考证》，原为修读《说文段注》的作业，在训诂学前辈指导下修改成论文参加学术交流。作业中集录了《说文解字》中有关农业文字，将段注对字的考注结合农学知识逐字分析，领悟文字考据基本方法，间或择检其与农事实际不相切合之处。《辛树帜论中外科学十二大律提纲手迹考析》，略有点射覆谜文的意味，辛树帜先生论道科学12大律遗稿至简，为何发论，有何逻辑？考析结论为宣传中国水土保持律，并置于古今中外科学重大发明之列。此外如《食为政首——古老而现实的重农政治观》《中国农业自然灾害历史资料方面观》《印加耦耕影象之笔录》《夏注习读札记》等论文，也都属于同类题目风格。命题原则首先不失农史的题材体裁，触目便知系农史研究论文；在此前提下力求命题有文史精神引人入胜，不拘一格地调动各种思维方式和修辞手法，萃取出文义兼备、赏心悦目的好题目。好在展卷心喜，论题正在自己专业领域，文采斐然而又紧扣所论主题。语所谓"文质彬彬，然后君子"，文题何尝不也如此。

3．谋篇

谋篇，本来就是地地道道的写作术语，谓谋划撰文思想和篇章结构，又称谋篇布局，如今使用日见广泛成为社会通语。谋，指计议谋划；篇，小指文章大至国是；布局，泛指事物结构体系和规划安排，现成为治国理政者口头语。因此谋篇布局联系起来的意思，可以理解为对某事规划安排所想出的计谋。谋篇布局对工作、对生活，甚至对自己的人生都是至关重要的事体，学会谋篇布局，熟练运用谋篇布局，事业发展会呈现新的气象。但无论专语还是口语，无论写文章还是作规划，谋篇布局的先事筹谋布阵和决胜全局的战略意义，作文做事实相通无别。所谓"着眼于大局，谋定而后动，方能百战百胜"，虽为兵家政治家战略，总归原本是文人墨客的看家本领。

文章布局谋篇，主要从三个方面考虑进行：其一，根据主题进行布局谋篇。因为不依据主题，布局谋篇只能算是瞎想。根据主题进行布局谋篇，属于主题与文章结构的关系问题，解决好这一问题，文章的框架就基本上构建成局。其二，根据具体材料进行布局谋篇。没有具体材料，空有框架，文章还只不过是一张空壳死皮。若没有材料，就无法检验所布之局和所谋之篇的效果如何，只有把具体的材料放到谋局的框架中去考虑，摊排开来并处理好与具体的框架之间的关系，才能使文章的结构丰满起来。其三，根据具体的文体进行布局谋篇，要注意不同的体例类型。文章的主题与具体材料的选取要求各不一样，如果在布局谋篇时忽略这一点，必然导致所写出来文章驴唇不对马嘴，很不像样。或者说，写出的文章，不是所要求的体例形式，即文不对题，为文最怕讥为"不得体"。

（1）谋思路

就是围绕题目思考写作路径。农史具体写作方法中谋篇，实与下面讲的提纲部分统为一体，谋篇是提纲的思想主导，提纲是谋篇的体现形式。鉴于二者思想性和操作性显著不同，本讲还是将谋篇和提纲分而论之。另外谋篇与上一部分的定题也有关联，定题的多种思维中都有谋篇的因素。谋篇还有进一步考订题目，并作出最终调整的作用，这点与提纲功用则大不相同，可知谋篇为瞻前顾后、承上启下的思考过程。所以说谋思路，就是要把题目和提纲联系起来作通盘考虑，并为全篇文章预谋撰著的路径。

（2）谋文体

就是谋文本的体裁和体例，即文章所采用的体式类型和体例形式等。体裁是文本构成的规格和模式，是一种独特的文化现象，反映着文本从内容到形式的整体特点，属于总体形式范畴。文贵得体，最忌讳不成体统，无论何种文本，凡提笔行文必先明确文体形式。农史论文著作的体裁较为单纯，不像一般散文特别是文学作品体裁分类复杂，但是一般议论文和学术文的基本要素，都会蕴涵在农史论著体例形式之中。农史论文体形式通常不甚用体裁概念详细分类，一般只分为综合性学术论文、专题型论文、论辩型论文、调研报告、研究综述等。有关农史刊物多半将体裁形式与题材内容结合分成各类栏目，而且栏目种类还常随学术发展增减变化。

农史著作体例，同于历史书的基本规范，通史与断代、全史与专史、篇目与章节、资料与文集；等等，农史书合理地套用了史书体例。农史论文的体例形式，刊物编辑部都有格式化标准要求，一般学术论文有题目、作者、单位、书名、论文摘要、关键词、前言或导论、正文内容、附注部分及一定字数的要求。为农史研究者定要有文体意识，一题当前，先要思谋选择何种与书刊规范要求相一致的体裁体例。

（3）谋新义

就是谋创新意义。立题之后如何深化题义，实属谋篇要事，古人于字里行间亦求微言大义，今人更强调更要谋创意新义。谋新义，就是要谋取有学术意义和致用价值的研究成果，常规的思路是继承性创新，在前人研究的基础上新进一步，从理论、资料、方法创出新义。从继承到创新是科学研究基本思路，也是科学创新的基本规律，为科研工作者共同遵循，初始研究者更要学习践行。农史新进当知这一规律路径，树立承旧创新观念，善于继往开来。每立一题，必先明鉴前人足迹，知其研究认知到何等地步和层面，分析其得失利弊及其所以然。在此基础之上深思熟虑，寻求自己创新点，挖掘发人未发的独特见解，谋定立题应有的创意新论。承旧与创新，新义易得，但功力及为功之艰，尽在于承旧；承旧之难不仅在于继承之艰辛，而在于厌旧情绪和薄古观念之根深蒂固。须知薄旧创新，无异于盲人瞎马不知所自起。谋大义创新义除继承之功，还要阔张视野，关顾现实通识时务。创新无论是个体思维还是国家战略，其出发点和归宿处都离不开现实之新；为改变现状而创新，在创新型社会中创新，最终创新出新的成果服务于现实社会。可以说任何学科包括基础研究，若脱离现实需要，就难得创新大义，也难以图存发展。农史欲谋篇创新，就得立足现实，眼观世界风云变幻，心系民生食用需求，顾盼现代科技和人文科学发展，不断思大义谋新篇。

（4）谋格局

就是谋大局。大局关乎战略性大势格局，自然是谋篇的题中之义，不妨简称谋局。近年布局、格局、势局等，一系列关于局的概念热络传用，其范畴不同程度包含着规模、品位、气度等高贵典雅语义，学者借用于文章命题也合乎情理和逻辑。谋局对谋篇来说，就是将论文著作的整体结构和风度做出规划安排，令人刮目相看。谋局兼有抽象和形象思维，但并非玄虚幻想，而是在前论资料搜集阅读基础之上，通过选题定题研究，以及谋文体创新义之中绸缪而成，绝不可视为谈玄蹈空。这里也不妨自举《绿洲农业起源初探》谋局实例，再为现身说法。

《绿洲农业起源初探》初选题为《新疆农业发展历史研究》，后来经过一番谋虑其格局不断开张，最终写成绿洲型农业起源的考论文章，20世纪90年代，曾参与了农业考古国际学术会议交流。谋篇格局可谓全方位连锁式的拓展：首先是选题区域范围的扩张，由新疆农区扩大到中亚诸国，以至于放眼旧大陆干旱区世界农业起源地带；继而根据地带农业特点，由农业扩大的农牧业，更进一步选定在绿洲农业特种类型；同时研究的学科理论和专业常识，也由农史学延伸到历史地理学，再涉于古地理学及动、植、生态等十多个相关学科；考论的方法由埋头古籍现刊资料，转入到高原田野勘察，即考古察今并行共研。《绿洲农业起源初探》粗浅总结出绿洲农业起源的8条基本规律，从科普意义看，使人可知何谓绿洲，何时成洲，何以常绿，并知绿洲农业的命脉原在域外高山融雪。同时也可使农史认识格局豁然开朗，原来在旧大陆副热带，存在着一条从北非到东亚的珠链成系的绿洲农业带，这正是世界农业起源的中腰带。这个绿洲带北部是古代畜牧狩猎区，南部是传统农业区。后来绿洲带西端农牧业向北向东发展，形成法德俄一线的古欧洲农牧区，绿洲带东端农业，向南向西延伸直至东南亚一线的农业区，从而构成平展的大"S"型，正是世界农业的大格局景观。

（5）谋结构

就是谋文章的关联性。实为谋篇布局的手法，目的在安排组织文章整体与部分之间的结合和构造关系。结构是文章的思想、材料、结构三大基本要素之一，基础性教科书多讲文章结构方式：有纵贯式结构，按照引论、本论、结论三部分组织材料，大体上以提出问题—分析问题—解决问题的逻辑顺序安排论文；有并列式结构，文章各部分内容无主次轻重之别，围绕中心论点从不同角度论证，形成分论点为平行并列关系；有总分式结构，先总述后分述，或先分述后总述，或演变为"总—分—总"的结构模式；有递进式结构，围绕中心论点各部分、各段落之间，环环相扣，层层深入，最后推导出结论，为逐步发展的论述结构；有对照式结构，文章两部分主要内容相互对比，或以一部分烘托另一部分内容，使不同观点形成强烈的反差，也称比较结构。上述结构方式常常交叉使用，多以某种为主其余方式辅助，使行文富于变化而不会杂乱无章。通常言结构方式多就文学作品而论，谋结构的方式带有普遍的原理方法，作为文化基础教育也影响各类文章结构。学术论文结构专业性更强，谋结构方法也自有特殊之处，就农史论文著作结构特点看，似乎都包含有内部和外部两种结构形式，而且论文和著作结构方式各有所不同。论文内部结构围绕主题，而且主要集中在主题词，围绕文章核心、问题实质、矛盾特殊性等潜在含义，形成隐性的结构。论文外部则主要从主题词或关键词的外延形成结构，廓清文章范畴范围，涵盖文章的主要问题，清理文章思路脉络，展现文章的系统和层次，等等。著作规模大，内外层结构更为复杂，内部结构潜隐在主题思想之中，构成全书的宗旨大义体系时隐时现，结构却如骨架一样肢节相连；著作外部结构规模更是恢宏庞大，围绕全书主题思想和各级干支系统主题，以鲜明的概念和观点层次展开。这里也举近作为例，说明在农史著作中可建立内外层结构，展现这种双层结构的特点，在谋结构中深入探讨这个不无新意的问题。

《中国当代农业史纲》是一部专门史断代著作，农业内涵为广义的农林牧副渔大农业概念，包括农业生产力、农业经济关系和农村社会的全农道，所谓的农业、农村、农民"三农"尽在其中，书中记述中华人民共和国建立至截稿时共65年农业发展历程。全书外层结构显而易见，共分九个历史阶段。内层结构隐含八条主体脉络，从而构成本书结构特色，即内外结合、经纬交织、纵横捭阖。外层结构9个历程体系为：中华人民共和国成立初期地覆天翻的土地改革；过渡时期农业合作化运动；"农业大跃进"和人民公社化；调整农业政策和农村"四清"运动；"文化大革命"时期农业；新时期农村承包经营创通改革开放之路；市场经济体制下农业结构大调整；新世纪初"三农问题"破解和新农村建设热潮；科学统筹城乡发展大力推进农业现代化。本书内部蕴含的8条主体脉络结构为：农业生产力，当代农业发展的历史动力；农民群众，当代农史的主体力量；土地制度，农业经济关系和农村政策的基石；粮食安全，国之上下紧绷的一根弦；农村建设，农民家园的兴作治理及变迁；农政得失，当代农史曲折演进之所以然；农业现代化，六十多年渐行渐近的愿景目标；唯物史观，当代农史争议问题求同存异的理论坚守。本书筹谋内外双层结构的实际效果看，较好表达全书的主题和中心思想，体现著作的大体、新意和格局，全面承载起巨大数量的相关资料，为继后进行的提纲设置和编写谋清了思路。事实上文章的内外双层结构在各类严谨的论著中屡见不鲜，文学评论文常见发掘作品内部以至深层次的思想结构，农史研究的谋篇应该强化结构意识，提升农史论著内外层复杂结构的构思和设置水平。

4．提纲

提纲是谋篇的产物，如同定题是选题最终结果一样，本讲特别重视这最后结果性环节，故抽绎出来加以强调，至此当明"农史研究选题谋篇方法"部分的标题涵盖关系。这里先就"提纲"与"题纲"两者略加辨析，就字面义看，两词的动宾词性与名词性显然有别，主张用题纲二字，以显示其名词意义者可以理解。但是提纲二字是从古汉语发展而来，为历史传承的概念，语言词汇有约定俗成的规律。提纲作为名词包含的提领意义似乎更为生动，由动词性转化名词也是常见语言现象，提纲作动宾结构或作动宾名词古今皆可通，故当以提纲为标准用语毋庸置疑，以避免不必要的用语混乱。

（1）提纲编写的思维及重要性

提纲的概念和提纲编制极为常见，在中小学作文、成人学习、会议发言、学术讨论、论著编写中都会运用到提纲，常见有分称为汇报提纲、传达提纲、讲话提纲、写作提纲等类型。本讲在分析各类提纲的特点和共性要素的基础上，结合农史实际探讨社科论著的提纲编写事宜。

从论作研究的步骤看，编写提纲是课题思维过程的又一次重大转换。资料搜集中要开阔视野广泛搜寻，主导性的思维是发散扩张的方式，思想呈现多维状态在书刊中辐射。选题定题过程思维方式则为之转变，成为聚合思维主导的过程，从大量资料信息中形成逻辑结论，把广泛的思路聚集成一个个焦点，进而集中成统一的中心思想进而凝聚题目，为求同性的收敛思维方式。当进入提纲编写阶段，思维方式又转换为高度缜密的发散辐射状态。发散（搜集资料）—聚合（选题定题）—发散（编写提纲），农史研究前阶段，从思维科学认识，正是这三个前后连续而又呼应的过程。

提纲编写阶段的思维更为科学也更加复杂。首先，它并不完全同于资料阶段发散方式，而是既有中心和主题的发散，又是有范围方向和条理层次的辐射状思维。这种围绕主题和中心思维，不仅要拓展主题的境界和中心格局，提高论著的学术品位和致用价值。同时还要深化发掘中心和主题，揭示其本质和深层次的结构，丰富论著的思想内涵和文化底蕴。另外在辐射状态下，还要按照一定方向和条理进行发散思维，认识由此及彼地延伸发展。向外宏观，向内微观，向远辐射，构成提纲编写的三向发散思维结构。提纲编写的思维是在总体发散的主导之下，根据不同的思维结构和资料史实，各种逻辑思维方式都会不同程度的参与其中，编制提纲者要有高度的自觉的认识和充分运用。同时要注意归纳、分类、综合、凝聚等思维方式，也无所不在地渗透在总体的提纲发散过程，常要将零碎分散的历史资料抽象为概念，汇集成不同层次的中心词、关键词、主题词的辞语体系，通过逻辑推理得出各种结论和规律认识，并形成明确的提纲标题。历史与逻辑相统一的唯物辩证思维，历史资料和历史规律认识，在提纲编写中广为运用，可以说提纲中各级标题或短语文字，绝大部分是历史与逻辑相统一的思维所形成。

如此煞费心思的编制提纲，正是体现农史研究谋篇构思而立定格局标志，也是欲将研究成果展示于文字在动笔行文前，必不可少的准备工作。农史论著毕竟不同于短诗散文，信手拈来一挥而就，而是要用大量资料、历史的逻辑、严密的推理和清晰的论述成著。有了提纲，才能把总的主题和各层次标题统一起来，真正实现提纲挈领纲举目张。提纲既成，接下诸事便顺理成章，就能明确重点，有主有从，分清层次；就能有条理地安排材料，包括客观资料和主观认识皆有归宿，可以最大限度地合理利用资料。根据提纲标题就可展开充分记述和论证，因为各类标题之中蕴含着思想观点，标题之下堆积着大量的资料信息有待于表达。著作刊行后提纲还有标识检索用意，欲检阅内容只要通过提纲各级标题或文字，便可直接进入有关章节和段落阅读。提纲文字又是标题词和关键词主要来源，据此可进入书刊情报检索领域，使得论文著作具备传统文献和现代传媒信息的意义。总之提纲有多方面的重要作用，在基础教育训练中已有严律，"不列提纲不作文"。在农史研究中应该要求更高更为严格，"提纲不好不写作"，即编制不出完美系统的高质量高水平提纲，绝不可率尔操觚。

（2）提纲编写原则和方法

提纲的编写通常有两种主要方法：一是简单写法，或称标题法，用简捷文字概括地标出各段的要义，提纲表示出要点，高度概括，简明扼要。一般著作论文提纲多用标题法，而且标题要呈现在文章之内，多半还采用居中位置的排版法。标题作用在于总领全文，点名主旨，概括文章中心思想，引起读者注意，表达作者情感和写作目的。二是复杂方法，或称语句式写法，要表明文章中心和主要内容，交代思路框架，要完整又不能繁琐，简捷而要明白。其长处是比较具体明确，短处是易于冗长，不利于进一步深入思考。通常汇报、传达、讲话等类提纲多用复杂的语句法，主要为语言表述明白，提纲字句多半不进入文章，故不必过分凝练和推敲。最好方式二者结合运用，将标题的精炼概括与语句的详明易感相辅为用，简单明了部分用标题写法，在复杂难记的地方用语句法；论著提纲中以标题法为主，必要时用语句法加以补充备忘，语句虽不入标题但可为写作参考，如此兼得两法之优长。

提纲编写的原则，就是要不忘谋篇的初衷，坚持总体布局的主导思想。一要有全局观念，二要从中心思想出发，三要考虑各部分的逻辑关系，四要把握总论与各分论点的协调关系。针对农史论著多用标题式提纲，这里再提出一些编写原则，如标识鲜明、留空间余韵、心知其意、格调文风统一等。所谓标识鲜明原则，强调各级标题意思明确，标题就是章节段落的旗帜，措辞语义清晰夺目；所谓留有空间余韵原则，即要求标题要概括含蓄，点到为止，不可把话说尽，留给读者思考，更要给自己以叙述论证的空间；所谓心知其意原则，标题式提纲较语句式简要，其含义和具体内容，列提纲者必牢记在心，谨防撰写文章是望题自已不知所云；所谓格调文风统一，指标题提纲文字格式和语言风格相对统一和谐，特别是同级标题不可畸轻畸重，避免语句文风不相协调。

（3）提纲编写的思路和步骤

编提纲思路是在资料工作基础上，以及主题思想引导之下，面对题目做命题作文的思考。思维方式完全如命题作文式的思考，只不过认识更深刻一些，层次多一些，结构复杂一些罢了。一般步骤是：先列一级标题，即章题。大章的题目，要面对总题目，做系统分析，包括时间系统、空间系统、内容系统、逻辑系统等，但最重要的是自己认识系统，以之形成明确标题，即论文大章题目，一般得五章以上。章题要完全支持总题目，但同样必须形成命题化词语，否则说明认识不清，认识尚未达于凝练。观看章题就能辨章学术，考镜源流，知全文大概。二级标题，即节题。通常一章设三节以上，思路同于一级标题，完全如法炮制，即面对章题，用三几个节题，做命题作文思考得出题目。三级标题，即段题，段落题目。面对节题，用三几个段落题，做命题作文。如此步骤章节段三层次题目形成，完全是系统思维过程，不要过分受资料的影响，内容相对理想化，形式追求科学美。

关于农史研究标题式提纲编制步骤，最主要有三个环节：第一个环节是前期的资料搜集和选题谋篇已经见前述，全部内容、观点和结构可谓成竹在胸，面对论著总题目皆可呼之欲出，不再赘述。

第二环节为关键步骤，先根据总题目提领出全文或全书的骨干体系，少则构成三个系统，多则八个、九个、十个也有见。关键在于骨干系统对总题目有直接的支撑作用，而各骨干系统之间又有时间、空间或逻辑的联系，缺一不可，多则无用。骨干体系的每个标题文字均经千锤百炼，如总标题一样坚实有力而斐然夺目，这便是总题目下的二级标题，可使总题和论著挺立不倒。接下根据每个二级标题的中心思想和主题词的内涵外延，构建其分支体系，也以凝练的标题形式出现，即为三级标题。四级以下标题如法炮制，人文社科论文标题一般不要超过四级，层次太多易造成视觉和思路紊乱。提纲一般要运用序码标排，序码一多半为四层：一是汉字小写的一、二、三、四等，后面用顿号（小标题的层次顺序不用顿号，空一格）；二是半圆括号和汉字，如（一）、（二）、（三）等，后不用标点；三是阿拉伯数字1、2、3、4等，后面用点号；四是半圆括号的阿拉伯数字，如（1）、（2）、（3）等。除此以下，还可以有第一，第二，第三等。序码系统要保持一致，不能前后矛盾自乱体系。这便是提纲编制的基本方法，似可喻之为树系或树状之法，凡人文社科类论文著作提纲结构，多半为树系法的结构形式。

第三环节难度略减而较为费工，即将收集到的资料逐步地分列到相关的标题之下，最终还要落实到最末级的标题之下。这一步看似平淡无奇，实际是关系史论结合的思维过程，也是对编制提纲的优劣成败最直接最及时的检验。如果编写出的提纲容纳不入绝大部分资料，或者主要的标题和观点缺乏资料支持，甚至提纲与资料两张皮，表明提纲编写环节告败。如果既成提纲之下相关资料皆有适从，资料充分且支持标题得力，或虽不尽人意匡补即可，提纲编写即可算告成。提纲如鞋子，资料是脚板，鞋合适与否只有脚知道，填列资料可检验提纲便是这番道理。

（4）提纲的修改调整和完善

提纲写好后，还有一项很重要的工作不可疏忽，这就是提纲的推敲和修改，这种推敲和修改要把握以下几点：首先是推敲各级题目是否恰当、合适、相互协调；其次是推敲提纲的结构，即先围绕所要阐述的中心论点或者说明的主要议题，检查划分的部分、层次和段落是否可以充分说明问题，是否合乎道理，各层次、段落之间的联系是否紧密，过渡是否自然。然后再进行客观总体布局的检查，再对每一层次中的论述秩序进行"微调"。

修改提纲不同于改文章，绝不可提笔肆意删削，提纲可改但不宜大改，更不能随意乱改。因为提纲是在资料搜集选择定题基础上，通过谋篇的科学思维过程确定的有方略的蓝图，内中包含坚确的逻辑和规律认识，方案既定就要竭力实现而非臆改。提纲修改主要是从文章主题思想和整体结构看是否合理协调，考量树系茎杆的强弱疏密，而非字句文辞细枝末节。即使某些部分事实或文献资料不够充分，但符合历史逻辑为文中不可或缺的组成部分，就要以多闻阙疑态度加以说明；或在提纲布局中加以位移和微调，绝不可轻易删除重要标题，造成全文主旨和提纲结构的残缺。提纲调整可在观点论述的详略和资料疏密的布局上下功夫，资料不足，可作深入的分析论证，给予标题以有力地支持；事实过多臃肿部分，可对资料加以精选，不使资料堆砌湮没文理观点。一般说来，完全告成或告败的提纲毕竟少见，提纲无疑是可以通过修改调整加以完善，资料不能修改但可以补充完善，所以编制提纲最后环节的意义正在"完善"二字。除必要的修改和调整工作，完善提纲功夫主要在补充，即补充资料。因为提纲未成前的资料搜集，目的和针对性还不甚明确，难免疏漏和轻弃一些资料，提纲明定后再重集是常见合理之事。上言文献不足征时会导致某些重要标题悬空的难题，绝大部分都可以在重新搜集资料后得到补充。客观历史发展有统一的整体的规律性，正确的选题和符合逻辑的合理提纲，正是历史与逻辑相统一的结果。既然提纲中绝大部分的标题论点都有资料依据，一般说来孤悬的标题下，资料必然也可以重新补充得以完善。

三、农史论著写作方法

论著写作之前，从漫长的资料工作到谋篇的全过程，可比作是"十月怀胎"；但将写作再比为"一朝分娩"，这个过程就艰辛多了。写作本是知识产出的过程，也是高强度劳作和创新知识的过程，砚田笔耕，病于夏畦。此前的感性认识要落实在笔下纸面，曾经阅读的资料要进行思维二次呼唤，最终形成高度理性认识并书写为白纸黑字，才算实现学术研究价值。学问研究进入具体写作阶段，古称属笔。清人唐彪《读书作文谱》提出四条"文章大法"：一曰章法，二曰股法，三曰句法，四曰字法。"四大法"虽就八股文而论，但有写作方法的普遍意义，以上所讲的资料、选题、谋篇、提纲等都包含在章法之内。农史研究成果形式表达相对简单，常见主要为"论"与"著"，即论文与著作两大类，当然也不排斥其他一些体裁和创新体例。唯论文与著作二者格局规模有较大差别，具体写法宜结合唐氏大法分而论之，再加文字和刊行两事，此段拟分为以下四部分。

1. 农史论文撰写

论文写作是科学研究最普见的成果形式，专业研究者从大学生起就以撰写论文为课业；为学者一生可以没有著作，但不发表论文就不称其为专家。现代学术评审制度以相关论文为评判晋升依据，考核类论文进入各个领域，世人皆知学术论文难度和水平要求标准最高。农史研究生课程考核就开始按规范要求，规定的学业论文必见诸核心刊物，毕业学术论文定有国家标准，论文写作正是学位教育的法门和出入门槛的标志。从事农史研究者实与论文撰写终生结缘，学识才智和心血汗水，无不倾注在一篇篇论文之中；即有著作或称卷帙等身者，也无不是以学术论文的学识为积累，以论文写法修炼为成功的基础。若着眼未来学术发展，可知高质量高水平的研究论文，仍然是人文社会科学包括农史学科学人，在科研领域最基本的守业看家本领。

（1）学术论文类型

学术论文有各种分类，按所论性质可分为立论文和驳论文：立论文主要从正面阐述和论证文章观点主张，要求论点鲜明，论据充分以理据和事实服人；驳论文是通过反驳别人观点树立自己论点主张，除按立论文的论点、论据、论证方法行文外，还要有明确针对性，即针锋相对，据理力争。有按研究问题的格局大小，分为宏观论文和微观论文：凡属全国大局性、带有普遍性、研究面宽广、有较大影响范围、对全局有指导意义的称宏观论文；凡研究局部性和具体问题者，影响范围较小、对某些方面工作有指导意义者为微观论文。有按内容性质和研究方法，可分为理论性论文、描述性论文、试验性论文、设计性论文等。按写作目的分交流性、考核性论文和国家标准学位论文等。还有按研究内容和用途，划分的理论研究论文和应用研究论文。另外，还有综合以上和其他分类因素的综合性分类法，包括专题型、论辩型、综述型和综合型四种类型，适合分门别类之用。近在无署名网页上见有此类说法，并直称为"范文"为之释义，不妨照录如下：

"一种为专题型论文范文，这是在分析前人研究成果的基础上，以直接论述的形式发表见解，从正面提出某学科中某一学术问题的论文范文。专题应用型论文范文是一种运用所学的理论基础和专业技能知识，独立地探讨或解决本学科某一问题的论文范文，其基本标准应该是：通过论文范文，可以大致反映作者能否运用所学得的基础知识，来分析和解决本学科内某一基本问题的学术水平和能力。当然，它的选题一般也不宜过大，内容不太复杂，要求有一定的创见性，能够较好地分析和解决学科领域中不太复杂的问题。一种为论辩型论文范文，这是针对他人在某学科中某一学术问题的见解，凭借充分的论据，着重揭露其不足或错误之处，通过论辩形式来发表见解的论文范文。一种为综述型论文范文，这是在归纳、总结前人或今人对某学科中某一学术问题已有研究成果的基础上，加以介绍或评论，从而发表自己见解的一种论文范文。一种为综合型论文范文，这是将综述型和论辩型两种形式有机结合起来写成的一种论文范文。"

细审以上四种综合型范文分类原则，比较符合农史实际，可以参用于农史论文分类。唯农史领域所称论文更为广泛，包括农史资料考辨、农史考察调研报告、农史过程记述、农史理论建树、农史研究方法提出等皆可称论文，甚至除正式出版著作外的有关农史文字形式，皆以"论文"二字称道。盖因农史大小文章和著作，多以客观记述为主，而以主观论作为辅，甚或以"述而不作"相矜尚。实则农史论作无一不在表述着历史规律，或明或暗表达着理论性的观点，有的寓论于史，有的史论结合，也有直接的以论带史者。凡历史命题无不遵循着历史与逻辑统一的规律，逻辑地推理论证常包含在历史的记述之中，述而有作或以述为作，才是历史研究文章表述的实质所在。故知农史论文之称，现已是泛化概念，大可不必拘泥以至胶柱鼓瑟。

（2）临文体认

面对文题如何凝神集思开始作文，再看清代唐彪《读书作文谱》一书谆告：凡一题到手，必不可轻易落笔，还要一番"临文体认功夫"。体认是明清心学创用的概念，直解为体察、体识、认可、认同的意思，结合农史论文写作的共识和习惯，临文体认表现在下列方面：首先是势所必然的临题体认，落笔首字直接文题之下，必须重新焕发题目的思想精魄和谋篇深思的义理来。学术论文不同于文学作品的激情起兴，但论题蕴涵的义理和逻辑力量，以及作者欲以理服人的自觉，也是文法追求以龙首虎头开篇的共性要领。体认论题要在重温既定的中心思想和主题词内涵，起笔切入不可失之毫厘以致差之千里。特别是应命速成论题，定要敏捷施以审题体认功夫，文章内涵不能脱离中心，外延不能脱离边际，否则就是脱题离谱。例如常见"甲与乙的研究"题目，一题之中实有三个中心，体认此类题目重点不在甲，也不在乙，中心应在"与"，重点论甲乙二者之间的关系即可。又如比较研究课题，比较甲乙之间的异同，重点不在差异，要在比较出二者共同之处，或者求得其统一性，才符合比较研究法的原理。论文千言万语，不仅提笔开篇要面对题目体认审视，写作全过程随时要瞻前顾后，做临文体认功夫。当写作正常停笔中断需要续写或重启新段落时，就须要临文温题来调动思维；有时理屈词穷难以行文时，临文体认即见柳暗花明；有时下笔千言汪洋恣肆时，也要临文体认是否离题万里忘乎所以。当然论文终篇时更要对照题目，通览全文权衡，始终把临文体认作为评章论文得失利病的准绳。

（3）论为文本

欲深知论文并寻求写法，关键在一"论"字。论文以论字为名，以论题为中心思想，以总论点为主题，以分论点为小标题，以论证为基本手段，以论据言事理，以论辩明是非，以结论为正果，以论道载文明……可以说论文，就是以论为本的文章，论之大义不必细论，下面重点只说论法。通常讲论文有三要素，即上面诸多论字中，所说的论点、论据和论证最为重要。

论点，特别是总论点和主要论点，为论文的灵魂所系，是论文的论证核心和主体，也是作者的观点、意图、主张、评价和态度的集中反映。论点必须鲜明、正确，且富有新意、深意和现实意义。鲜明就是要明确地表示赞成什么、反对什么，必须态度明朗，观点明确，不能模棱两可；正确是指观点要符合客观实际、合乎情理，要经得起实践的检验；有新意就是要有自己的新见解，不要总是重复别人或自己的观点；

有深意，就是要揭示事物的本质和规律，不能只说表面现象就事论事；所谓有现实意义，就是议论要有针对性，要对现实生活中人们普遍关心有待解决的问题，提出自己的看法举措并加以论证。

论据，即证明论点的根据。论文中提出论点，还必须有事实和道理证明其正确性，这些证明论点的事实和道理就是论据。作为论据的事实必须真实，引用的材料要有出处，要检查核对，要准确可靠；作为论据的道理，应该是经过实践检验的，它的正确性应该是为人们公认的真理，具有很强的说服力。运用论据来证明论点，要求论据紧扣论点，做到观点与材料的统一。

论证方法，相关专书多有总结，主要的成法有：举例论证，即列举确凿无疑且有代表性的事例证明论点；道理论证，引用古今中外经典理论观点和名言警句等，以证明论点的方法；对比论证，用正反两方面的论点或论据作对比，在鲜明对比中证明论点；比喻论证，用人所熟知的事物作比喻证明论点，或攻人自相矛盾的批驳和归谬法做论证；归纳论证也称事实论证，列举具体事例证明论点作一般结论的方法；演绎论证也称理论论证，根据一般原理或结论论证个别事例的方法，即用普遍性的论据证明特殊性的论点；类比论证，从已知事物中推论出同类事例的方法；因果论证，分析事理揭示论点与论据之间因果关系方法，可以用因证果，也可以果证因，或因果互证；引用论证，引经据典，或征引名家言论为论据说明道理的论证方法，根据是否交代出处分为明和暗引两法。以上所引各类教科书中罗列的各种论证法，农史论文可以有选择地参用其基本的论证原理和方法。

论文的本质属性决定其基本格局的分布状况，论文结构布局一般包括三个部分：引论是文章的开头，主要是提出问题；本论是文章的主体，主要是分析问题，运用论据来证明论点；结论是文章结尾，主要是得出结论解决问题，或是强调论点提出希望、要求和解决问题的办法。论文中间可谓论点无处不在，文章结构完全是由大大小小观点构成而将资料充实其中。学术论文的论点有总论点、分论点和小论点等不同层次，总论点统括全文并贯彻到各个分论点和小论点之中去。主论点、主题、中心思想等，表达最主要观点；将若干分论点综合成一个总论点，这就是主题的再现和真正的升华。总论点始终如一地统辖着各个分论点和小论点，不枝蔓、不旁叉，共同构成一个有机系统。分论点、小论点是对总论点的分解和分析，支撑和辅佐着总论点的挺立不移，共同构成论文的逻辑金字塔结构。分论点是说明总论点析出的次一级论点，由每条材料提炼出的小观点，可综合成分论点，即由此及彼、由表及里地提炼材料观点。因此，在将总论点分解成若干分论点、小论点时，要对各个分论点进行反复推敲，使它们成为总论点的有力支撑。同时分论点和分论点，小论点和小论点之间，也要互相和谐，互相补充。总之，研究农业历史当知，论是学术论文之统帅标识，论点是议论文的学术核心，若没有论和论点，农史论文就不成其为论文了。

（4）学术论文格式规范

指论文写作以及刊行的规格样式，论文格式是对写作的规范，更是论文达到可公之于众的内容要求和标准形式。

通常对写作内容的要求多为人重视，而对形式规范易被轻视忽略，因此而影响到论文成果的刊行和预期的社会效果。在图书期刊和网络信息高度发达的新时代，学术论文格式已成为论文写作的题中之义，而且是不可违背的学科专业和刊印出版行业的规范。关于学术论文格式要求，自然科学与社会科学的论文略有差异，但在学科交叉融合中基本内容大致相同。最主要的义项，一般都有题名、作者、摘要、关键词、引言、正文、参考文献和附录等，大约八个部分组成。《中国农史》为全国中文核心期刊，完全合乎规范，其他与农史相关学科刊物，也都严格遵循全国统一标准。学位论文格式也是在上列规范基础上有所变通，不同专业和单位出版物要求也有所差异，但就大局而言，学术论文的格式规范，已是约定俗成。现将学术论文格式规范八部分，择要录述如下。

①**题名**　论文题目及以下诸项均已详见前述，但这里强调的是出版物对论文的规范要求。所谓题名就是以最恰当、最简明的词语，反映论

文中最重要的特定内容的逻辑组合。题目是一篇论文给出的涉及论文范围与水平的第一个重要信息，必须考虑到有助于选定关键词表达题意，有助于编制题录、索引等二次文献，并可以提供检索的特定实用信息。论文题目十分重要，必须用心斟酌选定。对论文题目的要求要鲜明醒目，准确得体，简短精练，外延和内涵恰如其分。

②**作者姓名和单位**　署真实的姓名和工作单位，主要体现责任、成果归属并便于后人深入研究。严格意义上的论文作者，指对选题、论证、查阅文献、方案设计、建立方法、整理资料、归纳总结、撰写成文等全过程负责的人，应该是能解答论文的有关问题者。署名一是为了表明文责自负，二是记录作用的劳动成果，三是便于读者与作者的联系及文献检索(作者索引)。多个作者署名重要的是坚持实事求是的态度，对研究工作与论文撰写实际贡献最大的列为第一作者，贡献次之的列为第二作者，其余类推。注明作者所在单位，也是为了便于读者与作者的联系。

③**摘要**　论文应有摘要，有些为了国际交流，还有外文(多用英文)摘要。它是论文内容不加注释和评论的简短陈述，其作用是不阅读论文全文，即能获得必要的信息。摘要应包含以下内容：从事这一研究的目的和重要性；研究的主要内容，指明完成了哪些工作；获得的基本结论和研究成果，突出论文的新见解；结论或结果的意义。摘要文字精练概括，一般不可超过300字。

④**关键词**　关键词属于主题词中的一种，主题词除关键词外，还包含有单元词、标题词的叙词。主题词是用来描述文献资料主题和给出检索文献资料的一种新型的情报检索语言词汇，正是由于它的出现和发展，才使得情报检索计算机化(计算机检索)成为可能。主题词是指以概念的特性关系来区分事物，用自然语言来表达，并且具有组配功能，是用以准确显示词与词之间的语义概念关系的动态性的词或词组。关键词是标示文献关键主题内容，但属未经规范处理的主题词。关键词是为了文献标引工作，从论文中选取出来，用以表示全文主要内容信息款目的单

词或术语。一篇论文可选取3~8个词作为关键词。

主题词和关键词的选择方法，由作者在完成论文后综观全文，给出能表示论文主要信息的词汇。这些词汇可以从论文标题和内容中寻找选择。

⑤**引言**　引言是论文引人入胜之言，要写出论文立题依据、基础、背景、研究目的，文字要简练。引言又称前言，属于整篇论文的引论部分。其写作内容包括：研究的理由、目的、背景、前人的工作和知识空白，理论依据和实验基础，预期的结果及其在相关领域里的地位、作用和意义。引言的文字不可冗长，内容选择不必过于分散、琐碎，措辞要精炼，要吸引读者读下去。引言的篇幅大小，并无硬性的统一规定，需视整篇论文篇幅的大小及论文内容的需要来确定，长的可达800字，短的可不到100字。

⑥**正文**　正文是一篇论文的本论，属于论文的主体，它占据论文的最大篇幅。论文所体现的创造性成果或新的研究结果，都将在这一部分得到充分的反映。因此，要求这一部分内容充实，论据充分、可靠，论证有力，主题明确。为了满足这一系列要求，同时也为了做到层次分明、脉络清晰，常常将正文部分分成几个大的段落。这些段落即所谓逻辑段，一个逻辑段可包含几个自然段。每一逻辑段落可冠以适当标题、分标题或小标题。

⑦**参考文献**　在学术研究过程中，对某一著作或论文的整体的参考或借鉴。征引过的文献在注释中已注明，不再出现于文后参考文献中。按照字面的意思，参考文献是文章或著作等写作过程中参考过的文献。然而，按照GB/T 7714—2015《信息与文献 参考文献著录规则》的定义，文后参考文献是指："为撰写或编辑论文和著作而引用的有关文献信息资源。"根据《中国学术期刊（光盘版）检索与评价数据规范（试行）》和《中国高等学校社会科学学报编排规范（修订版）》的要求，很多刊物对参考文献和注释作出区分，将注释规定为"对正文中某一内容作进一步解释或补充说明的文字"，列于文末并与参考文献分列或置

于当页脚地。列出参考文献极为重要，目的是反映出真实的科学依据，体现对前人成果的尊重，同时指明引用资料出处便于检索。

⑧**附录**　以上义项之外，还有其他必要表达的内容，可列入附录部分，以对学术论文和研究成果作出完整圆满反映。附录指附在正文后面与正文有关的文章或参考资料，是作为说明或论文的补充部分，并不是必需的，是由于篇幅过大或取材于复制品，而不便编入正文的材料。农史论文属于社会科学论文，其类型和格式都要遵守国家标准或专业规范，一般通过农史刊物和有关学科杂志便可了解具体规定。以上八条学术论文格式也可为参考，撰写论文必先知规矩方圆。

2．农史著作编写

著作是专指创造性的大型文章而言，是用文字表达的情感、见解、知识、思想的产权成果。著作受法律保护，国家立有著作权法和相关条例，对纸质书本和电子软件依法管理。法规保护的著作种类也非常复杂，与著作相关的书籍文献概念，似乎自古就难以辨析。古人按写作的体例，大致分为"著作""编述""抄纂"三大类，其中著作要求最高，必须是前人未撰写过的文章和书籍；编述是在许多可以凭借的资料的基础上，加以提炼制作的文章，如今日所谓的编写。孔子一言"述而不作"，就把编著和著作的高下难易之分，在概念上已区别得一清二楚。但是"述"与"作"这两分法显然太简单了，古今文献学从未见有如此分类法，孔子的书也未必是"述而不作"，其实尽为著作中的经典。所以现在通语中的著作，实际就包含着著述、编述、论述类的书籍。特别是历史书的编述，完全凭借历史资料写作的史书，都在受法律保护的著作之列。还有古代抄纂体例，也要通古今之变，不可胶柱鼓瑟、刻舟求剑。抄纂非述非作，就是资料的汇编，古人叫"论"。论的本字以言仑会意或以仑得声，有"聚集简策必依其次第，求其文理"，《说文段注》意为排列编纂成辑的意思。若如此拘泥古义，《论语》便成抄纂，也未必合适。综上著作概念和通常宽泛运用的实际，本讲将获取出版号得以刊行的书籍，统归于著作部分，甚而宽容至一切具有著作规模和雏形的书稿也归于其中，这样便与上段所讲的见于期刊的论文，以及符合论文规范的文稿相区别。简言之，农史文字成果分论文类和著作类，或称刊式论文和书式著作即可，不要过分为文献概念纠结，更勿受文章过度的细类划分所困扰。

（1）农史著作种类

近数十年农业历史著作成果大量涌现，可谓与农史研究论文成果双获丰登。农史著作绝大部分记述农业历史过程和发展规律，范围包括了农业各部门、各领域、各专业的历史。若分析现出版刊行的农史著作体例，几乎涉及传统史学的所有体例类型，一方面说明农史研究比较得体，更说明传统史学体例分类比较科学，即便在规模较小的农史学科也得以体现。传统史学著述体例历经数千年而无所增减，基本类型稳定不变，可见古代史家远见卓识。所以在认识农史著作种类时，不妨认真重温一番传统史学基本体例类型，以坚定继承发展历史著作优良传统的信念。

传统史书体例最经典的划分，正是人所熟知的三体划分：纪传体、编年体、纪事本末体。还有在此基础上进一步细划的六分法：编年、国别、纪传、通史、断代史、纪事本末共六种体例。近现代以来各种著作通行章节体例，志书则称篇章节目体，从而发展了古籍篇目编制形式；但就史书的内容划分，仍不出三体或六分的规范。细数农史著作，全国性和各专业性的农史著作最多，包括大农业全史，或称农业总体史，以及专业性的农史著作农业科技、农业经济、农业文化等，几乎农史各领域都有史著出版行世，特别是反映生产力的农业科学技术历史，以及各学科专业史堪称硕果累累。传统编年和纪传的体例要素，也多半融合在章节体的农史之中。国别史的传统则全面地赓续于地区农业史中，我国地域广大，再加农业、农村、农民史料富饶，地区农史类著作自然遍地开花。农业断代史体也大有可观，古代农业以及近代、现代、当代农业历史形成完整体系，历朝历代农史著作逐渐构成新的系列。纪事本末体农史与纪传体多有结合，常见记事与记人融为一体的农史著作颇受青睐。总之，传统史书体例，如今出版的农史著作都有充分体现，可谓应有尽有、不一而足。

古农书校注整理本出版也大有创获，农书原本就是传世著作，古籍校注整理增补之后，使原著更为精美真善。同时校注文字本身又具有极高的学术性，可以作为学术著作研读。中国古农书校注热潮在二十世纪五六十年代，出版了系列性的大型骨干农史校注本，世评达到中国科技史研究的新高峰。古农书校注是农史学科基础建设，校注本是农史著作冠冕上的宝石，今后更应维护、创新和传扬。农史科普读物传播面广量大接地气，是普及农业历史知识的大道载体，其文化教育价值已引起多方面的重视。应该注意在大力推进农史科普著作中，重视提高学术质量水平，当以寓理于史，深入浅出者为上品。

另外还有编纂类农史著作，古代将方志列入史书，作为独特体例，今属编纂类书籍。农业志在当今书刊出版物中，数量巨大自成一家，农业史志研究结合关系愈加紧密。《中华大典》和《大百科全书》农业史条目，以及《农业辞典》和其他字词典的农史字词释义，更是典型的古代抄纂体例，今亦归编纂类著作。凡此本讲统归于农史著作之列，除为减少分类过细不便实用外，更重要的是在内容上与农业历史著作基本相同。"农百"和"农典"的农史条目强调专才撰写，条目虽短其学术水平要求极高，实不差于农史写作，故均应与农史著作一视同仁。

（2）记叙为主 述而有作

记叙文是最常见的文体形式，历史书记载主要用这种体例和方法。记叙概念又常以记述和叙述表达，说明记叙文的本质和手法正在于"述"，而与写作议论文的"作"大相径庭。记叙性文主要表达方式，包括时间、地点、人物、事件、原因、结果等，号为记叙文六大要素，而时间为六要素之首，人或喻为述史"表述时间过程的艺术"。盖因记叙与时间关系最为密切，人物活动的过程与事物发生发展变化的过程，都表现出一定的顺序性与持续性，这些过程都是在一定时间条件下进行。法国历史学家雅克•勒高夫提出"史学是时间的科学"的观点，中国社会科学院俞金尧撰文深究其内涵，认为以时间作为历史研究中的尺度，把人类的历史理解为争取时间的历史，探究历史学与时间的关系；充分论证时间因素弥漫性地存在历史学中，故历史学本质上是一门关于时间的学问。俞文很值得认识农史著作的记述性参考，在认识农史阶段性时深思其理。

记叙文写作方式很多，甚至也不绝对排除描写和抒情手法运用，但在史学著作中必以记述或叙述为主，述是历史的客观性所决定的，也是唯物史观认识论和反映论表现方式。古代史家崇尚的秉笔直书，当代史学实事求是的记史修志规矩，正是历史著作以述为主或记叙为本的形式要求。但是历史著述的客观性总是相对而言，记叙文从主旨和笔法上主导着历史著作的编写过程，而论作观点却渗透在全过程之中，任何史家都有主观的立场和个人认识局限性，史书的述与作实为对立而统一。记述不能排除论作，也不应该排除论作，应为述而有作，记中有论。历史记叙的六大要素，其中时间、地点、人物、事件看似客观，但要史家从纷乱的说法和复杂资料作出考据判断，就难免主观的因素而非纯任历史客观了。至于原因和结果两大要素，就要靠作者的史识观察、分析、评判作结论。述与作并非绝对排斥，更非水火不相容，而是主客观统一和谐，史与论相辅相成。记述为本，要求农史著作指导思想充分尊重历史的客观性，坚守史家的应有立场和道德，坚持采用记叙之书的笔法和手法；述而有作，指在客观地记述农史过程，在史料选择，时间地点的认定，人物事件的表达，以及原因结果的分析论断等方面，必须言之有据，论之据实有理。

考察广博的写作知识领域，常见的文体主要有记叙文、议论文、说明文、应用文四种类。上言农史以记叙文为本法，全面了解记叙文知识，并从中认定选取为农史宜的内容是必修的功课。总的说来，记叙文的六大要素，也是农史著作缺一不可的全部要素；记叙文的其他内容，除虚构性文学作品的手法外，绝大部分都直接或间接与农史记叙写作相关。首先记叙文的四大分类中，唯写景散文类极为少见，而叙事、写人、状物亦为农史之必然；又如记叙文五种表达方式叙述、描写、说明、抒情、议论等，除抒情外，其余四种都不同程度见用；记叙文的线索，人线、物线、情线、事线、时线、地线六条，总是在不断地交替和结合使用；记叙文顺序有五种，以顺叙为主，倒叙、插叙、补叙、平叙等也常用来补充；记叙文句式以陈述句为主，疑问、感叹、祈使句偶尔也有出现。记叙文用语以形象、生动、具体为特点，农史著作也要求这三点，但只是顺序变通为具体、生动、形象而已。

（3）整列编次 体认大纲

著作的结构和规模庞大，临文体认关键在资料和大纲之上，包括篇幅较大的学位论文均需遵此要领，否则面对十万或数十万的著作将无所适从。盖一般论文体量较小，临文体认只要重温题目和主题思想便能起兴命笔，通常顺畅时数日皆可做出数千字论文。著作编写非计日程功，多半要累月成年时间，一般不可能毕其功于一役，中途难免有停笔间断过程。复笔续写时总要重新凝神聚思，必然要再度翻阅提纲和资料，这种感知体认过程为著作编写的常规状态。有时思路中断，也要重阅大纲资料，大凡著作者都身历其境深有体会。故而可见为著作者之案前肘后，总不离大纲和资料，随时按图索骥或添料秣马。

著作编写开张之始，当再次审视提纲结构和资料排比，重点解决好二者之间结合关系，专语称为整列编次。资料收集整理，曾经历过一漫长过程，著作提纲制定，又是一相对独立的谋篇过程，在二者之间必须进行细致到位的资料排比。所谓资料排比，即将资料按部分、层次排比归类，使每一个标题都有资料支撑，排比好的资料应做好记号以免错乱。同一标题下，资料多有好几条者，经精选后多余者删除，如此才可动笔。根据农史著作实际，资料排比中注意以下之点：首先要再次确认提纲标题的合理和可行性，如从资料角度发现大纲设置不够科学或有严重缺陷，此时作出修改调整，尚属亡羊补牢为时未晚。其二，资料排列完全到位，不能只归置到二级标题下了事，必须排列至三级乃至以下的标题，总之必归之于最末一级标题并依序排列，方为资料排列到位。其三，通观资料与标题分布的协调性，如遇资料畸轻畸重分布不均，缺如者尽量重搜弥补，多余者删除或转移至适宜标题下，确有必要时可增减调整末级小标题。其四，资料和观点按序排列最为重要，即分置末级标题下的资料和附注的心得观点，必按体认资料形成的写作思路排序标号，方称资料编排完成。

通过资料排比和提纲的调整体认，著作结构和体系可谓最终确立，展现出篇章节目各级标题层次分明，标题清晰醒目，逻辑关系严密紧凑，接下方可进入文字表述的阶段。根据多年著作实践，本讲认为一旦确立著作命题和目录大纲，就要坚定不移地坚持写作到底。因为当正式写作进入艰辛地行文过程，在成年累月伏案工作中常会遇到重重困难障碍，也难免出现思维不济，或停笔困惑的状况。此时最易出现任意修改大纲，甚或对书名和主题，也产生怀疑等问题。岂不知一时的"写不下去"，实是任何文字写作都会遇到的常态过程，只要坚信主题，坚持提纲，积极调整思路调适状态，就会破解一个个困难和障碍。这里关键是对选题和大纲要有高度自信心，自信其完全来自对总题目的反复体认，也来自对大纲和资料细致缜密排比。注意千万不可出现推倒大纲，或重新命题的"返工"写作过程，这对著作和科研都是一种失败。欲坚持攻关，还是无奈返工，著作成败得失就在其中，多年科研自选题目和研究生培养的经验教训，也得以反复的验证，故而前面曾喋喋不休强调，不定准题目不研究，不定稳提纲不动笔。

（4）化整为零 目为单元

化整为零指执笔写作时，意念上将整部著作，视为由大纲维系的不同层次的零碎小块文章；目为单元指在篇章节目标题体系中，唯以最末一级的小标题，作为写作单元开展写作，也是著作编写思维的重要特点。对于缺乏实践经验特别是首次著作者，透彻地揭示这一写作特点尤为必要。盖因通常论文篇幅多万字以下，体系层次结构相对简单，主题思想一望而知，可以做到胸有成竹而一气呵成。长期从事论文写作形成思维习惯，总是把论题视为独立的整体，从总论点到分论点和小论点视为一体，在一个大论题之下完成写作过程。这种论文写作思维方式，在著作过程就难以适用，因为著作体量结构庞大，非是一成竹可比，当喻为成片的森林，必须化林为木，逐个修剪经营。著作全书虽有前言，每章节有导语，皆为总括各部分大意，概括重温各部分指导思想，理清思路为引导下面内容作出铺垫。学术著作编写的基本单元，实从第一章之第一节之第一个标题开始，即以大纲目录中的末级标题为相对独立的写作单元，或说是以最小标题为独立的写作单位。一般著作的末级小标题目常以百数计，统统以独立小单元看待，如此全书写作就转化为若干个小标题下做文章。

再说面对小标题的写作，如同作一两千字的小作文，驾驭起来也较简单容易。首先观其在提纲目录中的位置，然后细审小题目的内涵外延，再反思编制提纲时的理解；第二步再详审小标题下排比的资料和曾附注的心得体会，把以往和当下认识结合起来融会贯通；第三步谋虑小文章的结构，应该设置几个部分或自然段落，运用哪些资料并随段排序，自然段的大小论点欲言在前抑或置后，还是散布或隐含段落文字之中，随之快速草拟一便宜写作的小提纲；第四步抖擞精神，参照提纲边思边写，一举草成千字文，最后略作初步调整修改即可，这便是全书写作的基本模式。

如此化整为零的著作方法，人或疑其视觉局限狭隘，影响全作的宏观整体思维，是否会导致著作的零碎化。这种疑虑大可不必，著作的宏观谋篇布局，通过选定题目和制定提纲，已经决定了著作的格局品位。正是提纲题目具备高度的宏观战略框架，末级段落标题下小文章只要作出微观细致的表述，就能实现宏观与微观相统一，学术著作就会有形有骨有肉。至于小标题为写作单元导致著作碎片化，就更无须多虑。盖因前面严谨制定反复推敲的提纲和各级标题，即包含着严密的系统的逻辑关系，各级纲目已经构成时序相连纵横交织的有机的结构联系。小标题文章编写过程形式虽是独立地进行，但成文后自然便构成统一的著作整体。所以在著作段落之间，不必做穿靴戴帽的前后铺垫，一般也不要频繁设置所谓的过渡段。在严密的著作结构中，倒是需要余留适当的段落空间，为阅读者喘息和思考，姑且称之为"留白"或章法。

（5）**学术著作体例规范**

著作的编写须有规范，不仅总体要求有约定俗成的学科专业规矩和体例规范，而且在文本刊印方面也有现代出版业的标准范式。农史著作多为学术性质，属于人文社会科学著作类型，最终成果形式要通过出版物行世，就丝毫不能违背学术书出版的统一规定。故农史著作编写要有学术著作的体例观念，也要有出版形式规范意识。中国社会科学出版社编制的社科类写作规范，正是农史著作应当遵循的出版规范和写作准则。现根据《中国社会科学出版社学术著作体例规范》（简称规范），结合农史学科实际温习其中有关条款，以增强农史写作的规范观念和基本知识。《规范》包括封面、前言和后记、目录、内容提要或摘要、正文及注释、术语词汇表、参考文献、索引共八个方面，下面从其万余字规范条款中，摘引出可为农史著作参考的有关内容：

①**封面部分** 包括封面、封底和所有封页，文字应准确无误，所载书名、责任者与责任方式等信息应与书名页一致。著作书名页是载有完整书名信息的书页，包括主书名页和附书名页，所载信息内容及排版方式按照国家标准《图书书名页》执行。主书名页载有著作名、作者、出版者、版权说明、著作在版编目数据、版本记录等内容的书页，包括扉页和版本记录页。附书名页（环扉背面页）是载有多卷书、丛书、翻译书等相关书名信息以及项目立项情况、资助情况说明或声明信息的书页，位于主书名页之前。

②**前言/后记部分** 凡属交代出版意图、出版背景、编写过程的出版说明、序言、前言排在目录前；属正文内容一部分的序言、前言排在目录后，可与正文连排。前言/后记应上目录。作者跋或后记，排在全书的最后，即有书末参考文献、有附录、有索引时，跋文后记皆在其后。

③**目录** 著作定稿时，应同时编撰目录。目录标题应详略得当，一般应列到三级标题，对正文层级多的专著，可列到四级，不宜更细。层

级标题应严谨、准确、简单而明了。对于包含多表或多图的著作，需要编制表目录和图目录，放在主目录之后、正文之前。

④**摘要/内容简介**　著作定稿时，应编撰中英文摘要或内容提要，以供出版时选用。摘要应介绍著作的主要观点和内容，突出著作的创新点，字数控制在600字之内。

⑤**正文**　著作正文的篇章设置须逻辑紧密、结构合理、层次清晰，标题序码一律用中文标示，如：第一章、第一节；节下如有小标题，标题序码仍用中文，如：一、二、三，再下一级的标题序码，依层次分别用（一）（二）（三），1.2.3. 或（1）（2）（3）标示。章节最好限制在三至四级，不宜层次过细。篇章起始页以暗码标，正文页码放在书眉旁边。

标点符号。标点符号的使用要遵守《标点符号用法》规定，注意句号、问号、叹号、逗号、顿号、分号和冒号不可出现在一行之首；引号、括号、书名号的前一半不可出现在一行之末，后一半不可出现在一行之首；书名、篇名、报纸名、刊物名等，用书名号标示。各级标题一般可以不用句末点号，但句末点号与语义的表达息息相关，就要加上句末点号。引文后注释号的位置，应根据引文的性质及上下文来确定。

数字用法。应符合《出版物上数字用法的规定》，特别提示：公历世纪、年代、年、月、日使用阿拉伯数字；时、分、秒使用阿拉伯数字，年份不能简写。中国干支纪年和夏历月日使用汉字，星期几使用汉字。中国清代和清代以前的历史纪年、各民族的非公历纪年使用汉字，并采用阿拉伯数字括注公历；按照国家标准，四位以内的整数可以不分节；五位以上的数字尾数为零的，可以"万""亿"作单位。

引文。凡重要文献均须校核，均以人民出版社的最新版本为准。旧时作者的著作或文章结集出版，可依当时的版本。引文为不完整的字句，在正文中需加引号标出；引用相对完整的段落或两段以上的引文，须将引文变换字体，单独缩进排版，不加引号。

图表。著作的表或图，应遵循先见文字后见表或图的原则；表或图中反映的信息应与正文表述一致；表题排在表的上方；表的资料来源及说明文字居表下；图题排在图下，相关文字说明排在图题之下；表的项目栏中各栏标注应齐全；正文前的作者像、插图排在书名页后。

地图。著作中的地图，凡我国国家和各省市自治区图，应根据中国地图出版社最新出版的图集绘制；外国地图，应按中国地图出版社出版的《世界地图集》绘制；我国古代的地理区划的绘制，可参考中国地图出版社出版的《中国历史地图集》。

计量单位。应执行中华人民共和国国家标准《国际单位制及其应用》，全书须统一。如所依据的资料使用的计量单位与上述单位不同，应加注说明。

注释。一般采取页下注（脚注）的方式，注释序号用①②③等标示，每页单排序。文集类图书亦可采用篇后注的形式，注释序号用［1］［2］［3］标示，注意文中和篇后的注释序号一致。著作注释的标注格式顺序：责任者与责任方式/书名/卷册/出版者、出版时间、版次/页码。期刊报纸标注顺序：责任者/所引文章名/所载期刊名、年期（或卷期、出版年月）。转引文献标注顺序：责任者/文献题名/转引文献责任者与责任方式/转引文献题名/出版者、出版时间、版次（初版除外）/页码。未刊学位论文、会议论文等文献标注顺序：责任者/文献题名/论文性质/地点或学校/文献形成时间/页码。档案文献标注顺序：文献题名/文献形成时间/藏所/卷宗号或编号。电子文献标注项目与顺序：责任者与责任方式/电子文献题名/更新或修改日期/获取和访问路径/引用日期。

⑥**术语词汇表**　对跨学科的专著，应在正文后列出术语词表，对术语词表给出专业解释。

⑦**参考文献**　著作直接或间接引用的文献都应在文后的参考文献中列出，作者也可把与著作相关的文献列在其中。参考文献排列顺序按第一作者姓氏拼音首字母顺序排列，同一作者的多部作品按发表时间的先后顺序排列。著作的参考文献应按中文文献在前，外文文献在后排列。

若论文、论著较多，也可按类分开。每条文献顶格起，回行缩进两个字符接排。参考文献格式为：责任者/文献题名/转引文献责任者与责任方式/转引文献题名/出版者、出版时间、版次。

⑧**索引** 专著定稿后，作者须编撰索引词表。索引包括主题词索引、人名地名索引。主题索引词为学术著作必备部分，由著作者编制；人名地名索引可视需要编撰。索引放在参考文献之后，所有索引词都按字母顺序排序，词条后为该词在著作中出现的页码。

关于前言/后记部分，本讲就此附谈点个人习惯做法，即"前言后写和后跋先写"。这写法似违逻辑显得乖谬，其实倒是顺理成章的实际操作方法。正如体例规范所定，前言是交代出版意图、背景和编写过程的内容，而且要用较大篇幅论述全书宗旨、要义和创新之处，唯有在写作完成后才能做出全面总结。可见前言实为成书后的总结之言，置于书前使读者先得要领，故称之为"前言"。后跋先写也有好处，跋与序用意略同，序论著作本体内容为主旨，近年跋文多以介绍作者背景信息为内容。先写出后跋有利于作者及团队振奋精神，早日进入角色担当写作分工职责。上述两种写法，著作者是否认可，后者倒不一定，但是前言后写恐怕在所难免，先写前言不免最终要再为修改，甚至是大修大改。不仅前言后论，有些导论和序言，也要在成稿后据实而修改，如此才能全面总括全书内容，中肯评述观点得失，确切介绍研究方法。从这种意义也可以说，导论即结论，序言绪始终，序导位置于前，而终写成于后，较为合理。

3．农史论著写作及刊行出版

（1）文字表述

此处所言为纯文字表达，雅称文笔或属笔，是历史论文和著作撰写，乃至人文社科文章可见水平高下的功夫和能力，世所谓"史文功力在笔端"。白纸黑字，一目了然之事，最终竟成写作功力的较量。行文功力当然不是孤文单字现象，农史著作属笔正是在前述资料、命题、谋篇、纲目等基础之上展开。同时文字与语言及思维三者紧密系联，归根到底是思维认识能力根本所在，由此决定了研究者的概念思维、逻辑推理、语言表达、文字运用等一系列功力。这些先天因素和后天修养构成的才能，进入农史研究领域，又进一步与个人德性、学识、智慧、技巧等因素结合，相互作用表现为专业素质和综合能力。具体表现为人们称道的观察力、记忆力、判断力、分析力、概括力、应对力、处置力等能力，当然也少不了驾驭文字的写作知识和能力。文字写作有专门的知识，也是需要认真修炼的能力。但是文字知识和能力不近在白纸黑字，关键在隐藏在字里行间的语言系统，因为文字只是语言的符号。文字知识涉及字词概念、语句结构、语法规律、语文修辞等内容，运用于写作又要有实践技能。所以掌握系统的语法知识，不断加强写作训练是提高写作能力的唯一途径，也是妙笔生花的诀窍绝招。

这里就涉及文与史这一史论关系问题，我国史学与此似有两种传统。一方面以记事记言为专务，行文力求纪实传真，这与西方文史合一的史诗体裁显然大不相同。传统历史著述体例对行文有不同要求，考证论著以质朴为尚，纪传体要陈述履历故事，史论著作要谨严周密，定量研究要凭数据，纪年大事记等简略而要素齐备。史界对于魏晋史家不拘史法铺陈辞藻，文非文史非史的弊病，以及明清八股时文流弊，历来多有讥评。20世纪以来，马克思主义唯物史观主导历史著述，创造了富有战斗性的历史论文体，以及条理清晰的教科书文体，充分体现了辩证唯物主义与历史唯物主义思想。但一度出现的教条主义文风，又给史学带来不良影响，例如通史体中政治、军事、经济、思想、文化板块结构一成不变，述史词汇用语贫乏无味过分政治口号化等问题，都是历史学面临的需要改革的问题。其实，我国古代史学记实的宗旨中兼有文学风采，从《史记》《汉书》就开启了文史并茂和华实俱成的历史著作体裁，今人称为历史散文体。特点是长于叙事，也善于评理；辩而不华，质而不俚；其文直，其事核，堪为实录。特别是司马迁的史著文字，极富抑扬变化，又长于描写，把历史人物写得活灵活现给人深刻印象。正如鲁迅《汉文学史纲要》所称赞："史家之绝唱，无韵之离骚。"是史学的权威规范，也是文学笔法的经典。综括以上观点，仅就农史论作的文字表述提出以下四点：

第一点，辞达而已矣，意为话说清楚或文章通顺就可以了，因出自《论语》孔子之口，人或过分解读，把辞达提升到高深要眇境界，这就与"而已矣"的语气，也与下文的"过犹不及"语义相违背。话语通顺人所共知，文字词句通达与否，关键在概念、逻辑、语法要正确无误。辞达本是论著文字表述起码的要求，勿牵强附会皆可为之。令人莫名其妙者，倒是近些年新闻和应用公文中，大量外语翻译句式，殊不符合中文习惯，而蔓延泛滥于社科类文章，言不及义和词不达意，势成见怪不怪的现象。生吞活剥的翻译语其弊端，最突出的就是单句过长而复句过多，听与读双方费力以至不知所云。细审其文句语义特点，单句长难免出现语法和概念错误，复句多最易发生层次逻辑的混乱；即使文字形式没有错乱之误，也令人不能卒读，多半深恶痛绝此种荒谬文风，或斥之为"翻译腔"和"洋八股调"。批评者更有激情文人们斥之为"说人话"，即说符合国人的语言和语法的话。所以今日重温孔夫子辞达而已矣，有常规的古今文法的意义，更有当今文风改革的现实意义，这倒是值得另文专论的课题了。

第二点，文以载道，本是唐宋文学家古文运动，曾经高扬揭起的一面旗帜。唐代古文大家韩愈提出"文者，贯道之器也。"宋代学者周敦颐言："文，所以载道之器也。"文以载道，就是说文辞是用来表达思想的工具，文章是用来明理论道的载体。其中的文与道，唐以前古人早有议论，宋以后的见解更加博大精深；至于今日，此言不仅成为作文高标，也是普世皆知的人文常识。农史论著讲究文以载道，主要在立题、谋篇、格局、纲目的设置之中，文道的大小论点必须做到成竹在胸。写作过程的明道、贯道、载道也无所不在，某种意义讲高妙的载道，不仅在明文昭彰的思想观点和策论主张，还应隐含在字里行间。字里，主要是遣词造句的学识和功力，正是史学家应特有的功夫，古代史学所主张的微言大义、褒贬之道、隐显笔削之法，无一不是搦管操觚中的手感功夫。行间，指文字形体、色彩、音韵、意味中透露出的信息，弦外之音其深意尽在不言中；所谓留有思考空间，如书画留白，器乐的余音绕梁，此处无声胜有声，等等，皆为正史学著作中无所不用其极的基本手法。这种微观性文字意义的载道，确实比宏观论点意义载道难以理解，究其本质主要在遣字构词概念化，以及修辞手段运用能力要求更高。唯有加强逻辑思维，锤炼对历史词汇的琢磨创新功夫，才能达于文以载道的境界。

第三点，气盛言宜，为文者最高境界。韩愈在《答李翊书》中提出："气盛，则言之短长与声之高下者皆宜。"指作家思想道德修养境界之高，发言著述无论用词长短或声调高下，均能得宜。韩愈文气说是一种精神气质和思想境界，与孟子的"浩然之气"一脉相承，对古文运动顺利发展具有重要意义。务实地讲，文气实质就是逻辑思维力量，也就是真理的排山倒海的气势。然曲高和寡，气盛言宜确实不好理解和更不好修炼，唯好学深思长期琢磨文字者，才能心知其意，这倒是值得生理心理学家和文史哲学家深入研究的问题。

第四点，文史并貌，主要是就农史写作提出的实践目标。以上三点皆圣贤之言，自现逻辑关系正可为农史所用。既是为文者由初级到中再到高级的不同的学术境界，也是学文习练的不同的学习阶段和标准要求，也包含着相应的不同的修炼方法，正适合本讲学生本、硕、博三种教学计划规范。最后提出文史并茂，显然是一总体务实的要求，本质功夫仍在于上言三点文论。农史要据此追求文史并茂，正确认识文笔的训练，提高行文的能力。

农史论著文字表述，包含上述重要文论和史论思想，同时对论著文字形式也有标准要求。这同样需要参照中国社会科学出版社编制的《学术著作体例规范》，作为农史著作文字表示的准则。《规范》对著作文字要求共有五项条款，录其要义如下：一是著作语言应符合现代汉语规范。除古籍整理、古汉语方面的著作，较为特殊的人名、地名，旧时作者的文集汇编以及作者有特殊要求外，避免使用旧体字、异体字和繁体字。用字须统一，不允许繁简字混排。二是著作用字须规范。应执行新闻出版署和国家语言文字工作委员会1992年发布的《出版物汉字使用管理规定》，以1986年国家语言文字工作委员会重新发表的《简化字总表》，国家语言文字工作委员会、中华人民共和国新闻出版署1988年联合发布的《现代汉语通用字表》为准。三是不同写法的异形词的处理，以中华人民共和国教育部、国家语言文字工作委员会发布的《第一批异形词整理表》为准；未作规定的，建议使用《现代汉语词典》（第7版）中的推荐词形，并全书统一。四是人名、地名、书名、单位名等，全书须统一。译名(除引文外)，全书须统一，不便统一的应在书中加注说明。人名应采用国内通用的译法，可参照中国对外翻译出版公司出版的《世界人名译名手册》或《新英汉词典》后面所附外国人名译照表；无通用译法者，可按"名从主人"原则译出。地名可根据中国地图出版社出版的《最新世界地图集》，并参照商务印书馆出版的《世界地名译名手册》，中国大百科全书出版社出版的《世界地名录》。五是除工具书外，著作正文不得小于5号字，脚注不得小于6号字。另外，除以上全国统一规定外，对于《中国农史》本学科刊物和农业出版社的有关条例，也要视为文字表述规范遵行。

（2）文稿修改

论著文稿修改的意义，大写作家们已经把话说到家了："修改是编辑的灵魂"；"善作不如善改"；"好文章不是写出来的，而是改出来的"等。如何领悟大家们言内言外之义，还要结合著作者各自的写作实践三思而行。本讲从农史研究实际出发，提出以下三个观点和方法。

第一个观点，论著修改实为属笔乃至课题研究的组成部分。修改思考方式为辩证思维，主要运用去伪存真、肯定否定等法则，对初稿进行最终的增补、删削和认定。修改思维基本方式，在课题研究全过程都不同程度有所运用：资料搜集中选用或弃用，其思维方式与修改略同；修改中布局结构的增删和大调整，在谋篇和提纲制定中为常规手段；撰稿中词句的斟酌和语句的推敲，无时不包括着增补删削的修改思维和手段。这些与此最终修改不同之处，在于论著修改是全稿草成，初具完整的形式和内容，较此前的增删有更全面更具体修订对象和更明确的认识。作者此时的认识可谓达到最佳状态，修改中或增或删都可大幅度提高论著的终极水平，这又是在写作其他阶段无可比拟的条件。善写作者正是在修改中提升论著的概念、观点和思想高度，鲁迅先生称为是"极为有益的学习方法"。所以文稿修改，既是论文写作中贯穿始终的手段，也是课题研究工作极其重要的最终环节。任何学术研究都有其由现象到本质、由片面到全面、由不够深刻到比较深刻的认识变化，研究成果的反映表达也有个由不够准确恰当，到比较准确恰当的过程。写作后的修改，正是这些过程中必不可少的重要环节，至于错别字和标点使用等形式之误，自然也是修改阶段重要事项。

第二要稍变立场和视角阅改文稿。初稿既成之后，作者多有轻松感觉，实为研究者状态和立足点的自然变化。论著写作中始终处于思考探索过程，全部精力集中在笔下的字句，无暇左顾右盼及回头望。成稿后则放开眼界作通盘修改，转变为高度发散思维以审视全稿，认知的方式成为全方位的思考。写作中要调动各种思维方式，而此时主要作出错对、优劣、繁简的判断。研究者所处的高度、大局、直观等思想境界前所未有，增删笔削之中常使文章升华出彩，甚至还常有化腐朽为神奇的创获。修改与写作另一不同点，常会无意中会从初稿中走出来，不自觉地略具有阅读者或评判者的眼光，会相对客观感知研究的结果。作者着眼点便从局部写作，转换到居高临下总体审视，立足点便从撰写者移到读者方面。此时也能比较超脱地对论文各个部分进行评头论足，挑三拣四，见仁见智，通过修改使文章进一步趋于成熟和完美。修改中作者主体与文章，有一定距离感非常必要，能相对客观地阅改态度极可宝贵，若能与同类文章比较着修改效果更好。正因为如此，大家们主张初稿不要急于修改，先收之书箧待若干日后再行修改事宜，头脑当更为冷静客观，这些主张确实很有道理。就农史写作而言，若有些资料性或稍纵即逝的字句，需要趁热打铁修订外，凡属非紧要急用的文稿，都可以效用冷静数日再行修改的办法，姑且称之为初稿的"冷处理"。

第三个问题是修改的内容和顺序。原则是先从大处着手改起渐次修改，最后再逐句逐字修订细小问题。所谓大处者，主要指论著的政治思想观点，凡成稿基本思想和大小论点当无政治谬误，否则在所必摈。争议较大敏感问题，要斟酌再三，或先与有关专家交流，然后再行修改。其次检查论著的体裁体例是否合格得当，文贵得体也最忌文不得体，凡属以上这两点大误，无疑要予以否决或推倒重写，非属一般修改问题，某种意义的可称自我审核裁决之义。

正文修改也要坚持从大处着手：即先看各部分之间关系是否需要较大调整；每一部分内段落之间有无整块的调动；小段落中各自然段顺序也可能要前后移动；过渡段落是否需要增删或修订。凡此整体调改完成后，再开始进入文辞字句修改。恰是在这一点，论著修改常见有背道而驰的错误。凡从小处着手修改者，当初稿写成后便欣然动笔删削，从头至尾逐字逐句逐点开始修改，待到发现需要段落性的大调整时，方知有许多细微的修改纯系徒劳之举。而且一旦陷入一丝不苟的字句修改，对段落结构和体例观点的错误就会视而不见，论著致病性的大错特错掩盖文中，从而使多年研究结果毁于一旦。

文句修改同样要坚持大处着眼的原则，先整句地看是否需要保留或删除，删掉多余的句子后，再仔细修改拟保留的句子。先求得语句通顺，在检查语法结构的问题，再看多句组成的复句的逻辑关系是否合理。句子条理得当后，再修改词汇和错别字问题。文字修改虽为最小单元工作，但修辞推敲的功夫全在其中，总要字斟词酌，以求文以载道和气盛言宜境界。最后需要注意的还有标点符号，此事也非无足轻重的细枝末节。古人称为"句逗"，还提升到"离经辨志"高度，认为能读断经书文句，明察圣贤志向，显现一个人基本的学识修养。

由上可以看出，论著修改绝不可盲目地、笼统地增删修改，而是要分步骤多次进行，也就是说要分好几遍来修改，而且每一步修改都要有特定的目的。第一遍从文稿整体把握，考量主题思想和体例结构等重大问题，确定是否需要大修大改。一般说除极少数文章要推倒重写外，多数情况下的初稿总是可以修改到位的，俗言再丑的文章也经不起几遍改。第二遍统观各个部分和大小论点是否准确协调，必要时做大段大块的增删，或作自然段的移动。当然这种大刀阔斧的运用一定谨慎细心，特别是段的删削文字，可用者还要回头捡拾。第三遍即可进入细致入微的字词句点的修改，重点是对语辞修饰和文采的润色，通过修改进一步提高遣词造句和结构文章的能力，以及逻辑推理的功夫。这一遍修改至关重要，可谓真正意义的狭义的修改，体现修改者的学识和文字功力。辞不厌改，文不惮修，推敲琢磨，体现出好文章是改出来的高见卓识。第四遍主要是就刊行出版形式方面的检查修正，即对照《学术论文格式规范》和《学术著作体例规范》中有关条款，检查是否合乎出版物规定的要求，拟写的款项文字也要如同正文加以修改，论著的格式体例完全中规中矩符合规范。这一点正是接下要讨论的问题。

（3）论著刊行出版

当是课题终结和论著硕果在望之日，但此处仍有一道不无艰险的难关，"行百里者半九十"，有多少为文者曾纠结于此而不免为之感叹不已。论著稿欲得发表，还得要投入专门事业领域，即相关的学术期刊编辑部和著作出版社。若得出版刊行，便是获准社会的认定，可以公之于众广泛传播，学术研究的成果才能为世所用，作者的学识和个人价值才得以最终实现。

刊行出版意义并非虚张，实关乎论著和研究的根本目的，在现代社会事业中有不可或缺的作用。首先是快速传播交流学术成果的功能，当今时代网络信息传递虽称神速，但在科学研究领域重大科研成果，仍以学术期刊为载体郑重其事，最新成果的首创权。唯以见之于刊物的时序为准。新的学术著作，仍离不开出版物作为大型载体，创新成果也通过著作权来认定保护。其次是知识的跨越时空的存储收藏功能增强，书籍期刊仍为当代文献最主要的存藏形式。学术研究成果现今未用者而后也可能应用，即便无用者尚有知识积累藏储价值；课题研究过程和方法总有学术史的意义，可为后来者借鉴。载于书刊的论著，可见研究者的思路和实践研究的手段，是成果展示交流和启迪学术思想广阔平台，终归于"以文会友"之道。当今时代论著功能意义，已不限于科教文化领域，经济政治和社会事业管理，无处不涉及论著成果。学位授予、职称评审、任职资格、学术考核等自不待言，社会管理中各种人事评价，几乎都在与论文"挂钩"；各种基金、项目、课题评审等都要论著，以至某些就业、提干和个人绩效考核等，都必须发表文章以决高下升迁。虽然其中不乏泛化滥用之嫌，但论著在学术研究出成果和出人才中，不失为有效评估办法和激励作用，当前高层次人才，绝大部分都发表有高水平的论著。

关于论著发表的过程，论文的刊行和著作出版途径流程，二者均有所不同，作者应对和配合的方式各有不同。先看论文发表的一般方法，刊物选择是从论文选题写作时就当明确的问题，论文成稿后更应该坚确投稿给哪家刊物。鉴于当今期刊种类级别多样复杂，研究者必须了解期刊分类的基本常识，重点详知本专业研究和相邻学科杂志的分布状况，明确刊物的级别和学术方向，逐渐建立相对稳定的投稿渠道。当今社会特重刊物级别，上述各种评价对论文刊载的杂志，都有明确的严格的要求，有SCI、中文核心、国家级、省部级期刊等级别划分。在社会科学领域一般有两条轨道的参考标准，SSCI和CSSCI期刊。SSCI是由Thomson选定的一个社会科学期刊目录，是世界通行的社会科学发表刊目。21世纪初流行国内社科界，迅速成为比较优秀大学中与CSSCI平行的标尺。SSCI初入时为人倚重，后来的比较中也发现良莠不齐，也掺杂有一些质品较差的杂志，因此许多学校采用引用率、杂志声誉、同行评价等项目制定出综合参考标准。CSSCI是中国社会科学研究评价中心拟定的中文社会科学期刊目录，诸多学科领域评价几乎都以此为标准，前几名的杂志会在职称选拔中占更大的权重，具体要求也因校而异。CSSCI水平同样参差不齐，许多杂志没有双匿名审稿制度，但最近几年有些进步，一些杂志可发表半原创性论文，不再纯粹用中国数据套国外模型。除此之外，还有各类核心期刊，其目录由国内权威性单位评定，也有各单位自行认定者，故核心期刊类型状况都很复杂，好在各学科的核心期刊自有规范。一般说凡属一级学会刊物均为全国核心期刊，例如农史学会主办的《中国农史》，就属于中文核心期刊，也是中国人文社会科学核心期刊。投稿程序相对简单，但作者投稿时还要注意刊物方向。每种期刊都有自主的领域，尤其是核心刊物要求非常严格，设有比较固定的栏目，不符合发文方向的，初审就会被拒。投稿方式按各期刊编辑部要求投寄，期刊都接受电子文档，并有专门的E-mail，并设有网上投稿系统很方便投稿。编辑部回应等事项自不在话下，但如果发来修改意见就要认真对待，第一改通常还要返送回审稿专家，所以遇到专家意见自以为不正确者，反馈意见一定要委婉得当。修改通过后，责任编辑还要做句子、符号、格式审改，论文流程就终于印行了。农史论文刊行程序不甚复杂，《中国农史》兼有C刊和核心期刊的品位，基本可满足本学科高水平文章的刊载。专业农史者要深入研究其栏目设置，精通各版块文章主旨特色，选择研究题目或欲刊发文稿时，根据栏目旨趣投其所好。若遇到趣味相投的栏目，更要随时关注栏目的动态趋势和刊文水平，观其重点、热点、焦点的变化，以备投送有所创新的文章。可知投稿不可盲目，需要知己知彼有的放矢，与栏目保持相对稳定的撰稿联系，与相关刊物建立起互信互通互助的学术关系。

再说学术著作出版，或称学术专著，颇有与论文刊行不同之处。学术专著是由出版社或图书公司，对学术研究成果、项目报告、学术论文等，以图书专著的形式出版。这类图书多具有一定的权威性，一般都有较高的学术价值和社会价值。学术专著出版对促进学术交流、繁荣学术发展具有十分重要的意义。著作规模体量都比论文宏大，学术水平要求较高，出版成本相对昂贵，周期之长和数量之少与论文不可同日语。故著作出版管理历来非常严格，国家新闻出版总署有《学术著作出版规范》并适时加以修订，属于法规性的全国事业管理文件。有关制度条款规定细密严格，但主要针对出版事业管理和出版社业务范畴，作者方面只要遵循上言"学术著作体例规范"即可，两个规范互有侧重各行其是。总体来说，学术著作出版是作者和出版社相互选择、相辅依存、共同促进的过程。出版社要负责将作者研究成果编排成标准化、规范化的图书文献，从而实现传教学术、普及文化和发展社会事业的目的。著作者和出版社围绕出好书的共同目标，双方有许多共性的契合点，其中最大的根本性合作点可以统一在"选题"二字。历来出版社无不以选题为宗旨，编辑者出发点和归宿点，皆在选好的题保证出好书；选题也始终是著作者研究的主旨所在，选题的定位水平决定着科研工作的得失成败。所以出版社总是将建立优秀的作者群，视为事业兴衰攸关根本大计，精通业务的编辑多善于经营自己的作者队伍；老到成熟的作者选题时很注意图书出版的动态，常会与编辑交换选题意见。出版行业规范性很强，著作进入编辑出版程序，作者就得努力的服从遵行。但是写作者毕竟是个体或微团体的独立的创作者，其意志和利益也必须得到应有的保障，故有《中华人民共和国著作权法》的立法保护。所以农史著作者要有国家法治意识，也要尊重出版行业规范，在这样的前提下与编辑人员合作共事，使学术研究成果以高水平优质量的著作出版行世。

4. 农史写作之艰辛与坚持

写作之难是个共性话题，天下文章恐怕都难讳言"艰辛"二字。无论哪个学科的论文者，面临白纸黑字都会心有同感共识，农史青年更不必自惭形秽，应以常态视之。曾聆听农史同仁有关侃谈，疾叹写作之苦，若病于夏畦，中有以高产称著的才士笔手坦诚相告：新命一题，必苦思冥想以至神经性头痛，每成一篇论文必如大病一场。农史学界泰斗石声汉先生有要眇宜修之词，以《春蚕梦》道尽古今学者呕心沥血属笔为文的劳苦，读者无不击节赞叹而深思不已。为农史者，特别是我等本研究室的晚辈们，见贤思齐更不可舍近求远，自应置诸案头座右励志笃行。词作成于20世纪40年代，序语中简示函记词章背景，略道初衷和成篇补缺，自圆《春蚕梦》的委曲过程。叶嘉莹教授曾就中两首所作解读文字，见于叶先生为石先生词集特撰的长篇序言，可领略到当代著名诗词家于写作艰辛的共同感悟。叶对石的古典诗词评誉有"别具一种迥异于众的不平凡之处",称之为"弱德之美",近在网络传为热议伦理意识,应视为农史家与文学家心灵相通,隔世交流著作艰辛之佳话。叶嘉莹先生2013年又在《西北农林科技大学学报》专文传释《春蚕梦》全词,显然是为文科学生所撰讲稿,因篇幅较大不能引作附录。叶讲稿对石的诗词文学禀赋赞不绝口:"他的古典文学修养很好,所以我觉得真是上天生下石声汉这样一个人。""石声汉先生是天生有这种禀赋,真是无可奈何的一件事。他是天生的,他的感觉特别的纤细幽微。""他的本质有诗人、词人的气质。""这个人真是个天才。"叶嘉莹先生是当代极负盛名的词话大家,叶石隔世素昧平生而如此高言礼赞,实属学者文人间的心传美谈。石叶的词与话,活灵活现地道尽春蚕不惧艰辛的奉献美德,再下结合农业历史研究实际,具体深思农史写作艰难辛苦之所以然,进而坚定为农史事业含辛茹苦、攻坚克难的奋斗精神。

第一,农史论著写作之难不尽在属笔阶段,原本就是从资料积累到命题谋篇直至成文刊行的长周期。正如石词所喻春蚕从道思、化蚁,再到食桑、数眠、吐丝、结茧,以至于织锦、制衣、蜕飞等漫长过程;对应的素纸、纲领、初稿、苦作、积稿、眷真、印幅、成册、原稿等艰辛写作流程。农史写作正是如此,写作并非仅如春蚕吐丝阶段,此前此后要做长期的大量的生息化育作嫁之功。"未著迹时皆妙谛,一成行处便陈言",为文者大多都有过这种深切感受。但是满篇陈言或提笔难著一字,皆因前期准备不足和思考未达透彻周密。"一朝分娩"事属瞬间,健壮婴儿却孕育"十月怀胎"。农史写作难,而为何难,似乎更难回答,看来借用文学式的蚕婴比喻,较复杂的概念思维和逻辑论证,更能说明问题。鲁迅先生说写不出的时候不硬写,对文学创作可能多因生活积累或情感激发不够充分;学术论著写不下去,就要从命题立论的全过程寻找原因,特别是论题观点和论据资料方面检点深思。若是论著观点和资料方面的错失写不出来,那就绝不能"硬写",而要重新审视论题论据进行重新研究过程。一般说只要论点正确且资料充分,理清思路和文理就要坚持不懈的写下去，而且要有坚韧不拔精神，这点与文学作品当有所差异。文学写作构思顺畅就可一挥而就，有时百千字段落能一气呵成；学术论文观点思路明确后，写作时还要一步步逻辑性推理论证，时时协调资料论据和思想论点之间的关系，一般很难做到洋洋洒洒落笔成文。近来见到国外倡导研究生论文，"要强迫自己去写"的观点，恐怕也是主张不畏艰辛坚持不懈地写作学术论文，似乎不应当简单理解为提倡学生"硬写"。

　　第二，再说文字写作方面的问题。即使并非上述论点或资料方面障碍，在文字表述过程中，存在的艰辛也是普遍现象，甚者对此多有刻骨铭心感受。有的临文体认总不知如何落笔成句，有的满腹"妙谛"，成篇却满纸"陈言"，有的困惑、纠结、自卑甚至于放弃等，实为常态习见的写作现象。其中固然有思想认识或心理等因素，但多数还是文字功力不足和写作方法修炼不够所致。破解之道，解铃系铃，仍然要在文字二字找根源，在写法上寻求解决途径。看来必须把文字写作确认为研究生培养的关键环节，而且要作为传道授业难点突破。应采取强化学习手段为其释困解悬，具体办法不外授课与实训两条途径。首先，要针对农史学生文科基础薄弱现状，开设学术论文写作知识课程，特别要重视语言文字方面的补习。语文课是知识学习，也是能力训练，教课的目的为适应农史论证的紧迫需要，所以要与课程作业和规定刊物文章，以及学位论文写作结合教练。其次，要重用因材施教和灵活多样的方式方法，即根据学生现有的知识和能力基础，运用不同的教法努力使之达于写作规范。至于个别确有困难者可变法以求，先让其按现有的文字表述方式形成初稿，然后再修改字词、语句、语法、逻辑、章法等错误，戒掉其非专业语言和行文习惯。当然这种全面大规模的修改非同寻常的修错改正，而是要进行多次反复地进行，甚或一次重点解决部分问题，即为分批次修改到位。总之，农业历史论著写作遇到困难障碍时，绝不能消极的止步不前，以至于一生自闭于著作之外，一定要拼搏进取在写作之中寻求破解之道。

第三，充分认识写作固有的艰巨辛劳性质，须知不仅只是农史写作不易，所有的文字工作几乎无不如此艰辛。尽管人们可以分析出某些因素和解决办法，也可以学习修炼科学的写作方法，但必须从本质上认识其特具的属性。写作本是一种艰辛的创造活动，属于依靠人的思维系统进行的典型的脑力劳动，但同样要消耗人的机体和能量。这与体力劳动的机能付出本质完全相同，而且大脑系统的消耗更大更难以补充。人们常见劳力者汗流浃背，却不知写作者苦思冥想中的呕心沥血。长期写作者都掌握着基本的科学方法，或者独特的技巧，然一旦提笔写作就进入高度紧张的思维过程，便知方法技巧已不足道，最为主要的就是毅力、精力、脑力因素，以至最终见于体力能量。特别是大部头数十万字的著作，要一字字机打，或一格格爬写，成年累月夜以继日地摸爬滚敲打，难怪诺贝尔文学奖得主马尔克斯多次将写作称为"木匠活"。著作过程基本是一种个体劳动，虽有集体合著但仍然要分工写作，所以本质上也还是孤独的劳作，所以人们把长期寂寞清苦的作者也归于"坐冷板凳"之列。农史研究者需要明知写作需要吃苦、耐寂、任劳、担当的精神，因为这是职业性质和事业方式决定的特征，从业者个人价值和社会贡献正在艰辛之中。

第四，农史论著写作有其独特的艰辛之处，所谓如鱼饮水冷暖自知。农史仍属于新兴稚嫩学科，研究成果和经验积累非常贫乏薄弱，写作环节及学科理论方法探索还不够得力，论作过程中总感到缺少成法参照和指导。成熟的研究者多以自己的习惯行文写作，极少总结成系统方法条理传示于人，初学和年轻研究人员只有独自摸索。平素个人间专业交谈和学术会议的群体交流，通常主题和研讨内容主要限于农史研究的对象，农史学科主体理论方法议题极为罕见，而写作方法问题更是闻所未闻。农史本属小微学科，人自为战，独学无友，论著写作至今始终未提到学科建设日程，以至于陷于困窘艰辛境地。当然从根本上认识农史弱势非限于写作一隅，积弱致困源于学科自身发育不良；或究其更深层原因，还在现代化进程中农业的弱质性。然而无论论著写作艰辛根源于哪个层面，农史研究者都应该勇于直面应对，承袭前辈们弱德之美和春蚕精神，客观辩证思考以破解学科发展中难题。农史发展虽称晚、小、弱学科，但农业有厚德载物的历史基础，更有应天顺时的现代机遇和后发的广阔余地空间，农史学科创新发展的条件反而相对充分。筚蓝开拓就是一片新天地，辛勤播种就得丰稔秋获。早在20世纪30年代中叶，邓拓以20多岁的革命青年成就旷世专著《中国救荒史》，堪称农史研究史中一部名副其实的"拓荒之作"，足可为农史从业者不畏艰辛励志奋进。

四、农史研究方法实例剖析

农史研究具体方法从资料到著作一如前述，最后本讲索性现身说法，径直举几个具体的例子，以使农史研究方法落于实处，稍减空洞说法之嫌。举例也分论文和著作两类型，农史研究的课题成果，总归论文和著作两种形式。同时论与著各举两则凡四例，分别为早期和近期文字，自然形成对照比较，以见本人从事农史早晚期状态，研究和写作方法亦在与时俱变之中，或可与人别有启示。为便对照分析论著研究方法，所举论例原文附于书尾，著作举例之书则以序文并列为"附录"部分。

1．论文写作举例

列举《读诗辨稷》和《关于中国粮食问题的两个基本观点》两篇论文，前者为古代农事名物课题，以学术考证为主；后者是当今时政问题，从历史和现状结合角度加以论证。在《读诗辨稷》中有关农史研究的理论方法，特别是文献法中资料考订研究诸事，大约都有所运用。宏观的谋篇布局和微观文字考据也体现在文章里。鉴于论文结构思路繁纷复杂，故将原文置于附录以为备考。《关于中国粮食问题的两个基本观点》主要针对新设学科示教而作，盖农史学与发展学交叉结合，特立"农业经济与农村社会发展"学科。近年农史研究向当代农业延伸，为农业现代化提供历史借鉴成为题中之义，此类历史与逻辑相统一的论文同样需要熟练掌握。

例之一：《读诗辨稷》

（1）论文命题背景

时在20世纪80年代初，为北京师范大学训诂学进修班所作的结业论文。当许嘉璐先生得知进修生有农业院校学员，特命点读《毛诗》，以探求其中农作物名实关系，重点研究上古的"稷"到底是哪种作物？陆宗达先生课中也强调从农学考证稷的意义，谈到黄侃先生坚确认为，清代学者把稷讲错了，以致贻误近现代许多人。随后在许嘉璐先生的命题和指导之下，结合学读《说文段注》参用文字考据方法，前后用两年多的时间作业，终于完成了进修任务。著名目录学家胡道静和训诂学家杨春霖二位先生，曾为《读诗辨稷》作出书面评论，一并列入附录，可以参知论作背景，亦为当年前贤奖拟后进故事感念。

（2）《读诗辨稷》总论点

自以农学知识读《诗经》，出入之中省悟诗里农作物"稷"，唯有如今学名"谷子"当之，而与其他作物无涉，从而酝酿成总论题。在点读《毛诗》时，每遇农作物或疑似作物名的文字，必详加分析记录，并做全书的计量统计而结论。凡稍有现代农学知识或实践经验者，都会认定先秦《诗经》时代，稷是谷子本是毋庸置辩的问题。汉魏以后世人多以禾、粟、小米称之，古本名稷字淡出以致渐忘，阅读古籍和俗语传用中，常把另一种极为相似的小粒作物"黍"与稷混为一谈。唐宋本草学家以其专业的优势和偏见，武断地将稷释为黍，从而与禾、粟类相区别，或为避免古今名称紊乱以防药用之误，强言稷为黍子，导致谬种流传千余年直至明代。清代乾嘉学者昧于农事，恃文字考据声名另辟新论，于是又节外生枝横出"高粱"之说。如此一来，上古的稷名，秦汉经学训诂家解为谷子，唐宋本草家言成黍子，清代考据家谬为高粱。三种说法皆鸿儒博辩之辞，近现代辞书字典只好三说并存，数千年来至今莫衷一是。《读诗辨稷》立论直追上古经典，标题"就《诗》而论"，分明在努力追求实事求是的论法。通过对诗中25种、出现100多次农作物名称，逐个分析又归类研究，对号入座又循名责实，证实谷子说不妄。秦汉人主谷子，从汉儒训诂资料也可佐证《诗经》稷的本初之义。稷在先秦有作物、稷官、农神、社稷等四义，《说文解字》保留了稷的古文形体"䅘"，右旁的畟。文字学家断为稷的初文，与田和人相关就说明职农的田官之义最早，引申出其余意义线索也非常清晰。周人始祖后稷是舜帝农官，为善种谷子能人，古人以谷神敬仰，于是农官初义中首先引申出农神，进而衍生出谷名稷，后来还有了双音节的"社稷"即国家意义。可见秦汉去古未远，经解家谷子说可信，从而坚定为全文总论点。

（3）驳辩的关键为本草家之误

先驳唐宋本草家黍子之说，肇始于唐代苏恭《唐本草注》，论为汉代《氾胜之书》不见载稷，本草书中载稷而无穄，遂武断将二字统为一起，首创稷穄同物，即今黍子。苏恭说如此简单草率，意图显然在于将虚名与实物统一，免得医家与病者因药名混乱而失误。值得辩驳的要害正在于稷穄不同物，穄是黍子别名，古代文献书面和农夫口头，从来未发生名实之变，一旦把稷与穄混称一物，此时淡出的稷便成了黍子，即今称的糜子。苏恭论稷穄同物，但绝口不言二者同音，可见论其相同证据仍不坚确。然而语音随时变化至宋代，稷穄读音逐渐接近。于是有沈括、罗愿出而为稷穄同物找所谓的音证，到元明时期两字读音趋同，稷穄同音成了同物说最有力的"证据"。唐宋以来植物学是本草家的天下，文字学家明知其误也有口难辩。延至明代李时珍著《本草纲目》，祖述唐百草家之成说，绝口不提汉魏经学家注说，还按照黍子形象为稷描画写真。可以说唐宋本草家张冠李戴，《本草纲目》则为稷冠插花标识，现代医学家、农学家、植物学家以至字典辞书，无不翕然风从。黍子一说难以驳辩，症结正在这里，所以文中归为《本草纲目》之误。

（4）驳辩《九谷考》之失

稷的名实两说聚讼千余年，本该在前清考据时代拨云雾见青天，不料节外生枝又横出"稷即高粱"之说。始作俑者见于程瑶田《九谷考》，分析程氏考论的思路欲破三项谷物疑案：一是稷有名而不能定其实体，可称有头无尾；二是高粱广种大田而古农书不见其名，可谓有尾无头；三是汉儒传注计数九谷，今农田作物只有8种名实对应，唯将稷断为高粱，古今九谷名实便各得其所顺理成章。如此考论程氏一箭三雕，断明了一桩无头案，一桩无尾案，还考订了上古九谷之义。可惜匠心独运巧夺天工的构思，武断稷为高粱却无颠扑不破的真凭实据。程瑶田本是乾嘉学派最精于农事名物考证的大家，因出生时手纹就掌有田字而得名，《九谷考》中其他作物考释也颇为精当而见功力，或有提议程为农史研究先驱。程氏以淹博称著，善旁搜曲证，乾嘉大师凡遇作物名称常直引《九谷考》，一般农事考证也多从程说。稷的名实本应由通达汉学的清代考据家拨乱反正，稷为高粱说本来不值一驳，唯程氏千虑一失，乾嘉学者信程太过，近现代学者又尊乾嘉有过之而无不及，故如今文史工具书还多半保留着高粱说。

（5）《读诗辨稷》考论方法

第一，选题属于课业命题性质，意在点读《诗经》中论证稷的名实聚讼。命题论文虽不甚自由，但立题的学术意义、范围、主题、体例、资料、论点、途径、方法乃至目标结论等，指导老师已经胸有成竹，唯待修学者聚精会神地深层次钻研。既要学习课程知识，又要完成独立成篇的论文，似为矛盾实则统一。全面阅读对《诗经》的大义、结构、内容有了整体的了解，可以令论文视野开阔且左右逢源；课程论文的研究可以深化、提高、开阔学术思路，掌握科学研究的基本方法，特别是老师指导下的论文写作，正如许嘉璐先生曾言：可增强学术胆量，使学生如虎添翼。

第二，从《诗经》文字中计数的方法立论辨稷，不失为执简驭繁的考据思路。国学中保留最完整最接地气民风的古经，莫过于《诗经》，其305篇近4万字，梁启超称"精金美玉，字字可宝"。凡利用《诗经》作计量研究者，无论何种学科几乎均言有创获，如统计系联诗中韵脚字建立的上古音系，就令人叹为观止。稷是上古作物名称，主要流行在周代且恰在《诗经》时代，考稷不从此处入手，必然舍本求末以致缘木求鱼。《读诗辩稷》并无复杂计量学方法，简单的计数就将研究者的思路带入农作大田之中，五谷、九谷乃至百谷的种类形象，已经历历在目。再看后来文献关于稷的争辩，是非曲直，是谷子、黍子、高粱等，也就一目了然了。

第三，文献考据方法主导的论证研究，就是要凭借大量资料说话。这种方法起于秦汉传注对经典的释文解读，隋唐进而发展到经典和专著一并疏证解释。清代拓展为一切文献皆可互相发明引证，一切学术研究皆可用考据方法。至近代学者们仍以考据索隐相矜尚。本文资料主要来自古农书的专业积累，又借《毛诗》学读所做笔记，更有《说文段注》提供的文献线索，辗转引用其他古籍中的证据。文献考证虽较一般论证繁琐，但对争论较大的学术难题破解，不失为最有说服力的刀笔，成功的学术考据多有原创的科研意义。

第四，训诂学的方法适当参入，对名物考订至关重要。稷字的形、音、义三者有声有色有文理，利用《说文段注》三者互求，笼罩古稷的千载疑案，可谓拨云雾见青天。稷与穄的音义最难驳辩，上古声、韵、调完全不同，而近古完全相同；古籍书面语义清晰可辨，而今方言俗语又混为一谈。然而检阅历代韵书，两字音义由大不相同，到逐渐音近而义别，再到后来同音义混的全过程，其音变的历史过程分辨得清清楚楚，不容乱人耳目。训诂之法如同解剖小刀，虽名为小学，实为乾嘉大师手中的利器，石声汉先生治古农学正是借用了这把国学重器。

第五，逻辑推理方法，论辩考证文中不可或缺，可依事实推理，也可以据事理规律推论学说。历代本草家力主稷穄同音和黍稷同物，但并没有从文献或从文字凭据论证，却异口同声坚持黍子说。有的本草家既是医师又是经师，先秦和汉代经传中稷的本真之义，自必了然于胸，却始终在不遗余力推演稷为黍子臆说。本文于此只能做以推测，以为本草家最忌同名异物用药的麻烦和风险，本能地规避古今植物名实混乱，稷黍通统为一物后，小粒谷物两大主作谷子和黍子，在大田便各自成系不相纠结。这种"规避说"也难免主观臆断，但根据情理、逻辑和本草家专业特点上分析，推断也有一定道理。在《九谷考》论著主旨分析中，也运用类似的推理思考，以为作者旨趣主要在创立高粱新说，其宗旨并非注重其他谷物。如此说法也不免有猜测成分，但其作者意欲"嫁接"古稷与高粱的名实关系，却是溢于言表见于字里行间的事实。

第六，稷为谷子之说确立，古代百谷之名跃然纸上，不相抵牾；存世的传统作物也活灵活现大田之中，无名实错乱。《读诗辨稷》文稿之末，统观古今作物名称，重新申明传统五谷名实关系，以谷子、黍子、稻子、麦子、豆子五种大众化名称建立系统，将先秦文献所见40多种农作物名称逐类相从，其秩序井然，名之为"五谷关系树"。唯在论文发表时，编辑者以为文章篇幅过大，因超限定字数而略去未刊。又因时校领导充分肯定并明令在本校学报发表，而学报为自然科学类，故未能传示于农史同行间，于此略为说明。

例之二：《关于中国粮食问题的两个基本观点》

本文高度概括了我国粮食安全问题，提出两个基本观点。首先以历史、现状、未来展望等方面的典型事实及数据，论证中国粮食不存在根本危机问题。其次文章从更新传统观念、把握粮食安全实质、明确现代粮食安全内涵、树立动态发展观念、构建中国特色粮食安全观等方面，论证从根本上解决现代粮食安全认识问题的五个要点。最后扼要评议美国学者布朗和恩道尔关于中国粮食问题的论道，提出从容应对一切"非常异议可怪之论"的建言。

（1）选题背景

这是参加国务院参事室举办的学术会文稿，为自选题目，就此也曾作过粮食流通体制改革调查。时值粮食市场和价格即将实行"双放开"政策，人们对粮食流通体制全面市场化颇多忧虑。如何从粮食短缺的时代阴影中彻底走出来，重新建立现代粮食安全观，正是本文选题的主旨。总论点既是调研中亲经目验实事求是的感受，也是多年来关于粮食问题长期沉积而成的观点。在看到粮改终于走出"欲进又止"趑胡趵尾困境时，感到无比庆幸而欲一吐为快。因为从20世纪80年代，作者常以农史专业身份参议粮食预警研讨会，话题总是灾害临头、粮食紧张、国仓空缺、难免粮荒，等等。总之是"粮"有了问题，"狼"要来了！但是年复一年事实并非如此，说明过度紧张的警示大可不必，应该从60年代粮食困难时期的阴影中走出来；而且要从追求粮食高产走向讲究粮食质量，与时俱进发展现代粮食安全观，这便是本文选题的初衷和主旨思想。

（2）谋篇与思路

本文为学术会议交流稿，谋篇既要遵循学术论文的规范要求，又要考虑会议发言稿讲述和聆听两便宜。此类论文写作要把握两点：一是论点要充分提炼高度明确，二是文章结构要有条理体现思路清晰。所以题目就直达主题，命之为"关于中国粮食问题的两个基本观点"，文章开篇就直截了当破题，道出"不存在问题"和"要注意安全"两个基本观点。文章的结构也力求至简，两个基本问题就是两大主要组成部分，全部内容和盘托出。两大问题之间关系，听其自然不加论证，二者之间的"不"和"要"两字，已经把内在的否定和肯定的主张表白清楚。关于基本问题的论证，力求不枝不蔓，先把论据条理化，再从论据中凝练出观点，形式对基本问题有力支撑。每一部分大约都有五六条由观点提领的论据，各分点之间看似独立，实则包含严密的逻辑拱卫着基本观点。

（3）鉴古察今论证的论证法

粮食是国之上下紧绷着的一根弦，重农务本的实质仍然是重食粮。中国农业上万年的历史，中华文明五千年绵延不断，正是有"民以食为天"的传统观念。粮食年有丰歉，人则时有饥饱之感，御灾备荒之心不可轻，但是手中有粮无粮总该有数，不盲目乐观也不必杞人忧天。故要正确认识当今粮食问题，一是要从粮食的历史传统为基础，二是要从现今粮食生产实际作评价。历史方面有三个论点：万年农业没有荒漠弃耕导致文明中断，中华农业如根深叶茂的参天大树自立不倒；以食为天的观念深入民心，食为政首的成统治者共识；灾荒年馑的悲惨教训刻骨铭心，饥肠辘辘的感受随时提醒着重农力田的觉悟。从现实方面看也有三个观点：中央领导人深知手中有粮心里不慌，地方政府一把手紧抓着米袋菜篮子；农政措施成套配系，发展粮食综合生产力，中央一号文件敬授农时劝民勉耕勠力生产；中国粮食产量占世界粮食总产量近1/4，而人口占世界总数尚不到1/5，粮食储备超过国际额定数一倍以上。这些实实在在的数据，足以说明中国粮食不存在危机问题。从世界粮食问题的统计数据看，我国粮食总产量居于世界前列，单位面积产量绝对第一，而人均粮食占有量排位却非常尴尬，近年的排序在40多位以后。粮食以外其他食品，特别是由粮食转化的食物数量还很落后，居民购买消费的生活水平还很低，而发达国家正是以此作为衡量粮食安全的主要指标。

（4）粮食安全动态观

讲了五个观点，核心是动态地认识粮食安全，如果说上面粮食保障是相对乐观的农史论证，这个倒是不容乐观而要肃然应对的现实问题。粮食安全是国际组织20世纪70年代提出的崭新的现代概念，核心指人类生存所要得到食物的权力。这个概念的内涵从诞生起就处在不断拓展之中，至今仍处方兴未艾的发展态势。所以本文把粮食安全实质论为一种状态，既是物质生产状态，也是经济社会关系状态，也是人的生存生活状态。其形式是一种动态平衡状态，是相对危机而言的安全与不安全的均衡关系，所追求的是以安全为主的相对稳定平衡状态。从状态分析中认识粮食安全的科学范畴，确定其本质属性、基本特点、理论方法等现代粮食安全科学体系。建立粮食安全工程的运作系统，最终完善成现代粮食安全学科，用以指导粮食安全教育、研究和实际工作。国际现代粮食安全的核心价值和主旨目标，一直处于不断地刷新升级状态：从最初生存和健康的基本宗旨，到家庭个人粮食安全的概念革新；再到《开罗宣言》全面的含义表述，到营养安全的倡导和承诺；直至全球粮食安全的公平合理原则，以及对经济社会综合因素的新要求等，给人以应接不暇的感觉。国际社会不断营造的这种积极进取的新理念，是现代粮食安全状态的基本特征，所以要科学地领会和树立动态的发展的粮食安全观。

文章从国情、粮情和国家战略出发，提出建立符合实际的中国特色粮食安全观。古代粮食安全观主要局限粮食生产的民生保障能力。历史文献虽有灾、荒、饥、馑等程度区别，但共同的史实是都有大量人口死亡的记载。在计划经济年代粮食长期短缺的条件下，人们对粮食安全又普遍形成温饱观念，认为吃饱肚子就不存在粮食问题了。直到改革开放后在频繁的粮食购销制度变革中，国民才有了粮食流通领域的安全概念。总之我国民众粮食观念长期停留在最低安全状态，国际粮食安全虽然并不排斥消除死亡和饥饿的目标，此类现象仍严重存在非洲等不发达地区；但我们中国粮食安全境界却不能停留在这等水平上，主导性的观念当紧随世界粮食安全主流常变常新。国际粮食安全制度、规则和标准，与我国基本国情、粮情仍存在很大的差异性。我国不同于欧美发达国家的土地、人口、食物和生活方式，也不可与发展中国家不得温饱的粮食安全状态相提并论。本文认为中国特色粮食安全制度应该有三个最基本的特点：一是粮食高度自给而绝不依赖外部的原则，因为如此巨量的人口大国靠外粮贸易是养活不起的，必须把饭碗牢牢端在自己手里装自家的粮食；二是充分发扬中国特色社会主义制度的优越性，发挥举国办大事的体制优势，从制度、方略、措施上建立起万无一失的粮食安全堡垒。三是与时俱进地紧跟世界粮食安全潮流，融入国际粮食安全体系，互助互利，同舟共济，共建共享全球性的真正的"天下粮仓"。

（5）驳谬论以达观

本文附带驳斥关于中国粮食问题两大外论，一是1994年美国著名经济学家布朗题为《谁来养活中国》的专论，另一个是2008年旅德美籍地缘政治学家恩道尔《粮食危机》的专著。两论都是直接或间接地针对中国粮食问题放言高论的，观点非常鲜明，颇有国际舆论影响，然而其偏颇之处也显而易见。例如布朗通过对中国粮食供求矛盾的僵硬分析，悲观轻率就得出中国粮食不足，将加剧第三世界的贫困动乱，造成世界生态危机，以致剥夺人类生存权，等等。如此牵强的逻辑，危言耸听的结论，充分表明了其立论的脆弱。恩道尔论道的西方经济大国和跨国粮食公司的三大阴谋，更是基调偏激，漏洞百出，不经一驳。虽然他的学说心向第三世界穷弱之国，但也令人不可置信，难以违心地苟同符合了。两论能轰动一时，其学术思想和传道手法倒是值得分析。恩道尔号为地缘大师，地缘政治学是以国家和地区关系出发，分析世界政治、经济和国际秩序问题；不无诡诞地关注历史和当代人物或集团的密谋策划，以特别另类的眼光剖析各种国际现象。《粮食危机》公开声明，目的就是揭露某些大国巧妙而隐蔽的控制粮食供给的阴谋。布朗虽非阴谋论者，《谁来养活中国》从命题到论证却充满危言惊世语气，副标题就是"来自一个小行星的醒世报告"。

现在事过境迁，当我们大度坦然地把"爱给中国挑刺的布朗"聘为中科院名誉教授，把"轮椅上的恩道尔"簇拥到一个个讲坛上，让他的观点不胫而走的时候，也不妨冷静地观察一下两位警世危言者布道的方法。特别应该回望一下在我国历史上曾经大行其道的此一类学者和学术流派论道方式，看看中国学术史是怎样批判和宽容此类人物和言论的，也就小巫见大巫了。通过危言耸听论道，在我国学术思想史上代不乏人。春秋战国法术家们就是善于用诸侯地缘作政论，用探索不登大雅之堂的阴谋诡计来论世说事。汉代盛极一时的今文"公羊春秋"学家，就是专门阐发"非常异议可怪之论"的学术流派。历代公羊学传承不绝直至近代，戊戌运动中维新派代表人物正是以经术论变法，在思想界掀起一场大飓风。中国思想史对历代公羊家有批判，同时也是有庇护的，因为它毕竟是属于书生学术论道。那么，我们就会知道，对于布朗和恩道尔关于粮食问题的两大外论，不必一概排斥，也大可不必神经过敏。大千世界，学术纷呈，不危言者，世人难以耸听。通晓古今非常异议可怪之论源流、特点和传世的价值，就能从容应对国内外各种高调怪论，就见怪不怪了。

2．著作写法举例

列举两例分别为《西北农牧史》和《中国当代农业史》，前者为地区、古代、农牧业历史性质，后者为全国、当代、全农业史著作。出版时间分别为1989年和2018年，时差近30年，正可见多年农史著作编写起始状态的变化。这两部书的舆论反响不错，《西北农牧史》曾获得"中国图书奖"，《中国当代农业史》列入"十三五国家图书出版重点项目"，并获国家和省图书出版基金双重资助。有意思的是《西北农牧史》用活字印刷而成，与《中国当代农业史》的时尚装帧不可同年而语，乃恰是印刷业告别"铅与火"的时代见证。农史著作版本的传统与现代之变，也在提醒着研究农史著作的编写，要有发展变化的观点和比较的考量。

例之一：《西北农牧史》

当年出版书介称：《西北农牧史》是一部拓荒性著作，开辟出我国地区农史研究新领域。地涉陕、甘、宁、青、新、蒙六省区，时括远古近世，纵越西北原始农牧业起源、传统农牧业发展和现代农牧业初现的历史全程，包括西北各民族农牧业消长、农牧经济演变和农牧科学技术进化等范畴，大凡本区农牧各部门诸专业重大历史均有述作。学科跨度大，适应专业广，从事历史和农业科学，进行西北经济建设和现代开发战略研究，皆可阅鉴。在三十年后的今日看，书介的第一句话还是对的，是一个实事求是的判断。当新世纪西部大开发国家战略实施以来，本地区经济社会和自然生态面貌发生了翻天覆地的变化，西北历史的资料的发掘层出不穷，欧亚交通的开拓把古代丝绸之路全貌重新展现出来。但在改革开放初期，所见唯有明清地理学家和近代西北开发的较少零碎史料，关于农牧业的内容更是稀少零碎不成系统。所以20世纪80年代初开启西北农牧历史研究，当时确有筚路蓝缕的困惑，同时也有以启山林的激情。正因为如此，《西北农牧史》中，有成绩也有许多失误，优劣之点都加以总结。

（1）选题初衷

选题背景首先是因改革开放初的形势所感召，20世纪80年代中央领导考察陕甘等省区时，曾重新提起抗战时期"开发西北"的口号。"反弹琵琶"退耕种草战略思路，新技术革命和免耕节水技术思想，可谓号准西北发展的脉搏。本校为西北农业科技教育前沿重镇，师生感知机遇闻风而动，各学科查阅咨询西北农牧业历史资料者骤然增多。作为专业农史者必须开辟新的研究领域，探明西北农牧业发展过程和历史规律，为西北大开发新潮兴起担负起专业的责任和历史的使命。当时少壮孟浪，仅凭勇气热情而不顾学力浅薄，在没有扎实基础和充分准备条件下，单枪匹马自上如此大课题，现在看来有许多需要检点之处。正如上文所论，选题必须在阅读大量资料的前提下确立，而不能盲目地追逐时势舆论。《西北农牧史》虽在定题后开启广泛的史料搜集，也侥幸结题成著，但立题于资料之先，实不符合科学的研究方法。因为这种主观盲动的立题过程，包含着不可预测的危险性，随时可能出现课题进行不下去而中途告败。

选题颇受历史学改新和地方志编纂新潮的影响，史志改革坚定选题。改革开放隔绝多年的西方史学浪潮乘势而来，历史研究"重心下移"的学说，为国内史学界先事引用。当时"下移"的趋势表现在社会史的兴起，由传统重大历史事件为主向民众社会生活领域下移；历史断代由古代史研究，向近代以至现当代下移。同时全国性历史研究也开始向地区史研究转移，各大江河流域和省区的经济社会历史都有人着手研究，《西北农牧史》也正是在此形势下，毫无思想障碍地作出选定。方志编纂的相助也适当其时，特别是农业志普修最为给力。改革盛世修志蔚然成风，由各级政府部门主导的新一轮修志工程，规模之大门类之广可谓史无前例。新志体系中均设有独立成册的《农业志》，还设立常规性的农业志专门机构。农业志编纂遍地开花，地区农业史编写不仅名正言顺，而且是水到渠成不得不有所作为。《西北农牧史》可谓立题改革开放之世，学术境遇左右逢源。

初选题目时人或建议，地区农业史草创宜从一省探索做起，摸着石头过河后再图扩大，所以最先拟名为《陕西农业史》。在翻阅资料中始见陕西农业以关中旱作为主，生态环境与干旱半干旱区的陕北高原及甘、宁、青、新、蒙指臂相连，反而与秦岭巴山间的陕南差别悬殊，名为陕西农业史看似完整省区实则不易驾驭。再将干旱省区的农牧史料稍加归类，其起源发展脉络清晰可见，于是草成论文《西北历代农业开发述略》，聊以应对欲知西北开发史略者的检索咨询。正是在这篇急就章的基础之上，不断调研现状和查阅史料，对西北农史轮廓逐渐清晰，遂从陕南一隅纠结中解脱，坚定信心写以自然地理区划为单元的西北农业史。

最先名为《西北农业史》，后来经过缜密筹谋定名《西北农牧史》，虽一字之差，关系到本书的主题宗旨和特色定位。农史学科和专业划分中，通常林牧副渔诸业，一般都归之于农，为大农业概念。这种传统大农产业结构，在我国广大农村习以为常；种植业为主多种经营，在村户农家也司空见惯。西北地区的实际状况则不大相同，特别是历史上的地区农业内部产业结构更是别具一格。古代西北有以关中为首的以种植业为主的农业区，同时还有各省广大的游牧区。农牧业不但分区而且分族，西北历史就是农区汉民族和牧区众多少数民族，在农牧业的对立和协调中共同创造的历史。所以以农赅牧的概念在其他地区可用，在西北勉强使用就很不合宜；在当今之西北以农赅牧尚能说得通，但言西北历史若不言牧业就写不下去了。所以本书采用"农牧并提"命题，是符合历史实际的概念的选择，也是体现西北地区特色表达，似有一种交响效果。著作定名为《西北农牧史》，农史同行和知者颇多赞同肯定，特别是蒙、新、青牧业领域的师友，所论极为真诚中肯发人深省，其言若西北不能同言农牧，其余省区恐怕就难以农牧并题，中国地区农业史著名称中将会无牧字了。立题"西北农牧史"五字，"牧"字提振力极大，广袤草原畜牧跃然书面，大西北天苍苍野茫茫的景象呼之欲出。有参与图书评奖的出版界前辈事后谈及：此书装帧其貌不扬，选题和书名很好，尤其是那个"牧"字很吸引人。

（2）由外及里的谋篇思路

偌大西北农牧历史从何寻思，谋篇筹计难以直指主体核心，唯有由表及里地从外部相关领域探索。首先从了解西北地区现状做起，对本区当前经济、政治、社会现状了然于胸，心目中始终有一个明丽的区域天地。为此开题前期对西北各省区自然地理进行实际考察，从新疆到内蒙古，从青海到宁夏，陕甘更是调查重点。沿古丝绸之路分段勘察，在河西走廊往返数过，躬亲目验实践心得最多。现状是研究历史的制高地，不知地区现状而研究其历史，如黑灯瞎火找失物。通过与前来咨询历史问题的各学科专家交流互学，在科学认识西北现状后再搜集史料，似有奏刀骁然之感。后来常与人言，若对一事历史搞不明白，那就先了解现状。其次是从自然地理环境入手，然后进入历史问题。农牧业为动植物生产活动，自然由其地理环境为决定因素，人为的再生产过程须顺应自然规律，唯物史观谓之地理条件决定论。农业院校学科交融，学习动植物和环境科学，研究农史可免违背自然规律的认识，从自然地理到农牧历史的认识思路理所必然。再次是从地区经济史和社会史向农牧史方向探索，也是同样的"合围"研究思路。因为西北地区经济和社会发展历史，有关学科和部门已经多有研究，从不同方面可为农牧史提供史料和研究线索。还有西北各民族历史资料的阅览，也是需要先期做好的基础作业。西北少数民族众多，历史上分合、迁徙、选移关系非常复杂，如果把古今少数民族变迁演进梳理不清，静观如一团乱麻、治丝益梦，动则变幻莫测若风云际会、狼烟弥漫。初涉西北古代问题者，多因民族历史交错紊乱而止步不前，史书称"不得要领"。《西北农牧史》为不蹈覆辙，以极大精力投入民族史探究，明确在内蒙古、青藏、新疆和陕甘四大高原，在不同历史阶段分别出现哪些民族部落，主导者是何部族，兴起和衰灭的过程，散亡区域和迁徙趋向，从而勾勒出西北民族变迁的基本轮廓。

正是在厘清了西北自然地理、社会现状和民族历史的基础之上，《西北农牧史》谋篇才有了宏博的格局境界。着眼不再是关中一隅，也不是陕西一省，而是西北五省区以至延伸到内蒙古高原，做一部占祖国半壁江山的大西北地区的农牧史。人说不到新疆，不知中国之大，在沿天山南北两大盆地周行环考中，关于地区史的内涵和外延也在不断放大。自认为地区农业史应取宽泛概念：凡相对于全国性的区域农史都可称地区农业史，而不能因地域广袤而作茧自缚，著史重心下移的理论运用，小区域史可写，特大的西北地区也是可以大写特写的选题。再者本书的内涵，虽题目农牧同称并重，但绝不限于农耕种植和蓄养游牧。谋篇思路囊括整个农牧经济领域，取大农业全农道概念，与农牧相关的西北社会历史也作为背景加以表述。宏观的视野，微观的剖析，由外及里的合围思维构成本书的主体和结构。

（3）纲目格局

史书古今体例大别，当今多用时段与史事纵横交织的章节结构，以时为经设置章目，以事为纬设置节目段落，《西北农牧史》概莫能外。自古代至近代以时序设为6章，从原始农牧业到传统农牧业，直到近世现代农牧业初现，包括3种农业历史形态。其中最为重要的是传统农业阶段，即所谓古代西北农牧业，是全书重点内容，布局为4章15节。凡古代史一般均按朝代为序，或再以朝代划分为若干历史阶段，本书古代4章正是历史阶段的划分，为周秦时期、两汉时期、晋唐时期、宋清时期等。这种划分从史学和农史学科看，颇不符合历史阶段习惯划分，人多以为怪异不经，然而却完全契合西北农牧业发展历史，细读便知是实事求是的划法。

西北农牧业的起源和发展，与其他北方地区大致同步，在原始农业向传统农业过渡阶段，没有超强的区位优势。但到周秦时期，西北传统农牧业萌芽较早发展也快，到春秋战国已见相对早熟的态势，周代考古和先秦文献，都可证实这一独特的历史阶段。两汉时期西北农牧业突飞猛进，更是一枝独秀的历史阶段。传统旱农技术完全配套成系，农牧综合生产力处于高度领先水平，通观西北农牧业全史，两汉虽数百年辉煌也必须独划为段。晋唐是西北民族大融合的历史时期，农牧业在深度结合中技艺日益精湛，西北生产力从纷乱中缓步走向盛世高峰，随后又盛极而衰现颓废趋势。如此复杂的历史过程，实质仍是农牧经济结构矛盾对立与统一融合的结果，唯有设置为独立的历史阶段，西北农牧史大纲才能略见条理。宋清阶段历经近千年，正是西北地区失去政治经济中心的历史阶段，农牧业的地区局狭性越来越深重，相较后发优势强劲的东南农业日渐衰败落后。这阶段时间较长又跨越宋元明清四大王朝，西北农牧业传统面貌没有根本改观，实难从中再划分出更多的段落。最后第六章近代西北农牧业发展，建章立篇亦属必然，古代史为主的著作常赘以近代篇结束，盖中国近代史起于1840年鸦片战争，实与晚清历史交叉同步，如此处置古近两代互不相伤。近代西北农牧业仍以古代传统方式生产，而在农业教育领域已经开始以现代知识体系主导，西方先进农业技术和动力物资逐步引入。近代西北农牧业包含从传统向现代转变的因素，更有充分的理由立章殿后。

《西北农牧史》横向节目一般分为四大部分：西北各历史阶段社会和农牧业概述、农业生产技术、畜牧业生产技术、农牧经济发展状况，即由概述—农业—畜牧—状况为纬线，构成农牧业"总—分—总"结构，与上述六阶段构成全书纲目格局。第一部分略涉社会历史只为提示背景，主要记叙直关农牧业生产力的重大历史问题。各章总概述因时制宜，所记内容重点详略不尽相同，要在反映出各阶段农牧业的整体水平和历史成就。第二、三部分，分别详述各阶段农牧业生产的动力农器和技艺方法，时当改革开放初大讲科学技术是第一生产力，农业史研究也以科技史为重点领域。本书较为深入地揭示了西北旱地农耕历史经验，尽力搜集西北游牧业的传统技术方法，体现西北地区农耕特色和"畜牧为天下饶"的历史传统优势。第四部分又总括地记叙西北农牧经济，揭示地区生产关系的历史变迁。西北在原始社会、奴隶制社会、封建社会及殖民地半殖民地时代经济关系，包括土地牧场所有制、农牧赋税制、租佃剥削制度，以及自然经济条件下的小农经营方式等。书写出与中原王朝制度统一性，同时展示出在农牧体制和政策上的差异之处。著作实践表明，《西北农牧史》坚持史书纵排横写的规范体例，又在时序段落的安排和史事分类布局中不拘一格，因时因地变通纲目所包含的内容，做到提纲条理清晰而容量较大。

（4）阅览与踏勘交互兼施

《西北农牧史》资料源于文献阅读搜集和实地的考察调研，虽说一般历史问题研究无不如此，鉴于西北农牧史料稀缺，这两种基本方法都得下大气力运用，缺一不可。阅检古代文献，涉及西北者稀少而零散，古人有所涉猎而关乎农牧史者极少，唯靠目录学指引在经史部中搜寻。近人有治西北史地者，可提供西北历史地理环境，间有涉及农牧者尤为宝贵。现代学者书刊常可提供许多二手资料，以其为线索查证古籍多有收获，也是非常重要的捷径。西北各省市县地方志对本地历史沿革都有追溯，提供的史地线索和农牧资料价值极高，为本书查阅搜集的重点之一。通过以上途径集资料卡5000余张，置办《西北农牧史》资料屉柜，精细分类极便检用，成书也以资料丰富精确为一优长。

《西北农牧史》立题前、定题后和写作中的实地考察调研同样用功，所谓读万卷书无法细计不足评说，行万里路以现代交通计程则绰绰有余。西北三大高原典型地区都有踏勘，五大沙漠边缘和重要的生态区亲历考察，三大盆地均环绕观览，五大灌溉农区皆分片选点作调查研究。有关重点地区多次考察，曾随国际组织的沙漠治理现场会，有幸在内蒙古西部荒漠和沙漠区做深度调查。实考内容主要是围绕《西北农牧史》做现状和历史的调查研究，一般方法是先了解现状，再由现状引申到历史问题，然后再由历史引申到农业历史调查，常有意想不到的收获。假若话题直接从农史问题开始，大多调查对象会不知所云，或者所答非所问，甚至连现状的调查也难以进行。由现状到历史是特别应该记取的农史调研方法，这里仅举内蒙古鄂托克前旗的事例，即知调研方法的重要。历史上内蒙古河套一直是农牧必争之地，鄂尔多斯高原势成蒙汉交兵的决胜战场，历代史书与此地记述最为精确。阅读史书也知农牧民族争地矛盾，但显然是蒙汉历史的基本矛盾，两族边界线任何地方都有争斗，为何总在套内之地决以生死存亡大战？鄂托克的牧民们在调研中，异口同声地说明了问题。河套地处阴山之南，黄河的浸润和阴山的阻隔，使得这里的水草异常肥美，历来是游牧业冬季避风觅食的牧场叫"地窝子"。如果游牧族冬季不从北部高原转场到此处越冬，常会出现牛羊冻饿死亡之灾，而鄂尔多斯高原是汉族固守的农牧交错区，游牧族南下入侵必然发生战争。鄂托克农民们不无怨情的解答令人豁然开朗，贯穿北中国3000多年的民族史症结原来如此。难怪明朝向南退让300里在黄土高原边缘修长城线，河套鄂尔多斯高原相对安宁数百年。于是实考走向黄河以北在前套到河套灌溉农区调研，又穿过阴山、大青山越上内蒙古高原，果然天苍野茫形格势禁。北部广袤无垠的荒漠草原，向南高屋建瓴直冲河套谷地，再南下便抵达水草丰美的鄂尔多斯农牧区避风越冬。有似此类的考察结果，还有几处要害区域，表明从农牧业生产看，西北复杂的经济社会和民族关系，本质根源清晰可览，错综复杂的历史显现出简明淳朴的真面目。

（5）《西北农牧史》的心得观点

第一，西北概念的名实相副。 西北的历史概念相当模糊混乱，《西北农牧史》首先想就此弄个究竟。西北本义为方位名称，其区域范围现以陕、甘、宁、青、新五省区划为领域，显然属行政区划概念，此乃今人所共知。若以历史地理概念考究，包括地域范围则并非清晰可辨。因为在地理知识和地图使用极为稀罕的古代社会，古民对辨别本地区方位常识虽然丰富，但广袤大范围地理位置却比较模糊，所以古时很少用方位表明全国区域的所在，更无明确方位和地理区划。今日常用的西北区域概念，才是20世纪40年代以来逐步形成，今通行全国各个领域已是文化常识；但在西北农牧史的研究中，却是首要的难题。从史书看西北作为地域概念，始于《元史·地理志》，考其所指的范围畸零散碎，宽泛而没有明确界限。大约受此地理名的影响，后来明清人言西北之地，常漫及整个中国的西部和北部，甚而包括黑龙江流域。所以欲引经据典确定西北历史地理范围就很难依据，反而是遇到史料中的西北二字时，要精心辨析是否确为西北舆地。另一方面，本书面对课题是西北农牧史，区域范围必须考虑历史实际，否则就不符合地理格局难以记述，所以必须打破现今西北行政区划范围。特别是必须将蒙古西部地区划入，西北数千年重大历史正演绎在蒙西高原，河套鄂尔多斯恰似威武雄壮的舞台。内蒙古高原与大西北手足相亲，指臂相连而身为一体，若拘泥行政区划将蒙西排除区外，西北农牧史便残缺不全，难成完整的地区农史著作。

本书从历史关系考虑将内蒙归于西北，从农牧特点出发又将陕南排之于西北之外，构成一部无陕南而有内蒙的西北农牧史。陕西特别是陕南农志部门颇有异议微词，本书却始终不以为然。盖陕南秦巴山区属汉江流域，长江第一大支流塑造了此地独特的农业生态环境，秦岭屏障使之成为迥异于西北干旱的农牧业类型。陕南雨量充沛气候湿润，河谷平原宜种水稻，山地适生雨养作物，与南方各省区的作物种类和耕作制度完全一致，现代农业区划绝不会归入大西北干旱农业区域。就农业历史文化看陕南也纯属长江流域，地理学家讲山性使人阻隔，水性使人交通，由于秦岭横亘和汉水交流，陕南社会历史多与长江流域相关联，古代民间多与南方直接联系，与西北农牧历史文化格格不入，摒除于外应是合情合理的处置。

第二，西北自然环境要领。本书根据20世纪80年代自然环境观念，主要讲了四个主要方面：复杂的高原地形、典型的大陆气候、疏松宜耕的土壤、干旱环境的植被，可谓四大特点。若要把握四者实质和西北自然环境之要领，唯从所处的大陆位置着眼，大西北乃至整个北中国地理便可名至实归。欧亚非旧大陆是地球最大板块陆地版图，大陆与周围海洋以及季风的关系，决定中亚为典型大陆性气候，而中国新疆地区又最为典型。新疆天山庞大的山脉正处于南北两大盆地之间，周边气候极端干旱，冬夏昼夜气温差异巨大，剧冷骤热，狂风暴晒，造成山体剥蚀风蚀而不断的分裂分化。高大山系裂变为小山脉，表层不断蚀碎为小石块，再粉碎为沙粒，最后有的细变为黄土。这就是人们在新疆所见的斑驳剥蚀的天山面目，高山雪水沉积的石块戈壁和荒漠沙丘，以及山上积雪春夏融化冲积成的绿洲沃土平原全景观。

　　那么偌大的新疆和整个西北大自然造化，数百万年的土壤哪里去了？不妨驱车从帕米尔高原到北京一路看个明白。新疆天山、昆仑山、阿尔泰山之下，为大西北广阔无垠的戈壁滩，正是山体分化成的小石块被雪水冲积成的地貌；再向东行到甘肃和蒙古西部，便会看到小石块和大砂粒形成的荒漠，其中分布着数块细沙堆积的大沙漠，即所谓的大漠景观；继续东进到甘肃、陕西、山西境内，便是近200万年由大西北风暴带来的尘霾物，堆积的百米厚的黄土高原，又因严重水土流失成千沟万壑的面貌；最后将达河南和河北境内，终于东海之滨，所见一望无际的华北大平原，正是西北高原黄土流失到此冲刷沉积而成的肥田沃土地。上述由西北到华北，由内陆山石戈壁变化为黄土沃壤考察，眼见为实，一目了然。其科学之理称"黄土风成说"和"黄土水成说"，不仅是地质学、地理学、地史学家共识的理论，也是古代旅行家早有发觉的常识了。

　　若抓住上述西北地貌的要领，不妨细数大西北自然地理大单元。三大高原：黄土高原、青藏高原、蒙新高原（北疆视为内蒙古高原之延续）；五大沙漠：塔克拉玛干大沙漠、巴丹吉林大沙漠、腾格里大沙漠、库不齐大沙漠、毛乌素大沙漠；三大盆地：塔里木盆地、准格尔盆地、柴达木盆地；五大灌溉农业区：关中农区、河套农区、河西农区、河湟农区、南疆农区等，也称平原或绿洲农区。还有大草原，广而论之有内蒙古大草原、北疆大草原、青海高寒草原等。当然关中之地更是要领之"领"，西北经济社会中枢之地，区域虽狭小，但自古以来就是大西北的首脑之地。近代地理学家有人将西北五省比喻为倒睡着的巨人，头颅在关中，身躯在甘肃，双臂分别在青海和宁夏，新疆天山南北则是两条大股腿。历史上的西北开疆经营，近现代的开发建设，都是以陕西关中为战略策划和根据之地。

第三，河西走廊史地位置战略大观。甘肃境内的河西走廊的历史地理位置，正是大西北的心腹腔肠要害之地。所处在祁连山与马鬃山为主的北山系斜向长廊，东南起乌鞘岭，西北至于疏勒河，全长2000余里，自古为我国西北游牧民族领地。汉武帝征服匈奴后，置武威、张掖、酒泉、敦煌四郡，开通丝绸之路，河西走廊非同寻常的战略地位赫然显现出来。首先凿空西域交通，河西走廊成为咽喉孔道，张掖郡就是以形势所在而取名，"张国之臂掖，以通西域。"汉朝版图扩展到天山南北，官员、军队和商旅往来不绝，交通西达中亚以及欧洲。汉王朝以河西为军事和行政重郡屯兵移民经营戍守，后继两千多年的统一王朝或战乱时期强势政权，无不坚守这一军事政治战略，从未放弃固守河西走廊的战略传统。统考河西走廊地理历史，终会明白其中的奥秘，知形格势禁所在必然。观河西走廊北为蒙古高原，南为青藏高原，东接黄土高原，西接天山南北姑称西域准高原，显然为西北四大高原高原交汇地带。北部高原世代居住为善战耐旱的匈奴—蒙古系列游牧族，南部青藏高原居住着高寒顽强的羌—藏游牧民族，东部黄土高原为汉族农业民族，西域南疆为绿洲农业民族。秦汉时期对中原王朝威胁最大者莫过北部匈奴，匈奴兴兵南下必先"税赋"西域索取粮饷，故汉初置河西四郡目的直言"断匈奴右臂"！另一战略大计是"令匈羌南北不得交关"！即掌控河西走廊，隔断北部匈奴与南部羌族合兵攻击中原的危险。盖论道西北大局，历史上对内地汉族政权威胁最大者，莫过来自内蒙古高原和青藏高原的游牧民族，这两大系统的高原民族若联合进击，任何时候对汉族王朝都是不可估量的灾难。两千年来匈羌及其后部族所以始终未能合力南下，正是河西走廊战略阻绝之效。历代王朝正是看到这一关键所在，无不竭尽全力经营河西走廊，有些时候宁可放弃晋陕黄土高原部分地区，但绝不放弃河西走廊，中央王朝或割据时期的关中政权无不如此。明朝采取缩疆退守的边防政策，置西域和东北地区于不顾，甚至摈弃河套历代必争之地，但仍以嘉峪关为门户，固守河西走廊不遗余力。守河西即稳西北，稳西北稳关中稳中原，故河西走廊千百年基本处于固守未变的状态，汉设四郡的望名也是千年未改，这在历史地理沿革中也是不多见的现象。

第四，西北黄金时代当为西汉。通观西北开发史，自必得出如此结论。秦汉王朝相继奉行"先实关中"的政策，同时大规模"移民实边"，财富、人才、军民、物力等向西北倾斜转移，遂以强大经济和军事实力北逐匈奴于大漠以北。接着设置郡县移民屯垦，农牧业开发深度广度前所未有。汉武帝时用事西北史称不遗余力，以至用尽汉开张以来数代的积蓄，如此倾尽国力的地区开发后代也不曾见有，可谓前无古人后无来者。千头万绪，这里只举西北水利开发之事，即知评语话虽大而不为过，泛言黄金时代的说法也符合历史实际。古代开发总归是军事拓疆之后的农业经营，汉王朝对西北水利事业的重视，本区农牧业取得的历史成就，可为黄金时代的见证。

秦汉之前中国水利成就，唯以治理水害著名，真正的水利灌溉工程屈指可数。西汉武帝时代农田灌溉事业骤然崛起，汉武亲率文武百官堵塞黄河瓠子决口，朝野争言水利成风，关中灌溉区建设最先启动。首先在秦时郑国渠基础上增建三白渠，扩大引泾河水灌溉面积；接着在渭河开引成国渠和航灌两用的漕渠，在北洛河开出龙首渠。关中境内泾渭千洛四大河流，以及秦岭北麓峪口和渭北山口河流，凡可引流处都有大中小型灌渠修筑，建成名副其实的关中灌溉农业区。考诸历史地图汉代关中水利灌渠密如蛛网，后代历朝再没重现汉代的规模，大不过对某些淤塞汉渠有所修浚。通过多条渠道建成的灌溉农区，在西北其他地区也首次出现，河套就是又一富庶的水利农业区。汉时套区引黄灌渠也构成体系，后世直到近代宁夏平原水利建设，也多在汉代引水口基础上兴修新的工程。宁夏湟水流域的汉代引湟灌溉与河套工程同出一辙，同样是汉代创开的引河水利农业区。河西走廊和南疆农区则是屯垦的军民，利用内地流行的先进修渠技术建设的灌溉农业，有些渠系渠线相延两千多年，其中河西的水利在历史上素有名望。总之，西北地区现存而正在发挥最大效益的五大灌溉农业区，无一不是始建于汉代沿袭于今日，看来

"黄金时代"说法不为河汉斯言。

汉王朝苦心规划京师长安漕粮大计，开凿长安潼关间的漕运渠道，解决了黄河漕粮砥柱的风险和渭河曲折缓慢，将东南各地转输的粮食通过黄河直通入漕渠，然后供给都城和西北各重镇的食粮。为筹谋西北粮食转输和水利工程战略，汉代朝野先后提议和实施过许多重大的方案。汉武帝时曾经开通长江和汉江的运粮通道，又从汉江转入褒河逆水而北上，辗转翻越秦岭入斜水，再入渭河顺流而下终于抵达京师。像这样沟通黄河和长江两大流域5条河流的方案，即令今人也惊叹不已。这条南粮北运工程显然过分艰巨，溯褒河逆上秦岭更是难上加难，虽然用火烧醋激方法碎石清理出漕道，但逆水行舟又翻山越岭终不能长久。另一项失败工程是在黄河和汾水开渠建大型粮食生产基地，经黄河避过砥柱之险，直通渭河入长安，终因黄河流经山陕峡谷，总是河低岸高引水实大不易，于是有上述南粮北运之事。同样原因失败的还有河套东部一项工程，投工数万人历二三期而未能成就。另外还有一"河出胡中"之议，即从黄河河套处改道向东流，沿长城南流入东海，既可阻挡匈奴南下，又能免除黄河流经华北平原而永除山东水患。虽是异想天开，却可作为朝议而留载史书，可见汉代治水害兴水利热潮和气魄。正如清代章汝愚所论："不计地利之广狭，不论费役之多寡，不一劳者不永逸，不暂费者不永宁，此汉人得享灌溉之利也。"应该指出，汉代农田灌溉水利主要成就于西北地区，所以将引文末句改为"此西北得享灌溉之利也"，也是完全符合历史实际的结论。

第五，中华文明根植于旱耕农业。《西北农牧史》浓墨重彩记述旱作技术的起源发展，正是出于这一根本性认识。人类文明肇始，一般以新石器时代农业经济出现为标志；农业生产以土地垦耕和作物种植为基本方式，据此孕育了农业社会和文化传统。作为历史悠久的农业大国，我国农史研究也常称农耕文化或农耕文明，并视为中华文明的起源历史和本质特征。人类文明进化共同规律，决定世界上各民族文化绝大多数都源于农业，所不同的是土地利用和种植方式差异，形成生产方式和不同文化类型。问题是旱耕为什么能养育这样一个伟大的民族，为什么培育出如此博大精深的中华文化，旱地耕作的科学原理和技术方法奥秘到底在哪里?这正是问题的关键。在农业起源较早的文明古国中，古埃及、巴比伦、古印度等农业大都起源于大河灌溉，属于灌溉型农业。中国农业则不然，以黄河流域为代表，不是起源于灌溉，而是起于旱地耕作，以靠旱耕技术解决作物水分需要，属旱作型农业。黄河和长江是东方两条大河，但中国农业起源和后来发展，从来不是靠两大河流灌溉之功，而是靠旱耕发展了近万年的辉煌历史。中国农田水利灌溉工程较上述古国晚出数千年之久，后来出现的黄土区的灌溉，也是辅助性的小面积的为旱作锦上添花。中国传统农业始终以旱作为基本耕作制度，即使南方的水田，也是遵循旱耕技术要领而用于水田。所以通常称中国农耕文化，或说中华文明根植于旱地耕作，都是符合历史实际的正确认识。

中国农业扎根于得天独厚的黄土，也形成传统的黄土农耕文化。由于天然的风卷水迁，黄土覆盖了整个北中国大地，有说世界上大部分黄土都集中在黄河流域，也正是新石器时代农耕起源遗址星罗棋布地区。黄土虽不及大河泛滥沉积土壤肥沃，但所含营养足够农作物需要，且疏松易垦，世称"黄土耕性甲天下"。优质的土壤资源，决定中国农业历史基础根深蒂固。黄土农业不仅有地利优势，更重要的是还有独特的耕作方式。传统农业技术指导思想以土壤为中心，以耕作保墒为技术要领，形成独具特色的精耕细作的中国传统农业。传统农艺核心技术体系为"耕—耙—耱—锄"：首先是耕，旱耕不厌频繁，一季植物种前收后要多次耕翻，古农书记载多着达四五遍，故可常见北方农民总在翻地，西方人更是不理解。耕地为疏松土壤、调剂养料、吸纳光热资源，确保土壤水肥气热诸要素达以和谐状态。耕作、耕田、耕种、耕耘、耕耨、耕植等，凡大田劳动，总离不开"耕"，而且总是耕字当头，甚至农家教育也称为耕读，可见旱耕农作奥妙和中华农耕文明立本所在。其次是耙地，实际就是一种浅耕，有碎土和轻翻作用。再次是耱地，通过镇压和磨碎土块，减少土壤水分蒸发，在旱地耕作体系中至关重要。耕地与耱地，一开一合，一松一紧，一虚一实，相辅相成，旱作的辩证法则尽在其中，传统农业科学技术根本原理于此可见。最后还有锄地，庄稼生长期不等用大犁翻耕，就用锄头锄地，又称为中耕。目的不全在除草，古农书讲不因无草而停止，盖锄地主要作用还在切断土壤毛细管，减少蒸发保持土壤水分。农谚"锄头下面三分泽"，一语道破锄地中耕的旱作机理。同时围绕耕耙耱锄形成一系列的耕作制度和田间管理作业模式，再加集施农家肥保持土壤营养常新状的措施，传统旱作农业在北方极端缺水的条件之下保持数千年长盛不衰。古老的中华文明正是在此处发芽扎根，生于斯，长于斯，繁荣昌盛于斯。曾在20世纪80年代情不自禁地发文论证，《谁是我们的母亲——是黄河，还是黄土?》论辩中国农业非同于大河起源的古国农业，热情洋溢地论说黄土旱耕为中华文明顶天立地的基础和根本，可供深究这个论点者参考。

第六，西北强势霸起皆唯畜牧之盛。西北地区在历史上曾几度强霸崛起，最为著名的时代有：秦穆公称名春秋五霸，秦始皇兼并六国一统天下，汉唐盛世立都于西北长安，蒙元崛起大漠横扫欧亚大陆等。强势和盛世固然来自经济社会历史多因素的综合实力，但其中军事武力具有决胜性战略意义。冷兵器时代以战马骑射最有攻击性和杀伤力，因而养马畜牧成为国防建设和军戎武备的战略产业，国之盛衰兴亡实系于牧马养畜规模水准。上述时代无论史书称霸、称帝、称强、称盛、称武等，都是以发达的养马业及雄厚的畜牧生产为基础，正如明清之际著名思想家王夫之所论："汉唐之所以能张者，皆唯畜牧之盛也。"汉唐强国盛世尚仰仗畜牧业威德并施张大其势，至于尽凭武力攻掠征伐，就更要有雄厚的畜牧业基础。这样的逻辑读史，便知西北畜牧业的强盛地位绝非其他地区可相比。所以也可以说，西北几度强盛霸起，亦为畜牧之盛。

西北畜牧畜业所以发达，也不外天然条件和人为因素。司马迁在《史记·货殖列传》中记述全国经济区划时讲到西北之地："然西有羌中之利，北有戎翟之畜，畜牧为天下饶。"这里所言西与北的界线仅就关中周边而论，属于半干旱区农牧交错地区，西北广大的干旱草原游牧区还未包括在内。若将少数民族游牧业纳入，大西北的畜牧业资源不仅富饶天下，而且更是得天独厚了。从现代科学考察，欧亚大陆天然的宜牧区主要分布在副热带半干旱区，这里的牧草在干旱高寒条件下禾本小草，矿质营养和维生素高度富集，最适合动物刍食长膘。干旱区自古就分布着抗逆性耐干渴的野生动物，在自然和人为选择之下形成了驯养牲畜的基本种类，马牛羊正是旱性家畜的代表。相反在多雨潮湿草木含水量丰沛南方，植物的营养种类相对贫乏，常不宜蓄养马牛羊三大牲畜，也鲜有军役肉用的优良品种。就以良马优质品种为例，我国名马有蒙古马、新疆马、青海马、西南马四大马系，蒙、新、青马分别以耐旱、致远、耐寒名扬天下，而西南马矮小体瘦，不能军戎力挽唯作山地驮运。六畜中南方以猪种和水牛著名，羊类和肉役黄牛均不宜潮湿多雨的环境生殖蓄息，故无北方天苍地茫风吹草低见牛羊的富饶景象。

西北畜牧的发达也有人为因素，如果说上述富饶是得天独厚，那么其强盛雄张就有更多的社会历史和人为经营之功。历史上的西北即使民族兵戎相争地区，无论少数民族还是汉族政权，在西北都很重视畜牧业，尤其是养马业更视为国命所系。西周时就命附庸秦人在陇山之西为周朝牧马，马大蕃息而分封秦为诸侯国；秦灭六国皆因称霸西戎，依托陕甘黄土高原游牧民族源源不断输供马匹武装军旅；汉唐盛张更是大建国营牧监，亲牧亲养直接经营大规模军马生产，同时建立并不断完善关于马业经营的政策、规范、律令等法律法规，正史中称为"马政"，称为后世军马生产管理的成法。宋以后中原王朝在西北的马政和畜牧衰败萎缩乏善可陈，但西北少数民族政权的势力和畜牧牧马，却乘机再度蓬勃兴起。西北少数民族自古就在各大高原逐水草而经营游牧业，牛羊成群多不胜计常以山谷量。大型民族或部落联盟与汉族政权抗衡交兵大战中，战骑阵势动辄以数十万马匹计，并能随时补充不惮战马减数。故论畜牧、牧马、骑射技术能力，历史上总是西北游牧民族胜出一筹。

关于民间的养马畜牧，西北汉胡都始终保持养殖不衰的传统。汉族农业区养畜的历史最为悠久，从新石器时代考古发掘看传统六畜都是在农业定居条件下驯化成类，所谓畜牧先于种植业的观点实难自圆其说。近代流行的这一观点，认为传说中的伏羲氏是畜牧业时代，时在神农氏之先，从而得出"畜牧为农业之祖"的结论。实则伏羲氏恰是茹毛饮血的时代，为发达的狩猎经济的历史写照，正说明神农氏农业出现后，才出现定居驯养才逐渐有了家畜和饲养。所以原始时期辅助于种植业的农区畜牧，饲养技术相对精细集约，处于比较先进的状态。后来西北地区因地制宜，发生农牧分业、分区、分族现象，畜牧分化成农区畜牧和草原游牧，但始终是农区饲养代表着西北畜牧业先进水平。农区畜牧是封建王朝牧马养牛饲羊业的重要成部分，战争时期朝廷在民间大量的括马以助国苑之不足，同时颁布马复令进一步鼓励养马。和平年代则法令严禁宰杀耕牛，全面发展畜牧以保护农业生产力和社会经济。兽医作为畜牧业的保障倍受重视，其中马医的技艺要求更高，民间是兽医和兽药的根据之地，同时承担着为国马监输送人才和物资的任务，农区的兽医药也以各种途径传播到广大游牧区。

第七，**西北兴衰维系于南北水土之变**。西北兴盛是雄辩的历史，西北的衰败是客观的现状，西北的何去何从又当从何说起？《西北农牧史》中归之于"水土之变"。上言中国农业起源有水旱两系，但早期主要是以北方旱作为标志，代表中国农业和中华文明起源发展的历史。上文也分析过北方黄土疏松易耕，在原始木石农具条件下，很容易破土耕种形成有效生产力，使得北方农业超前再熟领先发展。进入传统农业时代逐步出现铜铁农具，因为铜贵重，所以农用极少，铁器初制技术亦不够精良，但在黄土地上使用其锐利却十倍于木石工具。后来出现牛耕动力，进而形成完整的旱耕技术体系和精耕细作农业传统，综合生产力更是数十倍提高。这便是传统农业早期北方农业继续领先发展的根本原因。说到底，北方农业从原始时代到盛唐以前一直率先发展原因，全在于黄土宜耕的优势。

南方农业则不然，坚实的红壤和茂盛的植被极难开垦，原始木石工具在南方土壤耕作中难以为功，对铁器的要求较北方更要坚锐，故传统牛耕动力耕具普及步履维艰。南方农业资源优势在于雨水充足，而土地得不到大面积开发，也只是"绿水青山枉自多"，因此也导致了南方水田农业长期落后于北方旱作。大约在唐代之前，南方大部分地区农业还处于原始向传统农业过渡状态，不少地区还处在火耕水耨和刀耕火种的原始水平。南方农业在唐代以后骤然崛起，原因主要是我国冶铁技术的进步和南方冶铁业的发展，全面提升了南方铁农具的垦耕力。再加上唐代发明了坚重得力的曲辕大犁，适与水牛动力配套用于稻田耕种，又将北方旱作技术原理运用稻田作业，长期落后的南方农业生产力可谓与北方并驾齐驱。正是在这种农业历史发展中，南北方的水土优劣关系发生了巨大的变化，当摆脱土地开发种植的落后困境之后，南方得天独厚的充足降雨量，可提供作物丰富水分的优势充分的显现出来，这又是北方农业远难企及的短板所在。农业本质是利用动植物生产过程，水是第一位的物质要素，称之为农业命脉，当南北方土壤利用基本平衡的局面出现，南方丰雨多水必然彻底改变南北方农业优劣之势。历史实际正是自唐代以后，南方水田稻作一发不可收拾，宋代以后各朝无不大力发展南方水利，江南农业后来居上世誉鱼米之乡，社会经济文化跨越发展，国家政治中心从此由西北转移到中东南部，西北也由此沦落入衰败后进境地。

以上即南北方社会历史兴衰替变的农业因素分析，概括为水土之变，实际应说是农业水土与社会生产力适应关系转化所致。当前南方农业和经济社会，仍处于优先发展的引领地位，优势正在唐宋以后一千多年的农业基础，再加近代以来工业化和现代科学技术的捷足先登，更进一步拉大了东南与西北的地区差距。西北人读史难免有历史失落感，实际大可不必，试想中华五千年文明历史中，北方从新石器时代就优先发展，南方才从唐宋以后显示出后发优势，乃自然和人类沧海桑田的历史规律。北方繁荣时居十之七八，南方发达尚不足时之二三，可知南方经济社会的繁荣当方兴未艾，将来还会引领中国经济攀登更高峰。或问那么北方经济社会能否再度昌盛，西北农牧业能否再现昔日的辉煌？回答问题还是要回到水土关系的根基之上，尽管当代区域经济发展综合因素非常复杂。南北方历史发展的沧桑大律不可动摇，三十年河东三十年河西的朴素真理可观可信，北方和西北的再度复兴的大梦也将会变为现实，解梦的关键词也不妨仍用水土二字。南方既然是破解了土字；而发挥出水的优势，那么北方若基本解决了水的问题，土的优势必然会释放出厚德载物的天然能量，大西北高原和北方黄土区终究还是中国，中国将来也是世界最大的粮仓。北方解决水的问题现在已见端倪，其主旨思路仍不外传统的开源与节流，但是现代大工业装备的开源能力，高科技的节水灌溉设施，绝非传统的技术水平可以比拟。中国农业现代化日新月异，数十年后当会看到北方解决农业用水将不成难题，在过数百年、大不过千年，北方农业和西北农牧业重"为天下饶"，当不为河汉斯言。

第八，为西部大开发提供基础认识与新意补充。《西北农牧史》是在20世纪80年代，根据党和国家领导人考察讲话精神自立的研究课题，媒体舆论时称"西北大开发"。90年代末作为国家战略的"西部大开发"全面启动，能为之先期做点农牧业历史基础研究，可谓不期机遇，自然无尚欣慰。同时也稍减当年狂热以更加的冷静思考，开始对西南地区农业历史进行研究，欲就整个西部开发历史构成总体认识。于是指导一博士后著《中国西部开发史研究》，讲教的内容有以下观点，较《西北农牧史》略添新意，赘此以为补充。

补充一，关于西部概念。古无此名，唯近年自经济、行政和文化范畴，渐成新语。颇受美国西进运动及其西部文学影响，因俗而雅，流行为地域概念。考《汉书》中西南夷的记载，《元史·地理志》附录西北，皆宽泛无边际；明清言西北，泛化及西藏、东北地区，终无西部之称。今日西部划分始于1985年"七五"计划，按经济水平划定十省区，大开发之年又增入蒙、桂。如此划分着眼经济政治现状，倒也吻合历史地理实际。地理学划分：太行山和云贵高原以西，即一二级阶地为西部，三级阶地为东中部，三部与三阶地基本一致。从农史研究角度，综合自然地理、民族历史、农业生态等因素，完全支持12省市区划分法。西北若不包括内蒙古，西南若无广西，整个西部开发乃至历史均讲不通了。多次讲解中，给学生曾有"12345"的说法，倒也不失扼要：即一级和二级阶地说；西北、西南、西藏三西区之说；黄土高原、蒙新高原、云贵高原、青藏高原四大高原之说；鉴于西北地区历史地理统一性和关中、四川盆地重要地位，还可以有西北高原、青藏高原、云贵高原和关中盆地、四川盆地的三原加两盆为五个地理单元之说。特别是最后一种说法，可以概括西部复杂的民族历史关系：西北黄土蒙新干旱高原，主要为匈奴—蒙古系民族游牧领地；青藏高寒高原，为羌—藏系民族游牧地；云贵水蚀石漠贫土高原，为西南地区多民族农业区；关中—四川两盆地，为汉族发达农业区和西部开发首脑策划之地。据此还就西部人文地理向农民朋友做过俚俗性比喻——两个巨人头对头。西北巨人倒睡状，头位关中盆地，躯干在陕甘黄土高原；两只胳膊分别伸为内蒙古高原（宁夏、内蒙古）和青海高原，新疆天山南北则为两条修长大腿。西南巨人卷曲面东而坐，头腹在巴蜀川渝盆地，厚大脊背在西藏高原，大股小腿伸为云贵高原和广西地区。两巨人或倒或卷都因穷而苦，但巨人头脑两个盆地都不简单，文化很发达，为历代西部大开发策源之地，为中华文明天府陆海首善之区。

补充二，西部区域的统一性。这也是多年深思熟虑过的问题，两个基本单元西南和西北，乍看确有天壤之别，如何统为一谈？通常看法，西部无论南北，同为经济文化落后，皆有蓄势待发机遇。若从历史地理观其统一性，当会见识其深层次的渊源缘故关系。首先是自然地理的共性，共在西南西北同为高原高山。高原兴风，高山流水，遂成风蚀和水蚀，为水土流失两大天然灾因。干旱缺水，为西南西北共同的表征：西北资源性缺水，内陆少雨，人所共知；西南地形性流失缺水，降雨成径流入高岸深谷顺江而去，或溶灌岩洞渗透地下均无法利用。土壤问题，现象虽异而实质相同，皆外部环境不良因素影响所致。西北干旱，盖因陆海距离遥远、气温、雨量、风力、水力等综合因素导致苦旱。细察之，昼夜冬夏温差巨变，可以裂石成土，但风蚀风迁，因风迁土；又因山原地形造成水土流失，风成空中沙尘霾暴，土壤严重沙漠和荒漠化，终成自然经济社会苦寒贫穷落后，等等。西南因温湿多雨，高山流水，水蚀水迁；水流失肥，瘠成红土，再经长期雨水河流冲击，红土继续流失，形成石漠化地理灾害。总之，西部生态问题，主要还是风土与水肥的矛盾因素造成。风从高原而来，水从高山而下，风和水造成土肥流失，生态失衡恶化。西北风与土失调，西南水与肥的失调，西部苦衷根源昭然若揭。当然这是就主导作用而言，各种生态因素因果互有交叉。其次，再具体说三大高原生态因素要领，以见西部地理全国范围的因果关系及其本质的统一性。黄土—蒙新高原内陆位置，造成剧烈温差。旱寒酷热风蚀之下，大陆之地，山可以成石、成沙、成土；土以风力远飞而成黄土高原，再以水迁而成华北平原。戈壁、荒漠、沙漠、黄土地貌形态，由西至东依次清晰可见，内陆大漠高原、中部黄土高原、东部沉积大平原的地理地貌因果相证。青藏高原因高而地寒，因高寒而山体庞大，为江河之源，中华水塔；一级阶地居高临下，江河拖泥带水，水流土失之大势在青藏高原。云贵高原位南，多雨水蚀，滴水穿石，造成石灰岩地理特有的喀斯特地貌；雨洗土而赤贫，水土肥三者俱失，致土成红壤，石化为石漠，南中国红壤皆源于此理。总而言之，西部区域统一性，统在天文，也统在地文，当然也统在人文，导致近代社会经济文化贫穷落后的统为一域西部地区。

补充三，关于开发概念。开发，狭义地讲，就是原始性的拓荒，辟土植谷；广义地讲，是对新资源和新领域的开拓和利用，即就荒地、矿山、森林、水利等自然资源的利用所进行的生产活动。但是现在所说的开发，已经推新到了极致，开发表达的是国家战略规划，指一定区域的工业化建设和现代化发展。从这个理解出发，就知道历史的、动态的、科学的把握运用开发这个概念了。同时也只有了解西部开发史后，才能正确自如地运用开发这个概念。总之，开发是个推陈出新的概念，是以古老的原始的词语，表达现代的创新事物，以焕发出传统与时代结合的精神感召力。古今中外区域开发有四种历史形态：原始开发、传统开发、现代开发、当代发达国家的开发。原始开发，指先民在故土本区，利用木石工具以人力之劳，进行土地和动植物资源开发，即在不毛之地上的拓荒。从产业看，主要是原始农牧业，辟土植谷，筚路蓝缕，最富开发的本义。世界各民族无不经历过这个阶段，包括美国西部开发，都有这种原始开发的意味。唯先民的开发，是利用原始工具对自然界的开发，美国西部开发乃是现代人对原始自然态的开发，原始开发也要有分析性认识。原始先民开发决不同于后世的开发，主要表现在无长期战略和无区域平衡等思想；无规模，非举国之力；无经营，无先进的智力支持，先秦前开发大率如此。开发的目的是原始的生存繁衍，本质是保存生命进行的开发，可概括为"生存"二字。传统开发，是以传统农业经济主导的开发。一般都是由封建王朝策划，为政府行为；有先进地区和民族的智力物力支持，有进步的技术和文化等开发手段。总之传统开发的战略目的和动力机制在安边安族安民等，本质解决区域社会安定康宁，可概括为"安宁"二字。现代开发由工业化生产力推动，有现代科技教育支撑；在资源开发同时，重视生态建设和环境保护；目的是解决区域发展不平衡问题，以求后发优势的跨越式发展；开发战略目的在平衡区域经济和社会发展的平稳均衡，可以用"均衡"二字概括。近年关注发达的后工业化国家的区域开发，似乎别为一种形态。发达国家是在知识经济观念指导之下，根据以人为本的开发理念，把失业率、个人收入水平、社会富裕程度作为开发目标，开发方式是政府规划、投入、政策调控和市场运作。开发目的是人本性的，人的高水平的生活目的，可概括为"人本"二字。当然生存、安宁、平衡、人本四者是密切联系，特别是传统与现代开发有共性，不要把过去2000多年的传统开发，淡化得看不清楚；也不要把新世纪2000年发动的现代开发，虚张到看不清楚。从历史文献和以上分析看，还可以用开发、经略、建设、发展四个概念理解开发的历史形态，即原始开发就称开发；传统开发古代称经略或经营；现代开发人们一般称建设；发达国家开发实质应为发展。

　　补充四，关于历代概念。根据西部开发涉及区域范围、盛世王朝为主体的前提，以及鲜明的战略图谋这三大开发要领，许多朝代不具备开发主体的条件，所以历代并非所有朝代进行开发，主要指盛世王朝和政权的开发。首先，原始开发不具备历代开发的传统模式，也无需现代开发的机制和战略，最主要是西部版图还未稳固形成，所以直接从传统开发讲起，从秦统一后的西部开发起始。传统开发可分四个段落，注意不是阶段，开发不可能是连续不断的过程，而是有起有落的某个历史时期。从大开发视阈看主要有四个段落，也正是四个盛世王朝，因为只有盛世才有规模性的大开发；同时只有盛世出现雄才大略的帝王，才能成就开发大业。这么说西部传统开发实际也只有秦汉、盛唐、蒙元、清代四世。当然还要论及近代以来，自中山先生首先倡导的、国共两党先后实施的现代开发，以及本世纪启动的当代西部大开发。西部大开发共要讲六个段落，开发的代表性的领袖人物：秦始皇、汉武帝、盛唐诸帝、成吉思汗、清康雍乾诸帝、国共老辈领导人、我党新一代领袖人物。2000多年的西部开发，一目了然。先秦以前的原始开发，不在历代开发之列，正因为如此，在这里特别作以简单说明作为本讲的前提。原始自发性区域开发，本区本土本族原始农业，见于黄河长江流域以至全国各地的新石器时代遗址。夏商周三代各有开发版图大致在：夏的中心区域仅限于豫西之伊洛二水，以及晋南等地；商的中心区域在今河南北部、河北南部、山东西部一带；西周西起泾渭汉水流域，南越长江南岸一线，东之于海，北达于燕，即所谓东西南北四方中国之地；大约至战国，楚、秦、燕等国势力间断地深入岭南、西南、西北、北方等外服之地；在边远土著地区，尚未形成规模性经营开发，具体说：东南之福建、浙西南、江西东南的百越族；越灭吴和楚灭越之后，所谓的东越、闽越；两广一带的南越，西南云贵的雒越；楚、秦、蜀等国势力先后不同程度介入；同时燕赵势力也影响到东北。但统统谈不上对边远区的开发，因为尚不具备传统开发规模和战略经营水平。总之，秦汉前，西部还没有形成完整的行政地理单元，夏商周的版图没有进入三大高原，所谓秦的统一其版图未括入内蒙古、青藏、云贵、东北和广大西北地区。秦以后的西部开发，就是在这样基础版图上，各地民族自发开拓和盛世王朝大开发而成辽阔疆域。

补充五，关于开发战略的历史研究。关于历代西部开发战略，以及课题形成和课程设置，曾有过较长的探索过程。时在20世纪80年代初，陕甘地方比喻性提出"反弹琵琶伎"地区发展理念，中央领导明确提出减缩耕地复兴林草的"退耕还林"战略。后来又号召开发干旱半干旱农业，提倡发展节水灌溉农业，再度重新提出"开发西北"号令。为探索数千年西北开发本末历程，致力于开发历史基础的研究，于是在本校开设西北农牧史课程，进而著书立论，不意兼收地区农史研究的创通意义。通过十多年开拓，对西北农牧业发展，终于有了历史性基础认识。90年代后期，中央举国体制实施西部开发战略，自以为宜先在认识西北与西南区域统一性上下功夫，全面认识西部总体史，方可言当代西部大开发战略。遂转入西南地区的考察研究寻求答案，终于认识到其统一于高原地理；统一于干旱风蚀和多雨水蚀的生态机理；统一于民族文化历史的联系；统一于地区经济一穷二白现状；统一于蓄势待发历史机遇，等等。最后形成西部开发史这一完整的研究领域，终确立了西部开发战略研究课题。由西部开发战略进一步转西部历代大开发战略研究，也是面对现实做出的研究主题的调整。当时学术讨论空前热烈，关于大开发的理论高唱入云。然而从农史学的立场冷静地观察，总觉当时认识缺乏历史观，多少学者不强调西部开发需要长期历史过程，也不强调西部开发已经历过了长期历史过程。各种高论大致在三个层面上：学者们的学术之见；专家的专业之见；政要们的政策之见。各种认识见仁见智，颇有广度、深度、高度和力度，但总觉缺乏历史长度和深远度。横向的、平面的现状认识，可谓面面俱到；而纵向、穿越的历史认识，却是若明若暗。国之上下现代开发热情很高，而历史的冷静思考不足，全国区域之间的宏观认识也不够全面。望崦嵫而勿迫，恐鹈鴂之先鸣，发声研究历代开发战略实不为杞忧之议，西部大开发启动五六年后，时任总理明确指出：

西部大开发启动成功，进展顺利，但对历史长期性认识不足，西部开发是历史性工程，任重道远。后来中央提出科学发展观，重视地区经济的协调发展，明确在西部大开发战略之下，同时兼顾东北老工业基地振兴、沿海发达地区率先实现现代化、中部地区发挥综合优势实现中部崛起。从此，关于西部开发战略有了全面的认识，也逐步进入常态的开发过程，历代西部开发战略的课题研究也获得客观的检验。

补充六，关于研究方法。最后再补充西北农牧史和西部大开发两题研究方法问题。西部的历史结构中重点区位在西北，西北历史清楚了，整个西部开发史就容易了解。西部古代经济是农牧经济，现在仍然以农牧经济为基础，农牧史清楚了，西部经济开发史也就容易认识。历代西部开发战略研究，正是参考西北农牧史可以提供一个相对完整的地区农史体系，其中也包含认知和研究方法。近几十年来，历史研究重心下移，地区史成为非常重要的领域，治农史一定要领会地区农史研究方法。西部开发史属于地区发展史，第一部地区性农史著作。《西北农牧史》体例结构，纵向分原始、周秦、两汉、晋唐、宋清、近代六个历史阶段；每个历史阶段从三个方面记述：先讲这个历史阶段的社会背景和农牧业生产总体水平，再讲农牧科学技术，最后讲农牧业经济关系，以及社会生产、农业科技、农业经济支撑、构筑的农史知识体系。今反思这个体例的优劣：优在结构简洁严密，浓缩进大量农史内容，符合过去传统学术著作要领；存在的问题，段落之内缺乏条理化的分割，即没有细分成若干小段，许多观点隐藏在字里行间没有凸现出来，阅读起来有所不便。西部开发史共性共同的方法，同样可以从西北农牧史中取得某些方法论的认识，归结起来有五点：一是从自然到社会，即先检阅西北地质地理方面知识，初知古地理学到绿洲形成之类自然环境问题，再进入人文社会问题的思考；二是从现实到历史，即全面考察了解本地区现实的政治、经济、文化、社会和生态状况，再进入史料的收集和历史问题的思考；三是从民族关系史到社会发展历史，即先了解西北各民族复杂的部落交错关系和历史上的分合迁徙演变过程，然后再进入全区社会历史的整体研究；四是从农牧历史基础到经济社会开发，即先了解西部农牧业生产力和生产方式发展历史，并以此作为西部开发史和当代开发战略认识的基础；五是从西北到西南，即重点先弄清西北历代开发战略，西南和西部大开发历史一目了然。所以在较短时间认识西北农牧史和西部开发史，就是倚重这五条思路，或称为捷径吧。

例之二：《中国当代农业史纲》

（1）书介与立题

兹引出版社关于《中国当代农业史纲》介绍文字："为共和国农业树史立传；为数亿万农民歌功颂德。首部以'当代'命题的农史鸿篇巨制，计65万言。共和国成立至今65年农业履迹，靡不毕书。全书分九个历史阶段，通贯八条主体脉络，经纬交织，纵横捭阖。自土地改革迄今日城镇化，数百计农业史事，皆可纲举目张。全农道，大农观，兼三农，诸凡农业生产力、农村经济关系、农民社会生活之演进变迁，兼容并蓄囊括其中。崇尚传统史学优长，秉笔直书，持论中庸，客观纯真地记事述史。唯多年农政争议问题，独尊唯物史观，择善而从，否则在所必摈。属笔史论结合为主，前置导言以论带史，适宜农史教学科研参考，益于涉农领域广大受众阅览，竭力传奉读者史识、良知、正能量。"舍去当今出版界流行语气，书介内容郑重其事，不失为实事求是的概括。

《中国当代农业史纲》是酝酿多年的农史自选题目，与20世纪末中国当代史研究的小气候有关系，或者说与改革开放以来国外当代史学科的传习相关联。当代史的研究和学科发展，西方学者先觉先行。欧美史学家以创史的精神，曾做出多端探索。大约在19世纪初，便将"当代"与"史"联系起来，置于历史学范畴。这是非常了不起的学术创造，历史研究因此而向后延长百余年，以至与当下即时相接。从史学领域看，当代史实为历史学的断代体系之一，在古代、近代、现代之后，新续出

"当代"这一新历史阶段。关于当代史的时间范围，世界各国划分不尽相同。就当今语境而言，多将第二次世界大战结束的1945年，划定为当代史开元之年。中国当代史划分起始之年，为1949年中华人民共和国成立，迄于当今之日。这样使得中国当代史，自然而然地顺列于古代史、近代史、现代史之后，纳入数千年历史学范畴，成为新的断代序列。然而国人对当代史的认识和研究工作，却长期处于朦胧滞后状态，学科建设至今才算全面起步。可以说多年来，就谈不上专门系统的中国当代史研究；即便有所涉及，也是作为中共党史和现代史的尾声余韵。人们常言"当代"二字，却鲜见"当代史"一词流行。再加上极左思想的长期禁锢，学界也很少从专门史的角度，议论新中国经历的当代史事。直到新时期改革开放，西方当代史学以前所未有的影响力袭入国内，长期荒芜封冻的中国当代史学领域，终于雪消冰融，萌发出生机。最先是在基本国情研究中，提出"当代中国"的概念。后来开始《当代中国》丛书编纂工程，奠定了最初的资料和工作基础，为中国当代史学科建立，做了具有积极意义的准备。继而开始大型国史撰修，并拓展为中华人民共和国历史编写工程。水到渠成，厚积薄发，中国当代史低调而健步走来，在史界和各学科专业领域渐具影响，其转变前后也不过20多年时间。如今中国当代史已见洋洋大观，且登堂入室而直进高校和科研机构，并列入大中小学教科书之中，俨然作为一门新兴学科，在科教文化领域全面崛起。

中国当代农业历史学科，也是在这种学术背景下萌动发育，在多种学科因素作用下瓜熟蒂落。当代农史专业创始力量源于"当代中国丛书"之"农业门类"编研工程。20世纪90年代初，农业部为之始设专门研究机构并出版刊物，由此树立起中国当代农业历史的旗帜。当代农史研究室为学科中心所在，以其凝聚全国多方力量，开展学术交流与合作研究。按理说，当代农业史本应成其重要领域和分支学科，但实际情况并非如此。尽管农史界长期以来为中国农业史下限困惑，曾经苦心寻觅破解之道；然而农业史研究，自身始终未能开发出当代农史这个分支学科。农史学前辈向来崇尚"通古今之变"的思想，早在20世纪50年代，就提出"古为今用"的学科价值目标。直到80年代后期，开始强调农史研究重心下移，才辟出近代农史研究领域。其目的就是要在古代与现实之间，架起一道与今接轨的桥梁，创通"古—近—今"之变。这种改革思路中，明显缺少了当代数十年的历史环节，以致"近与今"之间，始终难以搭界沟通。所以当代农史机构赫然出现时，农史学界恍然彻悟，终于发现"古—近—当—今"之完整的学科系统。于是立即与当代农史队伍会师，吸纳其为中国农史学会下一分支学科；新兴的当代农史，从此取得明确的学科地位。正是在这种多因素学术背景和反复考量中，自心萌生了著作《当代农业史》的念头，并情不自禁地的发表《当代农史——中国农业历史研究的制高地》，表达对当代农史研究的满腔热情。后来因为学校工作安排关系，不能全力投入而只能结合研究生教学合作研究，详情可见本讲附录《中国当代农业史纲·自序》，此处省笔不再赘述。

（2）体例与结构

当代史属于断代史，农业史为专门史，《中国当代农业史纲》遵循传统史书体例，写法相对比较明确。唯是命题为"史纲"，就不知如何循例得体，为此也勉为其难地作过些思考。我国古史文献，多以卷篇标目，通常分纪传体、编年体、纪事本末体等体裁体例。现代的历史著作多半采用章节体例，以章和节等标目统率历史时序，较古代史书更容易检阅。在现代史著中，通史类著作最为人习见熟知；史纲是近现代以来渐出的历史体裁和体例，也是采用章节体例。通史一般以"某某史"命名，史纲则以"某某史纲"称名。史纲与通史虽然都采用章节体，其形式和内容略同，然不同之处，尚需认真辨析。"史纲"二字，本身提供的文字意义，应释为有关历史或史事之提纲。就史纲的体裁而言，当为提纲振目，以利记述有关史事的著作。史纲与同名的通史比较，篇幅规模相对较小，记事叙史文字也较为质略。因为史纲特点在追求简约，旨在展示史的要领、本质和系统；故舍去不必要的记述文字，以体现史纲特有的提纲挈领、纲举目张之效。当今以史纲命名的著作日益见多，粗略翻检史著目录，各种以史纲命名著作数以百计，已完全可以独成史纲类型文献。

考察史纲体例结构，大致可分三种类型：一种是从历史过程中，提选出若干重大事件或问题，然后分别表述论说。其结构相对简单，所选内容围绕中心主题，形成有系统联系，可称为专题系统体例。二是从历史过程提振若干带有纲领性的主题，每题下再列若干次级重要题目；再如法炮制下一级小题，最后形成题提纲振目结构，可称纲目体例。三是按历史阶段设置大章，各章下再设节和段；分层次而有体系地提选若干题目分别叙述，从而构成经纬交错的结构，或称纵横史纲体例，与通史体例大同小异。相异在于通史记述政治、经济、文化等基本内容，且贯通全史；各章节对基本内容前后照应，作扫描式的记述，以见不同历史阶段发展水平，从而体现其"通"体。然而史纲各章节内容自成体系，揭示史事发展的结构和逻辑，不必追求前呼后应和面面俱到，从而体现出一个"纲"字。史纲体例目前还处于各行其是的过程，尚未见学者作出规范的论证，更未见史家明确地为之发凡起例。本书只能参照上述几种常见基本体例，结合当代农业实际试为探索，不妨命名为史纲。总之直白而言，史纲即史的纲要，历史之大纲要领，提纲挈领而已。史纲不同于通史或全史著作，后者卷帙浩繁，可见全而通的历史规模；然而史纲也是常见的历史文献体裁，学术地位也不可低估，且有其独特体例形式。史纲便于提纲振目，展示农业发展历史脉络。可以执简驭繁，把握重大农史事件的要领，阐明农史逻辑和发展规律。然自惭形秽的是本书名为史纲，而实未完全达于规范。若按史纲学术要求，其体式笔法，尚有不小距离，这其中的原委自然是个人学养所限的缘故。

正因为如此，《中国当代农业史纲》采用章节体例，置章、节、段三级标题。章题以当代农业65年间，有划时段意义的关键词提领，恰也是共和国经历的重大事实。章序次第与国史历程时序基本一致，因为新中国仍然是大农业国，始终以农业为国民经济基础。有关国家治理、经济发展、社会建设等，总以农业、农村、农民为主体，三者在当代农业中高度统一，显示出章题的纲领性质。各章设置若干节目，以本阶段重大农政或典型事件标题，各节构成一定的系统关系，共同支撑章目主题。每节下分若干段落，段题设置较为灵活，或以时地顺序，或以事件过程，或以逻辑关系等，显然不尽相同多有变通。小段题内也构成系统，以便与段下的自然段结为纵横网络结构，此处最能体现本书史纲体例特点。当然，史纲要义不尽在体例形式，关键在对历史的内在关系和本质有所认识，要领在对史的发展脉络做出符合历史逻辑的表述。编修中虽经反复思考，面对"史纲"二字，唯能做出如上理想化构思和章节设计。

（3）当代农史阶段划分

法国历史学家雅克·勒高夫曾提出"历史是时间的科学"，历史学的本质就是一门关于时间的学问。历史的阶段性正是由时间和史事结构而成，乃是历史认识的基本因素和内容，在当代史研究中尤为重要。因为历史认识，是从史料出发，先对历史发展形成全过程的认识；通过全过程分析研究，形成阶段性认识；再通过对各阶段的深入研究，才能达到对历史规律的理性认识高度，最终作为认识现实的镜鉴和指导。历史认识的过程性—阶段性—规律性—镜鉴性，相互之间构成有机联系。其中阶段性关系到由感性认识到理性认识的形成，承上启下，为修史者之突破点，也是读史者的切入点。这就是说，只有将客观历史过程划分成阶段，才能深入认识历史规律，进而去镜鉴现实。考察和研究当代农业史，就是要从阶段分析入手，先把当代农史划分成若干历史阶段，然后再进一步的认识。但当代史发展规律的认识，非一般化的过程感知，若要达到史的认识境界，还要做由此及彼、由表及里、由古及今的理性分析研究，才能把全过程划成若干阶段，进而进入到理性规律认识之中。这是历史科学认识非常重要的环节，称为历史的阶段性。因为历史载体是时间，是连续不断的时事运动发展过程，以时间和事件划分成段落，就如同把整体事物分成若干部分，以求得对历史本质和规律的认识。当探明历史阶段性之后，笼统漫长的历程就会显示出段落头绪，不再是史料和文字的堆砌，成为可观、可思、可检索的历史认识系统。唯有了阶段性认识，历史的面貌便会跃然纸上，眉目清晰，历史才得引人入胜。

历史阶段性认识的根本目的，还在于分析史的组成和结构，最终对历史本质有所认识。阶段是史的基本单元，划分若干阶段便能显示出史的单元结构框架，进而融纳入大量史事内容。故知史书内容的丰富多彩，其复杂程度和体量大小，从表达阶段性的目录系统便得以体现。历史阶段的结构，又是由历史逻辑性和系统性决定，一般按照时空变化位移、事件的始末因果、人物的类别群分，以及问题的条理罗列等，皆可构成逻辑和系统关系。所以史的关键和重点何在，也可从阶段序列中判断认识，检阅史书目录中段落章题，大致就能对此做出判定。历史是时间与人物事件相结合的运动，史事进程快慢和起伏波折，也会强烈地表现在阶段性的变化之中，或喻为历史的脚步和时代的节奏。当然历史阶段性的最大特点，还在于蕴涵着历史的逻辑，反映出历史规律和历史运行的内在力量，从而认识历史未来发展的趋势、目标和路径。关于历史阶段如何划分，目前没有绝对统一的方法，当代史阶段亦无通用的划分标准和模式参照。盖因阶段划分，仍然是一种人为的主观认识；唯使主观划分与客观历史相统一，持之有故，言之有据，便能表达出历史规律。所以面对不同的当代史阶段划分结果，一定要充分理解史家立说的角度、针对的问题、划段用意等，及其见仁见智的独到之处。

本书划分当代农史阶段，主要依据农业自身发展的动因和表现特征，同时结合农业发展的经济社会背景，辅助为时段划分的参照。具体考量有下面诸方面因素：首先，是农业生产力发展的水平，把综合生产力作为农史内动力因素，认真分析判断农业生产是否构成阶段性。其次，要以重大农业史事作为阶段标志，大事件就是阶段的主题和旗帜。本书设章命题，还考虑到当代社会变革等因素，体现了"大事为经"的体例。当代史阶段划分还参照了历次重大农村社会运动，因其显示阶段性更为鲜明，有高度的共识性。社会运动与农业大事之间并无根本矛盾，两者多数时段高度重合。新中国是在传统农业基础上立国，早期的建设、改革、发展可以说寸步离不开农业，重大社会运动多在农村和农民中进行。中华人民共和国成立初期接连发动的政治运动，大部分还属农政范畴，本质上仍是农村社会运动。历史统一性，会使不同领域的认识，汇集于同一时代的统一主题之下，即所谓的殊途同归。当代农史阶段出现与当代社会史某些相同的划分，正是这种特定历史背景所致。

中国当代农业史阶段划分的思路，拟先作大的阶段分析，可粗略分为国初十七年的建设、"十年文化大革命"、三十多年改革开放等三大部分。这是人人耳熟能详的时段概念，由此入手作阶段分析，六十多年当代农业史，时序井然，一望而知。在此三大段基础上，然后对历史过程和重大事件归纳概括，按时间顺序划分成小的时期阶段；再以时代背景和标志性的事件提领主题，即可显示出当代农业史具体的阶段。据此对65年农业细分结果是："文革"之前与之后，各分4个阶段；中间阶段"宜粗不宜细"，统为1个阶段；总计9个阶段，即构成全书的第2章至第10章的结构和内容。进而对各阶段的政治、经济和社会背景，以及重大的农业事件的性质和意义，作进一步分析、提要和概述，以便读者了解各阶段的特点、意义和农史价值，从而对全建立起要领性认识。

（4）当代农史的主体

农民群众是当代农史的主体力量。历史唯物主义坚定认为，人民群众是历史的创造者。检阅当代农史篇章，农民群众的主体地位和力量，可谓顶天立地无可替代；只有农民，才是创造当代农史的主体力量。创建新中国的革命斗争中，农民是农村包围城市的主力军；在社会主义改造运动和建设大业中，农民首当其冲，又成为中流砥柱；"文革"十年，虽有野心家倒行逆施，仍是农民支撑力挽农业危局；改革开放初期，拨乱反正之路何等艰险，还是农民率先摸着石头过河，开创了改革开放之路；城市改革举步维艰之时，乡镇企业却异军突起，为国企转型改制探索助力；市场经济初期，传统农业难以适从，是农民在努力调整产业结构，转变农业经营方式；城市化建设为国家现代化标志，亿万农民工进城打拼，新兴城市拔地而起；为推进城乡统筹发展战略，大力开展新农村和城镇化建设，并进一步推动城乡社会保障一体化；为实现全面小康和现代化目标，农民又开始深化改革，全面建设中国特色的现代农业。事实史理俱证，没有农民的主体创造力量，就不可能推衍出波澜壮阔的当代农业史。

农民主体的形象与时俱进，其推进当代农史的内在动力和表现形式，也在不断改革、调整和自我提升之中。中华人民共和国成立的前七年，是世人充分肯定的历史阶段，也正是农民主体意识形成和牢固确立的时期。农民阶级是最大群体，占全国人口的85%以上，共和国政权以工农联盟为基础，奠定了人民民主专政国体。农民多年追随革命，终于迎来翻身解放摆脱被压迫身份的时代。当中国共产党建立了人民民主政权后，农民当家做主，共和国主人翁的意识油然而生。农民也懂得优越的政治地位，是中国共产党英明领导的结果，因而衷心地热爱共产党，拥护共产党代表人民的根本利益治国理政。为尽快恢复战乱后的国民经济，农民埋头于传统的日作日息的劳作方式，激情呼喊着增产多交"爱国粮"的新口号。为贯彻"一化三改"过渡时期总路线，农民饱含着感恩不尽，又眷恋不舍的复杂心情，甘愿新分土地得而复失，以支持农业合作化。为支援国家工业化，农民无怨无悔地执行统购统销政策，成万亿元的原始积累，大都是来自农业和农民贡献。中华人民共和国成立初经济恢复和社会改造两大成就，居功至伟者为新中国的农民，农民是巩固新政权的主体力量。

从"大跃进"到改革开放前之20年间，我国经济和社会发展，出现曲折复杂的过程。极"左"路线和政策失误，损伤了农业生产力，导致三年之久的饥荒。在这不堪回首的狂热和动乱年代，农民仍始终坚守农业生产战线，忠实践行农业是国民经济基础的方针；响应"抓革命，促生产"号召，肩负起粮食生产和农产品保障的重担。多年风云变幻政治运动中，广大农村干部和农民群众思想觉悟，也在正反经验教训中逐渐提高，主人翁的主体意识和素质进一步强化提升。农民对于阶级斗争和继续革命的理论，并非绝对盲目服从；农民出于本职本分，更关注家庭生活、集体生产乃至国家命运。正是在这20多年，农民依靠大规模集体力量，建成遍及全国各地的中小型水利灌溉工程；开展空前规模的农田基本建设，推动群众性农业机械和科学技术改革运动。农民用辛劳汗水，创造出了巨大生产力，改善了农业生产基本条件，稳固地夯实着农业基础地位。当代农业和国民经济，正是在广大农民坚守之下，终于度过了这一动乱危难时期。

在改革开放时期，农民的主体意识，更加理性和成熟。农民发挥自己的智慧和创造力，首先从农村改革找到突破口，对全国改革开放起到引领作用。农民创行的土地"大包干"承包经营制，不仅改变农村经济制度，而且从根本上动摇了计划经济的基础。农户自主经营，丰富了农产品供给，最先搞活了农村经济。实行家庭承包经营，彻底瓦解了人民公社制度大厦；农村撤社建乡，农民从大公社的藩篱中自我解放出来。新建起来的农村乡镇，整合原有工副业资源，发挥承包经营的灵活机制；乡镇企业春笋般突起，给城市工业改革和市场经济萌生以有益启示。人们不难设想，若无农民群众的创新精神，改革开放将不知从何处破题起步，当代中国不知还要走多少挫折弯路。

当然农民和农村改革，也经受了极大的磨难和锻炼。当进入实行市场经济的深水区后，传统农村产业格局，难以适应新体制要求。农民突然感到不知该种什么，为什么种地不增产，反而会倒赔钱？于是农民又开始学习市场经济规律，转变农业生产方式，调整农村产业结构，开展产业化经营和社会化服务，逐渐成为社会主义市场经济主体。在全面开发了国内农产品市场的同时，我国农业又迈步世界贸易组织，勇敢地使农业走向国际化，走出具有中国特色社会主义农业现代化道路。

农民作为农村改革的主体，也在改革中提升自己的政治觉悟和思想境界。在20世纪80年代，农民大胆探索农村政治改革，出现民主选举村干部的创举，并不断推进使之制度化。在此基础上，逐步形成了完整的村民自治体系。村党支部、村委会和农民专业协会等群众组织，按照各自职能，分工协作，治理农村政治、经济和社会事务，共同建设乡村和谐社会。农村法制建设也在全面推进，涉农的法律法规连续制定出台，广大农民学用法律武器，维护自己的经济利益和政治权益。这一时期，政府推出许多解决"三农"问题的政策措施，如惠农补贴，免除农业税负，解决农村义务教育经费，维护农民工权益等，大都是依据涉农法律和法治手段推行。随着农民主人翁意识的逐渐增强，进一步提出社会公平的重大政法问题，农民要同等分享改革成果，像城市人一样过有尊严的生活。正是在这种形势之下，中央提出城乡统筹发展的战略，并作出全面深化农村改革的新目标，逐步建设和完善现代农村的治理体系。

总之，农民在当代农史中的主体地位无与伦比，唯有农民才是推动创造当代农史的主体力量。农民主体意识源于历史传统，民以食为天，力农务本是天经地义的职责，农本观念和务本的思想根深蒂固。这些朴素的传统理念，决定着农民的主体担当，无论农政利弊变化及生计劳作如何艰辛，世代农民始终坚守在农业战线。当前农民队伍正面临新的历史性变化，新型城镇化使得大批农民将改变身份成为市民，从事农业者不断减少，这是人类历史进化发展的必然。从世界农业史范畴看，农民是封建社会遗留下来的一个庞大的阶级，与农民同出共存的封建地主阶级早已瓦解了，传统农业社会也完全转型为现代工业化社会。那么，封建的农业社会遗留下来的农民群体的地位、性质和作用，以及何去何从问题，怎么样从实际和理论上重新认识，正是我们需要研究的重大理论课题。但是这些理论研究，并不妨碍本书以农民为当代农史主体的结论。

（5）当代农史发展动力

农业生产力，是人类利用动植物创造物质文明和精神文明，以满足自身生存和生活需要的能力。历史唯物主义认为，生产力是社会历史发展的根本动因和动力所在；那么农业生产力，无疑便是当代农业历史发展的根本动力。农业生产力由多种要素组合而成，其内部结构和外部关系都很复杂，渗透在农业生产和社会经济的各个方面。当代农业史纲要旨，首先面临的正是这个问题。然而本书并未设置具体章节专门细论农业生产力，而是标题于农业生产关系和上层建筑领域，以重大农史事件提领全书。因为农业生产力的科学表述，核心正是农业科学技术，所谓科学技术是第一生产力。若以农业科技体系标领章节题目，就会陷于农业科技史的僵硬系统，失去当代农业史的鲜活的风姿。质言之，本书采以生产关系提领当代农业体系的体例设置，将农业生产力的动力要素，渗透农业生产关系，贯穿于整个当代农业历史进程。所以在导论本书重大问题时，必先明确提出农业生产力作用，此乃当代农史根本的推动力问题，必须首先抽绎出来加以集中认识。

农业生产力是历史范畴，不同历史阶段，有相应的农业发展水平，历史研究一般划分为原始农业、传统农业和现代农业三种形态。本书记述的当代农史65年间，正是传统农业向现代农业的过渡期。这种过渡态的特点，主要表现在传统农业动力、工具和技术体系。在中华人民共和国成立初的农业生产中，传统动力仍普遍地使用。但在农业科技教育研究领域，现代农业要素，已经显露出导向作用；某些现代农业技术措施，也开始试行传习或普及推广。农业生产力的过渡形态，乃是中国农业历史发展的必然过程。原始农业向传统农业过渡，曾经历夏、商、周三代2000多年，直到春秋战国时期，才出现牛耕和铁器主导的传统农业生产力。然而传统农业向现代农业过渡，历时则不甚长久。西方发达国家前后经过200多年，便过渡到所谓的近代农业生产力阶段，二战后渐进到现代化农业的过程。我国农业过渡历程出现更晚，新中国成立之初，才萌动了现代农业理想目标。经过65年锲而不舍的努力，而今现代农业已经显现雏形，即将同步于世界发达国家农业现代化水平。本书当代农业史所展示的内容，正是农业生产力由传统农业，向现代农业过渡的全过程。若以人民公社时期为中段，从此前、此后为界划分，可分三个主要阶段，细说生产力发展历程。

第一个阶段，人民公社之前七八年，仍然是传统农业生产力为主的发展时期，但新的农业因素开始显现。互助组的协力作用，合作社集体化劳作，已经具有新的生产方式的因素。农民相继成为新土地和新集体的主人翁，焕发出劳动者前所未有的发展生产力的积极性。中华人民共和国开元之年，临时宪章《共同纲领》中，就提出开展爱国生产运动，恢复和发展农业生产力。土地改革和互助合作运动中，新分得土地和组织起来的农民，发挥出巨大的生产能动性。自耕的利益驱动，互助生产的协力，都具有毋庸置疑的提高劳动效力作用。中华人民共和国成立初农业生产转危复苏，主要依靠解放劳动者生产力，才恢复了凋敝的农业经济。当时农业生产的基本手段，主要是开发传统农业技艺。农村涌现出的劳动模范和生产能手，多半是不识字的农民；通过总结推广长期积累的丰产经验，努力促进新中国农业复苏发展。第一次全国农业工作会议的议题，重视的就是良种繁育，这也是传统农业常用的有效增产方式。此时人民政府开始提出兴办现代农业科研和教育事业，推广半机械性的双轮双铧犁，引种美棉优良品种和少量化肥，发动群众积制土肥和自制农药等措施。同时开展扫盲识字运动，使农民逐步接受新的农业技术。总体看来，当时的农业还是旧有传统方式，中央也明确这时期农业和农村工作指导原则是：以社会改革为主，技术改革为辅，即以生产关系的变革带动农业生产力发展。

第二个阶段，时从1958年起，即人民公社时期的20多年间。空前规模的农田基本建设，跨社队的水利工程，极大地改变了农业生产条件。国家逐渐形成初步的综合生产力，工业化也开始为农业提供电力、机械、化肥、农药等现代生产资料。至人民公社发展到中后期，主要农业区陆续出现许多新的生产力因素。现代农业生产技术，大约从1957年农业集体化即开始萌发。农田基建和水利灌溉，成为现代农业最为重要的强大生产力。农村在合作化和人民公社时期，就利用集体所有制的优势，大规模地规划土地和水利工程。亿万农民投入改造山河的建设大业，前后经历了20余年不懈努力，农田基本建设和水利灌溉工程，在"文革"中达到最高潮。虽然"大跃进"和"文化大革命"期间，走过一些弯路，但农业生产力有自身发展规律，农业现代化已是大势所趋。

　　这时期现代农业另一重大因素，即农业机械化工程，有了较大发展。唯物史观重视劳动工具，将其作为衡量生产力水平的标志，毛泽东曾作过"农业根本出路在于机械化"的著名论断。过渡时期倡导工业化，提出工业要为农业服务。全国上下坚定地认为，必须生产以拖拉机为主的大型农业机械，采用像苏联那样的农用动力机器，从事耕种、收获和农产加工等生产。"大跃进"中开展了群众性农具改良运动，全国上下纷纷制定农业机具发展规划，明确"四年小发展、七年中发展、十年大发展"的目标任务。国家重点建立起大型拖拉机厂，各县社设建拖拉机站，由此带动了社队小型农具修造厂发展，发起各种手工业技术改造运动。"文革"年间，再次掀起农机制造和推广热潮，规划25年实现农业机械化的蓝图。由于农用动力机具的发展，又带动了农业技术普及推广工作。20世纪60年代初国务院召开农技工作会议，制定《农业技术规划发展纲要》，全国农业技术推广体制，逐步建立并得以巩固。各县农业局下设农技站，有的还分设种子、土肥、畜牧等专业站。广大农村普遍唱响"科学种田"口号，以群众运动方式，多次掀起农业科技推广热潮。总之中华人民共和国成立后30多年，政府在农田、水利、农机、农技等方面，奠定了当代生产力基础，为实现农业现代化作了充分准备。

　　第三阶段，改革开放时期。历经30多年改革、发展和积累，农业生产突飞猛进，我国农业综合生产力，已经逐步进入农业现代化攻坚阶段。首先是农业经营制度，突破性地实行了家庭承包制，通过调整生产关系，重新调动起广大农民的积极性，再次解放了农业生产力。政府加大政策支持和资金投入的力度，使得农业生产力实体要素得到强化。改革开放之初，邓小平就提出"科学技术是第一生产力"的论断和号召，农业科技教育突飞猛进，农业战线成果累累，科技人才辈出。这一时期生物技术为主导的现代农业科学，更新了原来的实验农学体系，即对作物的认识由细胞水平发展到基因技术，优质、高效、安全成为新型农业的基本素质。传统的畜力农具和传统生产方式，逐渐退出广大农区，代之而出的是大型机具、节水灌溉、种养设施等新的生产手段。为了适应市场经济体制，农业全面调整产业结构，大力转变计划性生产方式，运用市场规则配置农业资源，把发展综合生产力，列入农事重大议程。同时倡导农业产业化和社会化服务，调动各种生产要素，强化生产力内部机制力量。农业生产力的产量水平开始大幅提升，实现了农业史上极其罕见的连续11年增产，总产量稳步地超越了万亿斤以上。从目前形势看，我国农业基本上摆脱了传统的生产力水平，正沿着中国特色的农业现代化道路阔步前进。

总括而论，当代农业发展动力因素，多种多样非常富饶。其一，源于生产力历史积累，其自然发展的各种内在因素有基础作用；即使在近代生产凋敝和社会动乱条件下，仍在不断积累发展之中，实为当代生产力蓄势待发的重要历史基础。其二，近代工业化和现代农业科学技术是没有国界的，其影响力的东渐，不是任何形式的闭关锁国或经济封锁可以阻隔。现代农业生产力正是在这种国际背景下，逐步渗透浸入我国广大农村。其三，中华人民共和国成立后30多年间，发展生产力的迫切愿望和步伐从未停滞过，虽然出于急于求成几度步履紊乱，但随时都在调整步伐，总是在努力适应着生产力发展的大趋势。其四，改革开放全面调整农业生产关系，特别是实行家庭承包经营制和土地经营权依法流转，新焕发出的农业生产力更是无法估量。政府实行一系列惠农富民政策，极大地调动了农民的生产积极性。市场经济主导农业结构调整，产业化改变农业生产方式，农业产量、质量和效率大幅度提高。其五，以现代工业和科学技术为基础，形成的全新的农业生产体系，包括农业动力机械设施装备，生物与电子科技为中心的生产手段，农业经营管理和社会化服务等，全方位体现出农业生产力已经进入到现代农业阶段。当前方兴未艾的现代农业，既是当代农业长期积累的历史成果，也预示着未来农业生产力会有更加先进发达的前景。

（6）当代农史研究的理论坚守

唯物史观是马克思主义哲学观，是社会主义意识形态的核心价值取向，也是当代农史从理论和现状出发的务实抉择。我国当代农业史研究起步较晚，学科理论方法体系尚未形成，对当代农业问题的理论认识更为贫乏。故本书立题谋篇，唯依据历史唯物主义，作为理论性和原则性指导。坚持唯物主义历史观，就必须用与时俱进的眼光，客观辩证地看待有争论的历史问题，与史为善地求同存异向前看。任何争议一旦成历史话题，就不那么令人感到沉重纠结，都可以从容不迫地论道了。特别是在当今政通人和的太平盛世，我国的国际地位和农业综合实力大增，国人的眼界和认识历史问题的水平，也较前大为提高。这是历史认识的特点和优长，是时间神奇的力量，所谓的搁置争议和盖棺定论，便是这个实在的道理。

回顾65年来农政是非，许多长期争论不清的难题，现在似乎都会有新的破解思路。总体来说，前30年出现的争议，如中华人民共和国成立初生产的互助与合作、合作化的慢与快、反冒进与"大跃进"、右倾与"左"倾争论、农村阶级斗争等，所谓的大是大非问题，显然多是制度初探中的认识分歧所引起的激烈争论。如今时过境迁30多年，客观事实已经做出适当的结论，现在需要的是认真总结历史教训以为镜鉴。至于改革开放后30多年，所出现的各种争论，如实事求是与既定方针、四项基本原则与自由化、市场经济与计划经济、改革与守旧、倡廉与腐败的斗争等。总的来说，大都是在改革开放和不断深化改革中出现的问题，有些还需要进一步实践效果评判。但有些则要尽快总结经验教训，统一思想以指导当前改革和未来发展。看来只要坚持唯物史观，60多年当代农史中的诸多争议问题，就都不难认识和解决。

历史唯物主义讲论人类社会历史一般发展规律，最主要的观点和鲜明的特点，正是重视物质生活的生产方式。农业生产方式，即所谓的"唯物"体现，所以当代农史问题研究，可以充分运用唯物主义的历史观和方法论。本书编著实践也证明，唯物史观完全契合于当代农史的理论方法，与一切优秀的史学理论殊途同归。既符合历史的逻辑，也符合农业发展的实际，许多纷纭复杂的争议问题自见分晓。正因为如此，本书努力根据历史唯物主义原理，结合史学一般理论方法和农史实际，分析讨论当代农史争议问题，以求正确把握当代农史规律和未来发展方向。

遵照历史唯物主义，就必须从农业本体着眼，即从当代农史基本范畴出发，排除一切与农业、农政、农事无关的争议问题。党内外政治斗争和政见分歧，本书中一般不作深涉或泛议。有关政治社会背景表述，唯遵循主流共识的基本观点，以农民主体的视野和感触为范围。农业政策方面的争议问题，重在选取有关农业生产、农村社会发展、农民生活等问题。绝不脱离农业政策，漫议政治和社会历史问题，更不会无限上纲到政治斗争和领导者关系之争。因为本书看待当代农政领域分歧，基本出发点仍视其为思想认识和工作方法上的不同意见。当年错误地命为阶级斗争或路线斗争而辩论不休的问题，如今看来多为认识上的分歧，而且并非是当代农史重点所在。学术性的农政争论，当择善而从，特别是确有新意的观点，必兼容并蓄，以提高农史认识水平。对于纯思想理论专业观点，以及与农业现实相去甚远的理性认识问题，仅吸取理论精神而不加细说，具体观点不作综述评论。至于多年来出现的过分激情偏狭观点，自然不足为训；而过分自由的言路与制度抵触的观点，本书则在所必摈。

近年国内外历史档案大量解密，当年决策的内部资料及领导们个人因素，也大白于天下。党内外老一辈高层官员，亲历性回忆录相继刊行，使得重大历史事件背景资料，及农政决策过程更为翔实。然而这也是需要认真对待的新问题，解密档案和知情回忆录，丰富了当代农史资料，对认识争议性问题提供了新的参考依据，可以从更多的层面和角度分辨是非曲直。但也要注意到忆事者经见的局限性，以及本人的立场态度和思想水平等因素，必须通过科学地考证分析，然后运用这些史料资源。新解密的历史档案资料，可以丰富充实历史，但绝不能据此轻易地颠覆历史。档案是可以人为保密的，而农业历史实际永远是在阳光下田野中运行，解密档案增添些历史资料，仍然需要根据历史实际，作出全面的分析判定。

按照唯物史观，本书以农民为现代农史主体，评判农事是非和农政得失，非常注重农民的感受和反映。当年农业和农村社会运动，频繁不断，许多脱离农业生产实际的政令，无关农民切身利益的运动，实际上不可能真正推行。对此本书略记其事而不必津津乐道。例如农村曾多次发动过的思想教育运动，广大基层干部和群众只是虚应公事而已；极"左"思潮下的农村政策，官僚主义瞎指挥，农民不乏自我保护的意识，也自有趋利避害的策略。时过几十年后的今天，还有人为当年决策的细故和分歧争议不休，还在计议对农民造成的经济损失和不良政治后果，而农民群众则视若过眼云烟不以为然。当代曾几度出现所谓为农叫苦，或为民请命的争论；然而农民问题，是古今中外农史中最复杂的问题；解决农民的贫穷苦难，必须靠农业现代化和农政制度改革才能根本改变农民命运，仅凭悲情和慷慨言论无济于事。近年破解"三农"问题的实践再次充分证明，对待农民问题既不能麻木不仁，又要防止仁而不仁。故本书摈弃一切情绪化的观点，不介意那些言不及义的无谓争论。

坚持历史唯物主义，就要用辩证思维分析当代农史分歧话题。历史是时间的顺延承续，也是社会的进步发展。尊信唯物史观，就不能否定历史的客观存在，不能割断历史阶段的联系，要充分认识历史发生发展过程的统一性。最近中央领导学用历史唯物主义，在治国理政中表现出高度警觉，提出正确看待改革开放前后两个阶段的历史。其指导性的思想是：不能用改革开放后的历史时期，否定改革开放前的历史时期；也不能用改革开放前的历史时期，否定改革开放后的历史时期。"两个不能否定"的论断，可视为正确学用历史唯物主义的范例，当代农史诸多争议问题，可以从中找到破解的思路。不能否定的观点，既是历史观，也是对当代史的具体肯定，更是对当代中国的历史自信。从而为当代农史多年争议话题，明示出判定是非的准则。质言之，既不能封闭僵化，抱残守缺地认识历史问题；也不能改旗易帜，离经叛道妄言历史问题。唯物史观包含着肯定与否定的辩证法则，还必须认识到"两个不能否定"是就历史总体发展而言，并非排斥对具体历史问题作正确与错误的评判。两个阶段历史不能否定，但是十年"文化大革命"必须彻底否定；而"文革"中农业和农民群众艰难负重的贡献，又必须充分肯定和估量。总之，坚持科学的历史观和辩证的方法论，沉淀多年的当代农史争议会愈辩愈明，终会获得无愧于当今时代的历史结论。

（7）《中国当代农业史纲》结语

告结本书之际，自然会遇到读者对历史著作常有的两点诉求：第一点，当代农业史从何说起，65年农业如何一言以蔽之？第二点，中国农业今后发展的前景如何，未来农业将何去何从？

关于第一问，这里回答是从唯物史观着眼，从农业生产方式演变考察，即从生产力和生产关系两方面认识，或可言中。就农业生产力演进看，这65年是传统农业生产力向现代农业演进发展的过程。当代农业从旧中国遗留下的牛耕人作传统农业起步，发展到今天工业化和科技进步主导的现代农业生产力体系初现，正是其发展的动态历程。这是人类物质生产和社会文明进步的必然，也是共和国农民群众主体力量及综合国运的体现。检阅当代农业生产力发展的辉煌成就：包括农业动力工具的推陈出新，水土基础设施的日新月异，农科技术研发推广的更新换代，农业经营管理及产业结构的调整升级，农政资金投入和社会服务的强化完善，农教科研培训人才的辈出群现，农产质量品位和产量水平的历史新高，等等。所有这些历史成就，无不蕴含着传统农业向现代农业进化和创新的脚印。当代农业生产力的演进历程，深深地铭刻在这条农业现代化的道路上。

从农业生产关系方面看，新中国社会主义制度选择有其根本意义，从而决定了农业所有制的集体公有关系。这65年农业经济和农村社会关系的总和，始终立本在农村集体公有制的磐石之上。共和国经历的改造、建设、革命、改革等阶段，其递变而不离其宗地维护着集体公有的根本制度。合作社、公社化、承包制、规模化经营、新型城镇化等制度性改革，无不是为了探索集体公有制度经营臻于完善，以利于农业大规模社会化生产，又能调动农民承包经营的责任心和生产积极性。数十年来，关于互助与合作、冒进与跃进、左倾与右倾、革命与治乱、改革与保守、姓资与姓社、市场与计划、公有与私有、竞争与公平、腐败与反贪等，所谓的政策路线之争，实质仍在于农业所有制的核心之点。当代农业史实表明，这些争议或以街谈巷议、学术争鸣、政治协商形式出现，或以政策激辩、公开批判、激烈的阶级斗争等方式交锋，然而农村生产关系从未脱离集体所有制基石，农业与农村工作始终行进在社会主义道路上。总之一句话：农业生产力的现代发展之路，农业生产关系的社会主义之路，就是中国特色社会主义农业现代化道路，这正是当代中国农业65年的历史进程。

关于第二点的回答是：未来中国农业前程似锦，农业现代化的道路越走越宽广。当代农业走上现代化的道路，虽然其步伐仍然稚弱而不够坚实有力，目前仍有许多体制机制障碍而不能大步迈进。然而必须看到艰难困扰中不存在社会制度性障碍，国家在政治特别是农政层面大力推进农业现代化建设。治国理政大政方针和奋斗目标，明确为新型工业化、信息化、城镇化和农业现代化同步发展，新型"四化"中农业与城镇化及其他方面关系最为紧密，形成科学的统筹发展关系。在国家创新驱动的战略思想指导下，现存的各种体制障碍均有了破解的途径和思路。特别是土地制度这一农村的根本制度，经多年的研究、探索和实践，经营权流转和规模化新型经营主体不断涌现，这两者相辅相成破。可以预见，土地的集体所有权、农户承包权、经营权三权分置的改革成就将为正果，且以法律的形式得到全力推广。近年困扰农业发展的社会大生产的问题会从根本上得以解决，这是中华人民共和国成立初土改、农业合作化和改革开放承包经验制后又一次创新性土地改革。土地经营权流转的制度改革，必将引起农业和农村领域相关体制和机制创新，农业生产方式转变、农村产业结构调整，以及新的生产技术和经营模式随之而发生连锁式新变。新型城镇化和农村社会改革也会同时加快进程，中国农业、农村、农民的现代化是历史的必然。

　　最后，在展望农业现代化未来美好前景时，我们不妨顾望一番农业历史，让悠久的中国农业历史回应当代农史何去何从的问题。农业是人类文明开创的第一产业，经历了近万年的萌生和发展道路，主导着人类物质和精神文明的进化。直到近代数百年才从农业社会的手工业和商品交换中，催生出现代工业和市场化经营，形成后来居上的第二产业和第三产业，人类进入工商业主导的社会经济，即今人所称道的工业化社会。在第一、二、三产业的关系中，主导社会经济发展的却是工业化与商品流通及服务业，农业关联着食物生产而始终处于基础地位。这就决定现代新兴的第二、三产业必须支持传统的第一产业，谓之"反哺农业"，也是工商业自觉担负的历史性命题。除反哺关系外，工业化和现代科学技术对农业生产手段，还进行全面的改造；商业服务业，也全面的改造着农业的经营方式，传统农业从而发生了脱胎换骨的改造。这些正是我国当代农业所走的现代化道路，也是世界发达国家走过的、发展中国家要走的沧桑正道。显然未来农业现代化之路，绝非淡化削弱农业，而是进一步强化创新农业的发展。将来随着社会进步和科学技术的进步，农业生产方式还会与时俱进，农业保障人类食物生产的功能和地位无可改变，这正是我国传统"民以食为天"和当今"重农固本"治国纲领的必然逻辑和历史依据。现代化道路是人类共同发展的道路，社会主义制度确保着我国农业在这条道路上稳步前进，现代农业美好的愿景可望可及。

第八节　农史研究者素养和农史学科建设

　　以上七节先简述学科概论，进而较详介绍研究方法，无论繁简详略，皆就研究对象即学科客体而论。任何理论方法终要回归主体，依靠研究者个体践行和集体运作实现，所以最后一节终结于农史研究者素养和农史学科建设。个体的修养和群体的建设，实为健全农史研究主体两大基本方面，明确这两个要领就能抓住农史人才根本和体制根基。农史研究者素养直关史学人才规格，古代史学和现代史学根据历史研究性质和学科传统，形成基本上相一致的史学人才观，农史人才正是在此基础之上探讨本学科人才的规范。

　　农史研究者素养，完全遵从德、才、学、识的传统圭臬和现代创新意识，结合农业历史研究的学科特点，提出德性、才识、学养、品位四大素养，探索建立农史人才规范和修炼的模式。农史学科建设也分为两个基本方面：一是农史科研教育功能单位行施的学科体系建设，包括系统性教研基础条件、学科带头人和团队结构、优秀拔尖人才培养机制、战略性科研教育规划、创新性的攻关策略等。二是农史界共建的制度性体制建设，包括政府事业管理、农史科研教育单位设置、农史学术团体组织、农史研究成果刊行和评价、农史文化交流等内容。农史研究者素养和农史学科体制建设，既是农史学科主体所在，也是农史研究的动力机制，同时也是保障农史实现其社会功能的组织形式。个体素养与学科体制，前者是基础，最为重要，所以本节重点讲论农史研究者个人素养。

农史研究者个人素养意义，所谓素养又是什么意思？针对主体范畴而言，落脚点在人在我，从人抓起，从我做起。讲素养的思路，依照史家优良传统素养和农史人才新目标作为规范，可从两个方面把握考量：一是按专业功力修习的规范标准，考评其学问如何；一是按农史专业人才功德评价，考察其人品如何。总之，农史个体素养，无非是传统模式和现代模式的结合，农史非常需要"传统＋现代"的模式；所谓"三才"和"四才"，无非是缘这些素质形成的能力，主要指思维能力、写作能力、表达能力、创新能力四大才能。下面先从历代关于史才的论说讲起。

一、历代史学人才观念

这里将农史研究者定位到人才范畴，主要是当前从事农史研究队伍少而精湛，农史教育也仅限于硕士和博士学位层次，学科的创新发展和队伍建设，也聚焦在优秀精英之辈。史学从业者地位自古以来为世人尊重，学术修养和职业操守要求极高，古代史家惯用史才赞称学中优秀人物，农史讲求人才正是坚持史学这一优良传统。我国古代人才观内容非常丰富，有总体的人才理论，也有不同专业的人才规范，而史家的人才观堪称精粹。传统史才观不仅主导历史专业者的规格范式，而且也常为多种学科参考或借用，甚至当代新兴的人才学，也吸纳了史学人才观的精髓。农史人才的培育和研究者的修养，正是建立在古今优秀史学人才观念基础之上，所以先要重温历来史学人才的观念。

1. 古代"史才三长"笃论

我国的历史悠久而史学发达，历代史著浩瀚而史家人才辈出，古人对记史之事要求极为严格，对修史人才自古就有高标规范。在古老的历史文献《尚书》《春秋》《左传》中，对史书的基本要素就有理性认识，形成明确的"实录"记述原则和范例。例如人所共知的"秉笔直书"和"书法不隐"的史家职责戒律，"在齐太史简，在晋董狐笔"，一直为后世敬仰传为良史风范。先秦经、史、文学家也论道"文""事""义"的范畴，其中就包含着历史主客体要素：文是对历史著作文字用语的要求；事指史料史实方面选用取舍原则；义或曰意，即历史思想观点等意义。汉代司马迁《史记》中包含的实录精神，把三者充分地结合一体，且将先秦诸子独立人格和自由思想，融入史学的语境，成就了"究天人之际，通古今之变，成一家之言"的名山大业。但总体看唐代以前，传统史学理论主要在历史的客体方面，着重于史书记载的规则和表达的文字语义，史家的个人素养大多包含在史书中而未成独立理论体系。

唐代史学理论家刘知幾提出的"史才三长"之说，将史家修养的要素作为重要的史学观点，用"史才"二字明确地表达出史论的主体意识。所以一般将刘氏"史才三长"，视为传统史家修养理论成熟的标志，而将此前的"文事义"论为上古史学的三要素。刘知幾生逢盛唐时代，出身于世代史家之中，学缘禀赋深厚，经历高宗至玄宗各朝，阅历非常丰富。武则天时期曾任史官，撰起居注，修武后实录，兼修国史等事业。至晚年自撰《史通》一书，专论历史学理论方法，详析传世史书体例和内容，阐述自己对史学和史著独到的见解，为我国首部史学理论和评论著作。从中可以看出，刘知幾的评判评论意识很强，秉持实录直书精神，对历代史著加以褒贬，敢于指斥各家谬误瑕疵之处。书中毫不掩饰自己崇尚《左传》和《汉书》的立场和观点，对《春秋》和《史记》的客观肯定之中，也时有尖锐的批评。《史通》一书有多方面的理论成就，但对后世影响最大且至今仍有继承意义者，当为刘知幾的"史才三长"说，也正是古今史学家们的共识。根据《旧唐书》所载，刘知幾提出史才须有三长，"三长，谓才也，学也，识也"。在堪称世界首部系统性史学理论专著《史通》诸多篇章中，刘知幾全面而充分地论述了这一史学主体的思想理论。

所谓史才，主要指选择组织史料的能力和记事述史的才能，要求能善择、辨疑、考伪，提出"叙事之工者，以简要为主"，主张"省字约文，事溢于句外"等。《史通》中有《言语》《浮词》《叙事》《书事》《烦省》《核才》等篇，为专论史才之文。所谓史学，主要指考察问题和征引资料所具备的历史知识，主张博采各种历史著述，广泛取材收集多种史料。《史通》的《采撰》《补注》《杂述》等篇，即专论史学。所谓史识，包括分析历史事件和评价历史人物的态度观点，提出辨善恶、明是非、寓褒贬等。《史通》中的《品藻》《直书》《曲笔》《鉴识》《暗惑》《人物》等，从不同角度论证史识。关于史才三者之间相互联系，刘知幾特别强调史识的重要性，认为才、学都离不开史识要素。在《史通》关于实录史学的论述中，也大量贯穿着"三长"的观点。刘知幾实录直书，主张善恶必书，不曲笔诬书；征求异说，采摭群言；不掩恶，不虚美，不文过饰非；所记事关军国、理涉兴亡之大事，不记州闾细事委巷琐言；记述人物语言用当世口语从实而书，不怯书今语而勇效昔言，等等。"史才三长"说与其独具特点的实录史学的观点，共同构成后世史家明确的理论思想和指导原则，公认是其史学理论的灵魂和精髓。

总之，刘知幾"史才三长"论，表现出强烈的史学主体意识，确立了史家个体修养在史学理论体系中的重要地位，形成了系统的历史认识主体素质的规范。"三长"是统一、完美的史学人才系统，三者之间是相互联系的历史科学的主客观整体，才与学虽有区别，实则相互融合、难分难解；史识虽称重要，有统领作用，实则主要还需才与学充实方能为用。如此有机的"史才三长"模式，构成关系协调、功能完整的人才结构，既是对唐以前千余年史学人才总概括，也是唐以后一千多年史家修养的理论基础。正如清代袁枚《续诗品·尚识》中所喻"学如弓弩，才如箭镞，识以领之，方能中鹄"。可见"史才三长"理论是一个高度开放的系统，才、学、识三者均可与时俱进地融入新的内涵，可以不断地拓展外延范围。"三长"之外也可生发出新的系统，构成四长等新的史才理论，清代史家倡导的史德就是在唐代史识基础上充实的新的史才理论。刘知幾"史才三长"所以能承上启下数千年，从现代科学看正是其史论有丰富的哲理性，才学识的结构模式包含着关于人才的哲学思想，故能在许多领域作为专业修养和选拔人才的规范。

2.传统史德之高标

清代著名史论家章学诚在唐代刘知幾"史才三长"基础上，又提出"史德"之说，为后世广泛的接受几乎无异议，今日共识统称为"史家四长"。不仅如此，四长位次总列史德为先，以德、才、学、识为序，所以对章学诚史学理论及其史德之说，应有高度关注和深入考究。

章学诚是清代杰出史学家和思想家，被誉为中国古典史学终结者、浙东史学殿军、方志学的奠基人等。作为继唐刘知幾之后的传统史论家，其理论成果集于《文史通义》，对后世影响最大，堪称与《史通》相匹敌的史论著作，与《史通》共誉为中国古代史学理论之双璧。或称前者为中国史学批评史上第一个高峰，后者即章学诚《文史通义》为史评的第二个高峰。《文史通义》虽是评论文史之作，而尤以史学鸿论为主而精彩。该书题目旨趣直通《孟子》，取义《离娄》章中"其事则齐桓晋文，其文则史，孔子曰其义则丘窃取之也"。从而将古代文辞和史事相贯通的思想，以及《春秋》蕴含的文、事、义三元素，尽括之于自己的四字书名之中，且强调其史论核心价值要在史义。章氏所谓"史所贵者义也，而所具者事也，所凭者文也"，文事义三者俱备方可为史学，三者以义为主，事与文只是求义的根据和方式技巧。《文史通义》分内、外篇，内篇涉及哲学、史学、文学、社会学等领域，外篇为方志论文集。书中涉及许多创新意义的历史学观点，史德就是对后世史学和史家修养影响最大的思想理论。

章学诚史论不但祖述孔孟之"文事义"，同时基于刘知幾的"才学识"。章氏曾感叹刘知幾史才三长，"得一不易，而兼三尤难"；但也疾言"刘氏之所谓才学识也，犹未尽其理也"。章与刘同重史识，但又谓刘所谓史识为"文士之识，非史识也"。章学诚还提出良史之识，非同于记诵篇章的文士之识。并鲜明提出"能具史识者，必知史德"的创新之论，进而申论其史德之说。章氏定义是："德者何？谓著书者之心术也"，"心术以议史德"。章氏从两个方面论心术问题：一为史家心术之邪正，意在说明为何要辨心术以议史德，强调心术不可不虑，心术不可不慎；二是如何修养心术，史家应具什么样心术方为良史。著史者"当慎辨于天人之际，尽其天而不益于人也"，就是要求著史要尊重客观事实，如实反映历史真面目而不掺杂主观成分，这种秉笔直书的学术品质，正是章学诚所强调的"史德"。

章学诚以"史德"二字为义，论道史家学术素养，符合社会伦理的高标准概念；而用"心术"二字释义，更见惊世骇俗，这与章氏论证史德多用哲学概念有关。考章学诚史德论的思想基础，建立在天、人、气、情等传统哲理范畴。章氏首先从史之文、事两要素出发，揭示气和情在文中的作用："夫史所载者事也，事必藉文而传，故良史莫不工文，而不知文又患于为事役也。盖事不能无得失是非，一有得失是非，则出入予夺相奋摩矣；奋摩不已，而气积焉。事不能无盛衰消息，则往复凭吊生流连矣；流连不已，而情深焉。凡文不足以动人，所以动人者，气也；凡文不足以入人，所以入人者，情也。气积而文昌，情深而文挚；气昌而情挚，天下之至文也。然则其中有天有人，不可不辨也。"就是说从史学角度看，其中的天人之际，即主观感情与客观事实关系，不能不分辨清楚。那么如何究天人、辨主客？章氏论证是既然天人之别是由气情牵动心理所致，那么就应由气情辨天人："气合于理，天也；气能违理以自用，人也。情本于性，天也；情能汩性以自恣，人也。"良史本应尽其天而不益与人，史文中确实存在各种感情影响事实的现象，"益与人"必违反大道之公，害义背理史家犹不自知。故知心术关乎"天与人参，其端甚微"，岂可不虑不慎。既然心术与气情相关，气情变化使人具阴阳之患，养心修术就要从养气涵情用功。总之，章学诚史德之说，强调史家心术要"粹"，史德要"养"。为史要"气平情正"，"用明教养气情"为修炼之法，从而达到"尽其天而不益与人"的良史高度和史德境界。

以上根据《文史通义·史德》论道逻辑复述大义，鉴于其所用概念多抽象而具哲理色彩，与今日史论术语不无隔膜，复述之后再梳理概括几条要义，以明章学诚史德基本内容。

其一，史德明确揭示出历史学主体范畴和良史修养规范，符合历史学职业道德和社会伦理观念，置入传统"史才三长"而臻成德、才、学、识的史家的"四长"主体理论体系。

其二，史德是在《春秋》文、事、义和《史通》才、学、识的基础上形成，充分吸收了史义和史识的精神，实为我国史学优良传统2000余年修成的正果。

其三，关于史德概念，章学诚定为"著书者之心术"，"尽其天而不益与人"。如此释义虽以千钧之力却令人不易领悟，其实"史德"二字的内涵，文字本身就非常精明已令人心领神会了。史德就是后世雅俗共赏的常语，尊重事实为史家职业道德的意义，所以人们并不常用心术释史德。

其四，欲问章氏史德之词本义何等明彻，《史德篇》文辞又是何其费解？盖因其以抽象的理念论证史德，文中运用了气与情、天与人、性与理、平与正、阴与阳、刚与柔等理学范畴，以及心术、斜正、心动、气积、消息、盛衰、奋摩等哲理概念，自然与现代史论语境大不相同。

其五，章学诚自视颇高，也实有披荆斩棘的理论创新精神，摘录两段自白即可知其格局之恢弘。在《章氏遗书》中直言《文史通义》论作的学术原因："郑樵有史识而未有史学，曾巩具史学而不具史法，刘知幾得史法而不得史意。此予《文史通义》所为作也。"前述刘知幾《史通》为传统史论第一个高峰，郑樵《通志》是光芒竞放、划时代的史学星斗，曾巩也是唐宋中古文史大家，后人追踪附翼唯恐不及。然而千载之后崭露头角的章学诚，却不喜人以刘知幾相比，非但不高兴反而辩驳道："吾于史学，盖有天授，自信发凡起例，多为后世开山，而人乃拟吾于刘知幾。不知刘言史法，吾言史意；刘议馆局纂修，吾议一家著述。截然两途，不相入也。"正是因为章氏《文史通义》中言前贤所未言，才在史学批评史上树立起第二个高峰，作到了与刘知幾比肩齐名。

3．近代史家德学识才"四长"规范

近代以来"西学东渐"，特别是随着近代新文化运动兴起，西方历史学逐渐传入，有欧美资产阶级史学思想体系，也有马克思主义唯物史观，时人多以前者为宗统称为新史学。新史学理论方法对传统史学以前所未有的冲击，随着西方科学教育制度的推行，新史学在历史编纂和历史理论领域，逐渐脱离数千年传统史学而走上新史学的轨道。正是在新旧史学转型过渡历史时期，出现了以梁启超为代表的一批继往开来的史学理论家。新史家们继承我国史学经世、明道、文采、修养等优秀传统，同时热情引介西方史学进化论历史观和方法论，成为中国近现代史学中的新潮流。梁启超对中国史学传统体味甚为精深，继承发掘细致入微，进一步发扬了古代史家注重治史修养的传统，创新史学家修养论，既有浓厚的时代气息，又有鲜明的民族特色。

梁启超史家修养理论继承章学诚"史德"说，将章学诚"史德"与刘知幾"三长"并为"史家四长"，又将其重新排列为：先史德，次史学，又次史识，最后才说到史才，为德、学、识、才四长。梁启超在《中国历史研究法补编》中对四长作了专篇论证，首先评价了刘、章的得失："刘子元虽标出三种长处，但未加以解释。如何才配称史才、史学、史识，他不曾讲到。学诚所著《文史通义》，虽有《史德》一篇，讲到史家心术的重要，但亦说得不圆满。"梁启超按其史德为先的新见和次第，对史家四长作出系统的新解，这里据其《中国历史研究法补编》，稍加综合罗列如下。

关于史德，梁氏在论述过去史家标准基础上，强调首先要心术端正，对于过去毫不偏私，善恶褒贬，务求公正。这样才能做到记事忠实公正，忠实也就是对于所叙述的史迹采取客观的态度，丝毫不参以自己意见。一般人总是主观意识甚深，心之所趋，笔之所动，很容易把信仰丧失了。做史有悖于忠实，最常犯的毛病就是夸大、附会、武断。过分

地夸大，常引起一些毫无价值的赞美，引古人以为重，或引过去事实以为重，就会导致牵强附会。为了说明自己的观点，任意取舍材料，材料不足就任意推论，难免导致武断。史家"对于过去的事实，十之八九应取存疑的态度"，对于同一件事情的不同说法要做考证，或者历史事实，因为种种关系，绝对确实性很难求得的时候，要并列各说，不能根据自己喜好任意取舍。"史家道德，应如鉴空衡平，是甚么，照出来就是甚么，有多重，称出来就有多重，把自己主观意见铲除净尽，把自己性格养成像镜子和天平一样。"

　　所谓史学，即学养，史家的学问素养，应以对某一方面的"专精"为主，辅之以各类知识的"涉猎"。"有了专门学问，还要讲点普通常识。单有常识，没有专长，不能深入浅出；单有专长，常识不足，不能触类旁通。"专精同涉猎，二者皆不可少。做专精的方法：首先选定局部研究，然后搜罗材料，判断真伪，最后抉择取舍。具体有勤于抄录，平时看书要多抄录下来，以备他日之需，平时看书时，有意识地多关注一定范围内的信息；逐类搜求，找到一条有关研究的信息就跟着追寻下去。做涉猎的方法：随便听讲，随便读书，随意谈话，长期坚持积累。不论是培养精专还是涉猎之法，都极其烦琐，且需要长期不懈的坚持，选择研究历史当做好吃苦耐劳的决心。但在专长与常识上所下功夫应合理，一般以十之七八做专精的功夫，十之一二做涉猎的功夫。此外，梁氏还流露出了建立历史学科及专史的愿望，他主张："在全部学问中划出史学来，又在史学中划出一部分来，用特别兴趣及相当预备，专门去研究它。"

　　所谓史识，即史家的观察力。不会观察历史现象，就不可能有研究心得，也谈不上历史研究。梁氏指出：一般的历史观察法是从全部到局部，再从局部到全部，此二法要同时并用，缺一不可。另外，历史不同于自然科学，自然科学注重的是实验的观察，自然科学家可以通过反复实验来获得结论，而历史科学追求的是事实的关联，它具有不在场的属性。我们所见到的仅仅是以往发生的少之又少的一部分，况且我们所见到的仅仅是文本、遗迹等史料。但作为历史主体的人是不断变化的，故史家要善于从不断变化的历史现象中得出恰当结论。历史在演进过程中，具有很多偶然因素，有时单个人在历史中所起的作用也很大，故要善于观察个人，估量个人对全局的影响。看一件事或一个人，不要断章取义，要善于把来龙去脉搞清楚。另外在观察事物时要注意摒除传统思想。不要为因袭传统的思想所蔽，不要被前人的见解所束缚，不能迷信权威。对于前人的见解，应当充分估量其价值，对则从之，不对则加以补充或换一个方面去观察。把自己的意见与前人的主张，平等地看待，才能得到敏妙的观察，才能完成卓越的史识。还有就是做史要尽量摒除主观倾向，不要为自己的成见所蔽。梁氏十分推崇戴震的治学精神："'不以人蔽己，不以己自蔽'二语，实震一生最得力处。"另外，做学问不怕改动，要不断向自己挑战，"一个人要是今我不同昨我挑战，那只算不长进"。不要为因袭传统的思想所蔽，不要为自己的成见所蔽，以今日之我挑战昨日之我，敢于否定昨日之我。

所谓史才，即史家的构造文章技术。从文章结构，到文字修饰，梁氏着墨颇多。首先要在浩如烟海的史料中，选出有价值的史料，要善于剪裁和割舍；选取了恰当史料后排列次序，最好的方法是"将前人记载联络熔铸，套入自己的话里"；"引用古书时，尽可依作文的顺序任意连串，做成活泼飞动的文章"。梁氏特别强调了文采，要把文章写得栩栩如生，文采包括简洁和飞动二点。好的文章要作到说话少而含意多，作到"章无剩句，句无剩字"；"字字活跃在纸上，使看的人要哭便哭，要笑便笑"。如何可以养成史才？"多读，少作，多改"。多读：读前人文章，看他如何作法。遇有好的资料可以自己试作，与他比较；精妙处不妨高声朗诵，读文章有时非摇头摆尾，领悟不来。少作：作时谨慎，真是用心去作；有一篇算一篇，无须多贪作。笔记则不厌其多，天天作都好；作文章时，几个月作一次，亦不算少。多改：要谨慎，要郑重，要多改，要翻来覆去地看。

梁启超论述的史家素养有着内在的逻辑关系，首先史家要具备做史的基本素质，心术端正，力避偏见；其次史家要下苦功，要学会审定材料、驾驭材料和组织材料；再次史家要有卓越的见识，敏锐的目光，要善于在材料中发现问题；最后史家要文笔生动，写出的东西要吸引人。至此，我国传统史学修养从《春秋》的"文事义"史学三元素，到唐刘知幾"才学识"史才三长，再到清章学诚"史德论"，直到近世梁启超"史德为首"和"德学识才顺序"，我国"史家四长"学说臻成规范。数千年传统史学修养构成完美理论体系，为后世乃至当代历史研究主体，仍作为优良传统加以继承、发扬、创新和广大。

4．现代史学人才培养规格

新文化运动以来，我国历史学进入现代新史学时期，或将中华人民共和国成立之后别称为当代阶段，也有统称为现当代史学发展期。总之这百余年主导我国史学教育和研究的理论方法，逐渐摆脱古代传统史学体系。从实质上看，新史学又分化为资产阶级史学和马克思主义史学两个不同体系，学科理论分别为"进化论史观"和"唯物论史观"。二者的基本理论和指导思想虽不尽相同，但是在史学人才修养理论和培养方法上，却有惊人的一致性。百年来无论何种学派，大体都未脱离我国传统史学修养规范，自觉不自觉地承袭史家四长的衣钵。这百余年不妨分为民国时期、中华人民共和国初期、改革开放新时期三个阶段，现以此划分来分析史学人才修养观念和教育方式的发展变化。

民国时期，以资产阶级史学为主体的新史学的人才观，继承传统又有所创新，梁启超集成的史家四长，正是这种新旧观念融合的产物。当时史学界对"德学识才"以德为先的创见，可谓翕然风从，共尊为良史的规范和修养的标准。民国时期著名史学家如王国维、吕思勉、陈寅恪、钱穆等，凡论及史才的观点与梁说如出一辙。包括新兴的马克思主义史学家们，同样是在"四长"系统中演绎唯物论的史才观点。史家们虽有异议或见仁见智之论，但多半为相互补充完善之见，盖因"四长"为数千年史论积累传承成果，有无可动摇的历史和理论基础。正如白寿彝先生曾指出，史才"三长"论是刘知幾史家素养论的核心，也是其提出的史家素养的最高标准。至于批评梁启超者，锋芒主要在其"四长"的排序，特别是史德的认识问题。例如有的认为"四长"是素质的统一体，当无轻重主次序列关系；有认为史德有别于其他三长，首倡史德者章学诚也并未作四长之论，等等。这时期史学家柳诒徵对梁启超史德的臧否，就包含着值得深思的问题。柳诒徵的新论具有坚确的认识论基础，故能将史家的"职德"推及到史家的"人德"。人德是修史者必备的前提条件，也是修史的目的和归宿点，柳氏既将章学诚史德详人之略说全了，又把梁启超史德为首的要义强化了，把史学主客体的相辅相成的关系全面展现出来。柳氏显然创用了一个大史德的概念，把史德扩展到史学的理论和实践操作方面。今日人们多据此对史德和历史学人才的培养，提出各种具体的规范和道德要求。

中华人民共和国成立之后，我国史学进入以马克思主义史学为主导思想的时代，历史学人才的自我修养完全遵循历史唯物主义基本理论为主导。其实早在20世纪20年代，马克思主义史学家在我国就开始逐步出现，其中以李大钊和郭沫若为首的史学五大家为卓越代表。他们在现代史学领域各有建树，纷纷著书立说，使马克思主义史学成为现代史坛的主流思想。历史唯物主义为指导的学术研究体系，将中国现代史学和以儒家思想为指导，以考经证史为特征的传统史学，彻底区别开来；同时与以资产阶级唯心史观为指导，以实证为主的近代史学彻底区别开来。

马克思主义史家取得诸多成就，是与他们有着良好的史家修养分不开的。他们结合现代史学的发展要求，对中国传统的史家修养理论不断地加以继承和发扬光大。他们对史家修养所作的阐述，同样可运用于传统史家修养的史才四个范畴：其一，史家研究历史的方法与撰述技艺，主要包括关于史料的搜集、选择和整理，关于历史研究的方法，关于历史撰述的技艺等三个方面。其二，史家的知识结构与知识面，主要内容是史家要辩证认识专与通，要掌握拓展知识的途径，要懂得和掌握些外语。其三，即史家的理论水平与思维能力，主要体现在理论的重要性，学习和运用理论的态度与方法。其四，大致相当于史家的道德修养与思想境界，也就是我们所说的史家有求真务实的科学精神；同时倡导学术民主，百家争鸣，发扬批评与自我批评，有谦虚谨慎和勇于学术创新的品质。他们对传统史家修养的内容既有继承，又做了时代性的发展，这些思想既有理论价值，也对当代史家如何提高自身修养有直接的启示和借鉴意义。但是自20世纪60年代中期，由于极"左"政治路线影响，特别是阶级斗争理论为导向的政治意识形态进入历史学领域，导致史家学术思想和史德修养的混乱。"文革"期间史学界极"左"思潮达到极点，出现影射史学，粗暴地践踏历史研究的科学价值和学术尊严。"文革"中学术声望颇高的《历史研究》停刊，包括马列主义史学家们也噤若寒蝉，可谓"史学扫地"，"史德式微"，极少数当红史家的邪恶"心术"，从反面教育国人认识史德修养的重大意义。

改革开放初期百废待兴，实事求是的思想路线贯彻各个领域，而这正是源于传统文史学科理论的基本概念，恰如其分地运用为治国理政的指导思想。党中央制定的坚持马克思主义等四项基本原则首先确立，史学界的拨乱反正，首重也在恢复马列主义史学的主导地位。传统史学在对内改革的过程中得到发扬光大，"史家四长"在创新发展中得以继承，并拓展到人文社会科学及新兴人才学的教育之中。在对外开放的时代风气之下，史学界借鉴吸收国外史学各种流派的理论方法，用以丰富、完善传统"才学识"的内涵，历史专业者的素养可谓古今中外全面并学兼修。

随着历史学科的科研教学恢复常态正规，史学修养纳入了历史专业教育事业，年青的一代史才培养有了制度保障。凡历史学专业设置都有符合现代高等教育的培养方案，其内容包括历史专业培养目标、预期人才规格和服务社会的从业领域；有修业年限的学制和类别等级的学位规定；有教学的公共课、基础课、专业基础课、专业课、选修课等课程设置和学分事项，构成具有现代历史科学的知识结构。同时有理论教学、实践教学和社会训练等教学环节，完善了教授学习和运用知识的途径方法。当今高等院校历史专业培养方案中，既保留着传统"史家四长"

的精神，又体现国内外现代史学人才培养的新规范。《历史学科培养方案》首先提出的目标要求，较传统"四长"高度概括的表述更利于传教。现综合摘录有关院校史学培养方案文本有关条款，以见当下史学人才培养修炼的最新规定。

培养目标：历史专业培养德智体美全面发展，具备历史学基本理论、基础知识、基本技能，具有较强实践能力和创新精神，能在党政机关及文教、新闻出版、文博、档案、旅游等各类企事业单位从事实际工作的应用型高级人才。

培养要求：本专业学生主要学习历史学的基本理论和基本知识，接受中外通史基本史实及历史文化教学、研究、文博等务实工作训练，掌握历史文化教学与研究、文物鉴赏、历史文化资源调查等方面的基本能力。毕业生应达到以下要求：①拥护中国共产党，热爱祖国。具有改革创新意识和国际竞争意识，具有奉献精神和团队精神；具备正确的人生观与价值观，养成良好的道德情操和个人行为规范及诚信守法、公平竞争的意识。②掌握较丰富的科学文化知识、较扎实的历史学学科基础知识，系统掌握本专业必需的基础理论，初步掌握进行教育创新和科学技术创新的思想和方法。了解本学科的发展动态、应用前景和行业需求。③具备较丰富的传统文化知识，继承优秀传统文化，养成健康、高尚的审美观念和审美能力，形成具有传统文化底蕴与现代精神的健全人格。④掌握一门外语，具备一定的国际视野和国际交流与合作能力，具有较强的计算机应用能力。⑤掌握体育运动的基本知识和科学锻炼身体的技能，达到国家规定的《大学生体育合格标准》和《军事训练合格标准》。养成良好的锻炼习惯、卫生习惯和生活习惯，具备健全的心理和健康的体魄。⑥掌握文献检索、田野调查的基本理论与方法。⑦具有从事历史文化教学、史学研究和文物鉴赏等方面的实际技能。⑧具备利用专业知识与理论分析问题、解决问题的能力。⑨具备一定的科学研究和实际工作能力。⑩其他专业选修本专业的跨学科课程，建议性课程多达六七十种，可以提供非历史专业学生充分地自由选择。

从历史专业培养方案提出的选修课单，即见改革开放以来我国史学的繁荣景象。

二、农史研究者素养

农史研究者完全遵循上述"史家四长"规范，传统史家德学识才与现代史学素养兼修并重。鉴于农业的重要地位和农史学科独特的部门史性质，农史研究者与一般史家修养更附有特殊的要求，多年来也渐成农史教育和人才培养的重要内容。其特点主要是从农业的根性中吸取德学识才的营养，同时注意提高农史研究者现代人文素养和科技意识，既发挥本学科的优长，又补速自身先天的营养短缺之处。因此这里提出农之德性、史之学识、文之才能、现代品位四者，为农史研究者修养的基本要领。

1．农之德性

为农史者，必要有农之德性。德性即道德品性，指人的自然至诚之性，《礼记·中庸》所谓"君子尊德性而道问学"，古人这一深奥的伦理说教，显然包含着德性源自学问，以及诚与道的联系。古之道总归为天地人之道，农之德性与天人之道相关，更与地之道命脉相联。一切涉农学问皆可涵养独特德性，一切为农问学者皆需具备此种德性，即本讲所谓农之德性。农之性，得之于自然再生产和人类经济再生产活动，现代农学对此理论认识最为科学明确。农之德，古人固不乏哲理箴言："天地之大德曰生"，"上天有好生之德，大地有载物之厚"，"地势坤，君子以厚德载物"，"辟土植谷曰农"，"农有土德之瑞"，"农，天下大本也"，"人待农而食"，等等。概括起来，农之德性主要有以下几方面，直接关乎农史研究者修养。

农有博大深厚生养载物之德，可开阔农史研究者的眼界、心境。农业史属专门史，却非同一般的专业和部门史可以相提并论。今人常说农村是广阔天地确为实情至理，农业范畴总以天地人三材而论。农事活动既有生产力要素，又有社会经济关系因素，所以说农史的内涵和外延略同于通史、全史或总体史，唯着眼点和记述重点不同而已。无论"执德以驭史"，还是"治史以蓄德"，其德均为宏博深邃之德，即天地之大德，可究天人之际，通古今之变。农之德性如何拓展修养，厚德怎样涵养积蓄？唯有投身当代农业、农村、农民领域，躬亲生产、生活和生态环境中方可体验农之德性，按照历史科学的理论、路径方法究研农史，修炼农德。大凡从业农史者，多得自然造化和农夫生性的训养，从而会胸襟宽广而眼界开阔，近数十年农史人才队伍的成长便得以确证，说明大农之德的修养并非不可企及，围绕农史立言、立德、立功修成三不朽，惟存乎一心，如章学诚所说的为学之心术。若将农史立命为终生事业，在兹念兹自然会志存高远，作到为农史而立大德。这里再重申梁启超《中国历史研究法补编》的嘱语誓言："中国农业最发达而最长久，资料也很多，非给他做一部好历史不可。"

农有土壤天然原生淳朴之德，农史研究远离浮华而接地气。淳朴是农之德性最为鲜明特点，盖农之业态色彩和社会风气所致。淳为纯粹无杂味，为天下至精至美之道；朴为质素无纹饰，为生物至简至约之态。其本源皆与土壤天然性和动植物的野生性有关，而农业正以辟土植谷为劳动对象，农之淳朴德性自然而成。农业以乡村田野为环境的第一产业，不同于近世工业化和商业经营，后者为以城市为中心的第二、三产业，人类社会产业历史发展和类比之中，更加显示出农业的乡土本质和淳朴基调。农史的记叙要表达出这种淳朴本色，就必须将史学根植于泥土以修养淳朴史德。所谓临文必敬，就是要敬息壤、敬阡陌、敬庄户、敬农夫；所谓通古今之变，就是要通知古往今来的沧桑之变、水土之变、乡村农家之变。农史之笔不尚浮华辞藻，最厌曲笔不知农情不务稼事，更厌恶伤农、贱农、诬农为刁民野人者，凡此文人欲问农史皆斥为不德。

农为绿色生生不息之业，农史研究者自禀通古达今之历史发展观。农业景观为绿色植物，农业生态为绿色植被，绿色为农业生命之本色。农作物春生、夏长、秋收、冬藏，农夫日出而作、日落而息，绿色农业生生不息为人类永续之业。农有恒产、恒业，故有恒德，如日月星辰之永恒。农史研究者亦当胸怀守恒之志，执学不弃，奋笔终身。此言恒德非是亘古不变，而是通古达今、与时俱新。传统史学谬以农业四时周期和五行学说佐证历史循环基本理论，农史讲恒德绝不可落入五德始终的陷阱，也莫要停留在进化论的历史观立场上止步不前。农史恒德完全是建立在唯物史观基础之上，以历史唯物主义为指导，突出农业生产活动在人类社会发展中的历史作用。通过农史论证生产力和生产关系是人类社会根本矛盾，人类历史发展是永恒的规律，以此理论建立农史者的恒德理念。

农为民生齐天大本之业，农史研究者功德自在其中。古语云"民以食为天"，"人道敏政，地道敏树"，"农为国本"，故可称农业为齐天大本之业。以此逻辑论治农史的重大意义，虽疾言强调亦不为之过分；表彰礼赞为农业树史立传者功德无量，同样也符合这一逻辑。这种德性本质正是民生之德，也是农史德性的重要组成部分。农史研究者必须心忧民食，将天下百姓的衣食饥寒置于心头，把粮食生产的历史规律书诸笔端。常见有鄙薄农史研究者，讥讽其皓首笔耕故纸堆而不打粮食，此种偏颇浅见在某些流俗中多有舆论，是不通古今农业发展变化之理所致。岂不知"民以食为天"的上文及全句为："王者以民为天，民以食为天，能知天之天者，斯可矣。"管子这句"食为天之天"的说教，司马迁《史记》也大加引用；班固《汉书·食货志》则直言与统治者，"食为政首"，坦然忠告"吃饭是最大的政治"。当政者面临食、民、政、天等大德之言，应该肃然起敬、顶礼膜拜，故应尊重农史科学和农史研究提供的镜鉴，学农史而修史德方成大德。

农民是农业物质生产的主体力量，遵照唯物史观敬重农民亦为农史之德。人类历史是劳动者创造的，农业历史更是农民所创造，故农史的实质性大德，归根到底是表达农民的创造精神和劳动成果。但是传统的封建主义历史观，却认为是帝王将相和圣贤英才创造历史，西方资产阶级史学也以王公贵族为历史主人。所以中国卷帙浩繁的历史文献中没有农业的专史，历史著作中也鲜有普通农民的篇章；有关农民战争推翻封建王朝的伟业史绩，也多有偏见乃至丑化、污蔑之义。在西方历史学中同样将农史置之末流，更没有农民群众的历史地位。进入近现代以来，这种历史偏见并未改观，而且随着工业化和商品经济发展，农民的现实社会地位不断降低，农业历史的学术地位更难以提升。当今之世，农业仍首居关系民生的独特战略地位，但在社会经济结构中却成为弱势产业。农奴和农民创造了数千年农业文明历史，而如今的农民却是一个弱势的阶级，而且农民群体随着现代城市化正处在不断削弱之中。但是这种现实观不能取代历史研究，更不能以此曲解唯物主义的历史观。唯物史观是要回归到历史实际认识农业的发展，从农业历史的进程中发现农民的主体推动作用，这就是农史研究者必须具备的立场和观点，亦即农史之德。按照马克思主义唯物史观，农业史就是业农者史，即农民的历史。治农史者不能鄙夷传统农夫，也不能轻贱转化中的现代农民，正是他们创造了农业历史，同时主导着未来农史的前程。故农史研究更要有敬恕之心，既要有敬惜字纸和临文恭谨的文德，也要有与农为善和论古必恕的史德，悯农尊史之德不可无。

当然讲农史之德还要有现代观念，回归到伦理道德范畴，平易到专业道德和特殊职业的道德。传统史德的根本是"忠实历史"，即忠实史料、史实、史律。古崇"秉笔直书"；今尚"实事求是"，提高到政治道德，就是坚持唯物史观；贯彻到学术道德，就是处理好同行关系、师生关系和上下纵横的工作人际关系。

2．史之学识

在历史教学和科研中，史家"三长""四长"可谓不绝口耳，德才学识的概念，也广用各学科和社会论道人才用语。虽称史家之长，但毕竟不是某行业专有词语，其内涵、外延也无从定义，见仁见智也在常理之中。根据农史学科教育用语实际，上段题为农之德性，此段将学与识联系在一起，而将才独置下一段，正是出于个人的农史之见。通常语境中学与识可为因果关系，通过学可得识也。学有学习和学问意义，识有知识和见识意义，二者结合而成"学识"一词，现已是非常协调的通语了。历史的学习和认识过程，主要体现在学识二长之中，故称"史之学识"也不失恰当。如此构词丝毫不违刘、章、梁所论"学"和"识"的本义，又将其所谓的格局、胆识、态度、新见等引申义，包涵在学识的双音节词中。当然这样解读主要还是为如今农史学修养实际需要，同时也为与时俱进地传道传统"史家四长"理论。

关于史之"学"和"识"的修养的内容方法，古今史家论说可谓淋漓尽致，这里再补充和强调关于史的思维问题。因为无论史学还是史识，归根到底本质仍是思维能力的禀赋和修炼。历史思维基本方式是纵向的时间的思维，与通常所见的横向的平面思维方式颇不相同，如果不作强化纵向时间性思维训练，就难为史学，也难成史识。强调思维方式转变，还因为农史青年中过半数来自农学或其他非史学专业，其史识中缺乏系统的历史知识，史学中多不谙纵向历史思维方法。当然史的思维不仅是纵向思维，还有横向的平面思维，以及抽象的哲理思维，几乎各种重要的逻辑形式在史学中都有运用。初习农史要弥补并综合运用好科学思维，才有可能提高史的学识修养。另外在学的内容上，农史学者自然要有扎实的农学基础，同时学好历史文献学、社会科学和自然科学知识。非农专业者还要大补农业知识，特别要修习好农业科技史专业基础，方能得农史之门而登堂入室。学习相关知识和阅读史料的过程，同样是积极思维过程，子曰："学而不思则罔，思而不学则殆。"必须把学与思结合起来，把阅览、考究、记忆统为一体，使目览、心思、手脑并记为统一过程，学而时习，习而走心，方为真学。

关于识的问题，不仅包含以上知识的修习，其主要意义还在见识的修炼。刘知幾、章学诚、梁启超赋予史识的诸多意义，包括史家格局、胆识、态度和新见等，质言之还是对史事的见解和卓识，仍然是"见识"二字。见识，即佛学所谓的眼识，就是眼睛对客观世界的认识。若将"识"字返璞归真，史识的修养就有客观务实的方法，最主要就是提高历史观察力和判断力，对历史事件、人物和意义有独特高明的见解；

同时对历史发展的起因、过程和规律，有恢弘精深的见解卓识。拟联系农史研究实际，就史识的观察力拟作以下几点创新探索：首先注意在求古之中创通新境界，思维心路向当代和未来农业发展拓展，沿着农业现代化的道路，回溯古代，展望未来，占据农史研究制高地，自得新格局和大境界。常见以往有研究者史识多拘泥于凝古不化，心无旁骛地就古论史，一味地埋头故纸求历史规律，自然事倍而功半之。甚或以论古必远今，为天经地义信条自相矜赏，以为历史追究愈为久远，就可获得大格局和真见识，实为缘木求鱼必大谬不然。其次，提高农业历史研究者史识，还要建立农史自信，发挥专业的想象力，在雄厚的农史基础上为农业现代化筑梦构想。为农史者自信心和想象力，又来自科学的观察方法和判断能力，把观察、判断、自信、想象等完美结合运用，就会修得高明的史识，"不以人蔽己，不以己自蔽"。治农史修见识倒不乏优越之处，农事固然朴拙，农史学风务实致用，但是伟大的农业历史却充满辉煌的硕果和华彩乐章，将中国农民应有的自豪载入农史，就会洋溢出各种自然真诚的农业史识。再者，农史研究在农言农，但不能囿于一隅，坐井观天，或株守一题观农业而修史识。中国农业结构自古为大农业全农道，学者可选取农史某领域做专门研究，但必须略知农业全史有整体之观念。胸怀大农全史的视角格局，就可以经营大课题，统帅大项目，即做小题小品，也能以小见大深入浅出。故知农史之识，要拓宽农史之学，放开眼界，扩大学术视野，才能成为有广见卓识的农史家。农史家之识还须放眼现代农业和国民经济发展领域，同时综观当今全球经济社会形势变化，才能不断创新史识境界，说到底史识也是一种哲学世界观。

　　总之，学，学问、学识、学业，就是学习知识，农史学者还要掌握全面、深刻、系统的学科专业知识。全面是对社会科学知识有全面了解；深刻是对历史学知识有深刻理解；系统是有系统知识体系和知识结构。识，见识也，拟包括三方面见识：专业见识，或谓学术见识；理论见识，即理论思维和理论见解的高度；文化见识，见多识广、文化品位高尚大雅。农史见识也有能力性载体，可以表达为：独具慧眼的观察力；独到的见解力；独特的判断力；独立的预见未来的能力，等等。

3．文之才能

文，不明见于"三长"或"四长"之列，但治农史不能阙如文才，且需下大气力修炼。才的概念较学和识更为抽象而宽泛，史才与学识关联密切，在表现形式上与文也颇多联系。文作为史家素养虽分散见于三长，而在实际的修习中也不妨独立而论，特别是针对质朴农史，更应该强调文的才能，子曰："质胜于文则野，文胜于质则史"。人文社会科学者习惯"文史"并称，所以此处索性直言文才问题。才，概念通常释为能力，故多有才能之称，这大概是就成才的实践性而论，致有"天才出于勤奋"的箴言。客观地说，才、史才、文才、天才等涉才词语，除却实践获得能力外，都不排除先天因素，包括灵性、智能和脑力等素质差异。进而言之，思维科学也容有灵感思维、数理思维和美学形象思维等方式，与普通的概念抽象思维颇不相同。总之，在农史研究中，史才固然可以大讲，但修史者的文才，必须特别加以强调，且要在大讲之中特讲。

昔日在农史方法教学中，也曾提出过文献、文章、文字的"三文"修习程式，戏称为"三文教学法"。文献，即精通文献学，驰骋古今文献史籍，阅览搜集资料；再通过农史研究立题谋篇写成文章，以论文著作形式发表。然后须知修炼文字功夫，方为史文之根本，无论阅览文献和论文著作，功夫全在文字素养、能力和技巧。世人誉为近世史林巨灵、新史界泰斗的梁启超论史才，实质上也还是着重强调文字基本功力的修炼运用，令时人倾倒一世者仍是其如椽之笔。文字不仅是看书作文的手段，也是科研思维的工具和载体，可以说农史研究全部过程和表现形式，无一不在文字形成的概念和语言基础上成就。

当今历史研究和著作中的语言文字问题，值得分析深思。特别是对传统史学、近代新史学和当代史学的文字语言，有必要加以反思、总结和改革提升。传统古代历史学，完全是文言文体系，从史料到著作，都是统一的语言文字形式。文言与民众口语的巨大差异，遂使数千年历史学，成为少数史家和读书人研究享用的领域。现代新文化运动倡行白话语体文，其功不在历朝文化变革之下，历史学随之发生革命性的变化，但新史学由文言变白话，也不免产生许多新的矛盾。进入当代史学阶段后，文字问题更加突出，史学及科学文化界，更加追求语言文字大众化，甚至模糊了书面语与口头语应有的区别。历史资料为文言，新史学著作尽用白话文字，历史学中似乎较其他学问和文化领域有更多语言文字的抵牾。虽新史写作实践中也做过文白语言的协调，但始终未能形成令人惬意的文字形式。例如在现当代的历史著作中，一方面是明白如话的语体文字，另一方面又不得不引用古籍文言原句，于是出现连篇累牍的引文现象，引句出处的各种标注也构成史书繁琐体例。新史学所运用的语体文，同时还受到外来语的强大影响。在西方语言的渐入、交叉和影响之下，欧美语言表述和语法原理，强势渗透到汉语言文法之中，人或称为翻译语言。这种外语表述已广泛流行于各种媒体的文字中，史学包括农史也不可幸免。三种文字表述形式交织，难免会出现农史论作常见词句混乱和语无伦次现象。在全球化时势下，各种语言的交流是必然的大好之事，但传统文言简洁、精炼、雅致、生动等优质品位不能丧失，应全力保留传统语言文字的优秀传统。绝不能生硬地翻用外国语法句序，滥用不符合本国语言习惯的文字表述形式。例如，大量运用介词结构连缀成长龙式的状语句；不分主次地罗列无数定语和宾语的句式；过度细碎地强调标点符号将文句割裂得无法卒读，等等。当今史学语言文字问题远不至此，诸多积弊同样也出现在人文社科和社会生活各领域，国人对此流弊已深恶痛绝以至于诅咒，改革文风已成为社会共识和学界强烈呼声。

疾言改革文风虽系社会文化各领域大事情，农业历史论著的文字，也应该有自我改革的意识，对上述显而易见的众人恶之的弊端，必毫不犹豫地抛弃殆尽。研究中国农业历史，既然是中文汉语表述写作论著，就要用汉语言的文字、句式、章法表达思想内容；既然现今通用白话文写作，就用汉语词句章法把话语形诸文字，古人所谓辞达而已矣。至于大段引用古籍文献后出现的文白语言矛盾问题，梁启超在论史才中讲到许多"做史的技术"值得效法。梁氏提出要善于剪裁和割舍，选取恰当史料后排列顺序最好的办法是："将前人记载联络熔铸，套入自己的话里"；"引用古书时，尽可能以作文的顺序任意连串，做成活泼飞动的文章"；"字字活跃在纸上，使看的人要哭便哭，要笑便笑"。古人云：文唯恐不出于己，史唯恐不出于人。梁启超进而论史学继承与创新紧密关系：《史记》《汉书》"何尝有一语自造？却又何尝一篇非自造"。就是说，有哪一篇不是根据古籍记载，又有哪一篇不是自己写作成著。可知史书中哪句是作者自己的话，又有哪句不是作者的话这个根本问题，新史学和白话文倡导者早在新文化运动之初，就清楚地讲明了。为避免文白两张皮的现象，梁启超用风靡文化界的如椽妙笔为人示范。今日顾思梁氏文风基本精神，就是在白话文基础上，全面吸取汉语言文字精华。梁文中常用大量的文言词汇，有些还是文白交融并用，仍不失通俗易懂的白话体用。农史研究者当深刻领略梁氏关于史文的主张和典范，不可绝对地排斥传统语言中一切优质成分，不能企图在文白语间划清绝对界限。总之，文以载道，无论中外语言、文白语体、雅俗词句，只要能准确表达农史内容和论著思想，而且符合汉语表述的常规习惯，为读者受众喜闻乐见，就是农史的文字的目标追求。

事实上，史学的文才修养远不止此，传统文化对史家的文才要求较其他学科更高一筹，故有"文史"并题乃至二者不分家的观念，人们也习惯将史家归入文人。就文而论，史家学识才能包括图书文献之文、语言文字之文、著作文章之文、学术文化之文等，但是这些还远远不够文人要求。古代典型文人属于文士，唯以文学艺术为专长，擅于形象思维而工于诗词歌赋琴棋书画。史学家们虽未必皆有文艺专长，但是形象思维的能力却不乏深厚修养，特别是描写历史人物事件的文学才能，实不弱于小说家流，故《左传》《史记》会成为中国文学的权威而为世敬重。传统文史深层次关系，决定历史学者必须有形象思维修养，或尽可能有文学艺术方面的技能训练，以对形象思维有实践体验，从而涵养史家的文人气质。多年来农史在讲论史家的文养中，故有文献、文章、文字的"三文"之说，如今看来还应该再加一文，当具有"文人"的思维和气质，方称得文史斯文。

总之，农史专业才力，还可用今日习用的才智和才能观点去认识。智、能、才的关系：智是才的形而上的状态，能是才的形而下的表现。智是能的抽象概括，要通过能力表现；能是智的具体表现，包括咨询、选择、思维、研究、语言、文字表达等能力，特别是思维、文字、语言三大能力，具备这些才力者称为人才。人才又有通才和专才：古多通才，今多专才，有一技之长者，皆可称人才。农史人才为专才，其特征：历史思维能力强，选择资料能力强，文字表现能力强，现在还要求语言表达能力强。

4．现代思想观念

这里特别提出现代观念与传统"四长"并修，实为史学职业特点和农史教育所必须。唐代文与儒兼名的大家韩愈有至理名言："志乎古必遗乎今"，意为学古的人，必为今人所遗弃。此话本是为教诲某文人学士，却完全适应于史学教育，农史正是据此强调思想观念修养，提高研究者的现代意识和品位。思想是对事物宏观的理性的认识，观念是认识事物的具体观点，现代思想观念就是对现实自然社会的科学认知把握，古人所谓的"识时务者为俊杰"。农史研究不仅要"识史"，还要作到"识时"，唯有二者结合，才能免却学古弃今之陷阱和迷途。现代思想观念涉及社会生活方方面面，修农史者应在当代世界观、科学观、人文观和互联网时代新文化方面，发扬传统而不断地创新思想观念。根据马克思主义唯物史观，要正确认识自然界和人类社会；通晓人类生产方式和社会形态；了解社会意识形态和社会心理，还要较全面认知社会有机体的结构和相互关系。这就是说，农史研究者现代思想观念修炼，首先是世界观的登高望远。在马克思主义哲学理论基础之上放眼世界，纵横观览宇宙自然和人类社会历史与现状，眼目中有全球化广阔视野，心胸中有现代化时尚情怀。热情顺应改革开放时遇走出去，行万里路，知万国情，一览天下之大与小。国之大事至高无上，政治、经济、文化、社会、生态等，宜事事关心；农史当姓史、姓农、姓古农家者流，农业、农村、农民三农者，当敬为研究的基本对象，要加倍亲近、实践、体验作基本功习练，确保自身永远挺立在农业现代化的潮头。当然现代世界观毕竟属于哲学思想，农史研究者必须坚定马克思主义立场，坚持用辩证唯物主义与历史唯物主义理论、观点和方法修学治史。同时还要与时俱进地加强世界观的自我改造，才能适应日新月异的外部世界巨变，永葆新鲜活泼的现代思想观念和心境。世界观与人生价值观紧密联系在一起，在现代思想的改造中还要有坚定的政治信仰，树立社会主义核心价值观，才能在农史研究中保持清醒的政治头脑和正确的学术方向，现代化的思想品位和风采之美也在其中。

建立现代观念，就必须知晓当代科技发展水平，了解关键性的科学技术领域，关注重大的科技发明成果，特别还要熟知农业科学技术创新发展成就。现代科学技术代表着最先进的生产力，人们称"科学技术是第一生产力"，视为社会生产力的标志。为此要学习基本的科学知识，参与必要的科技实践，因为现代科技观念非凭空而来，唯有通过认知和实践才能获得。无论何种学科专业，凡关乎民众衣食住行的现代文明生活方式，都要有热情了解而不可冷漠排斥。倘若沦为现实生活中的科盲，还谈何现代思想意识和历史发展研究。农史研究要学习自然科学和新技术知识，自然科学与社会科学相互渗透的大势所趋，也是各类学科互相交叉、共同发展的需要。当今农史研究中已经注意到学习自然科学知识，同时也在积极采用现代科学技术手段，例如农业起源、农业考古、计量农史研究，就很需要具备生物、数学、物理、地理等学科知识来创新自身研究能力。归根结底，农史研究要坚定建立现代科学观，通过学习马克思主义自然辩证法，建立对科学技术哲理性的认识。通过强大无比的改造自然和推动社会发展的动力，推动着农业历史发展，促进着农史研究和研究者观念的不断进步。

建立现代观念，还要进一步提高人文思想素质。人文精神是人们共同追求的高尚境界，当今社会更加关注人文情怀，农史研究者当顺时崇文，自强精修现代人文观念。人文观的本质，即以人为本，尊重人性、人格和为人的权利；现代人文观的核心，是要实现自我价值和人的全面发展。广义的人文思想观念，具有普世的博大的情怀境界，将人本的核心推己及人，将自我的人文修养还要普及大众，创造全社会的人文和谐局面。具体说，农史研究者要把现代人文精神弘扬于专业领域，把以人为本贯彻到以民为本，不折不扣地以农民为农史主体和本位，现代人文精神方为修炼到家。狭义人文观是就农史研究者而言，主要指农史学科与其他人文社会科学的关系，相较上述自然科学联系，农史与人文社科关联更为密切，且为其中一小学科。所以现代农史意识必知人文社会科学与及相关的领域，自觉地与其交叉融合，促进农史研究上档次、见水平。农史学科仅以己之力包治农史是行不通的思路，唯得人文社会科学的合作辅助，才符合现代化人文社会科学观念。

建立现代观念，必须融入数字化的时代大潮。互联网时代带来的社会经济和生活方式的巨变，令世人多始料不及又喜出望外，科学认识互联网技术及其时代特征，才能真正建立起具有现代意义的思想观念。互联网是在计算机通信技术基础发展起来的信息化手段，我国在二十世纪末叶开始引用，新世纪伊始网络应用逐步推广。随着现代科技的迅猛发展，特别是大数据、云计算、智能化数字科技风起云涌，全球性的互联网铺天盖地日益完善，我国以后发之优势进入互联网使用大国之列。当前各类网络已广布国家各领域和民众生活的诸多方面，可以说脱离开互联网，为人行事都将寸步难行，互联网+，成为各行各业工作的通用公式。互联网同样改变着农史研究的方式和观念，同时带来前所未有的良机和挑战。在热情执着地拥抱互联网时，还要保持清醒的头脑和正确的思想观念，当知互联网虽是宝贵的新式利器，但也不是无所不克的万能工具。例如互联网大大提高了查阅检索资料的手段和速度，但其传载文献的准确性和文字严正性，却远不及古籍平面文体资料严谨，一般都要再检阅原书、原文查正。互联网是无所不知不所不能的载体，而非自创自有自造知识的平台；可以是辅助科研的手段，绝非科学研究的场所；宜于传播即时信息和普通文化知识，尚不作为专业知识和学术成果系统的存贮藏用功能。当前农史常识辗转传播网屏，为农史科普又开辟了新的阵地，参与其中者多为各方面涉农文化爱好者，当然也有许多农史专业者。这是前所未有的农史知识大普及，同时为农史学术大提高创造了条件，也为农史学科创新发展提出了更高要求。农史要在学术研究基础上，为互联网提供更多精确的知识和信息，以此实现学科的价值，正是农史现代修养中的全新观念，或称互联网观，或"互联网+农史"之大观。

三、农史学科体系化建设

所谓体系化，宏观而言即系统化，微观指程序化。农史学科体系化建设，就是对农史学科按照科学系统和科研教学工作程序，进行设置、组合、规范，使之成为有机的学科整体，以促进农史科学研究和人才教育培养事业。实现学科发展目标、稳定学科发展方向、构建人才梯队，正是学科建设的三大宗旨所在。学科建设一般是以科研和教育功能单位为执行主体，常言"以学科建设为龙头"，就是指加强学科各系统和整体实力，从而带动科研和教学工作。长期以来，高校学科建设以六要素为理念，包括学科方向层次定位、学科带头人和梯队建设、科学研究领域、人才培养规格、实验基地设备设施、学科规模管理等项。我国农史学科建设，主要归属于有关农业院校有组织进行，在多年的实践探索中，逐渐形成较系统的农史学科建设规范。农史学科建设体系，通常包括学科设置、基础设施、团队结构、培养机制、科学管理五个主要方面。现结合当前实际运作状况加以展示，以见其体系结构和具体内容。

学科体系化建设，狭义或缩略地说，就是学科建设。学科的含义有两方面：一是作为知识体系的科目和分支，学科与专业的区别在于它是偏就科学知识体系而言，而专业偏指社会行业、职业方面。因此，一个专业可能要求多种学科的综合，而一个学科可在不同专业领域中应用，因此学科和专业的概念常被人混淆。学科的第二个含义是高校教学科研等的功能单位，是对教师教学、科研业务隶属范围的相对界定。所以说学科建设或学科体系化建设，主要指科研教育单位分内要务，与其外部体制和国家制度性的学科体制化，虽有联系但必须区别开来，后者在下一题目中另当别论。

先务实地说，学科本是构建现代大学的基本组织单元，就是大学人才培养、科学研究、社会服务、文化传承创新和国际交流合作等工作的核心依托。再简单地说，学科就是学术的分类，就是知识领域、知识门类或教学科目，在研究对象、研究范式和语言系统等内容上，具有相对独立的特征。学科建设是大学发展的基本路径，是高校核心竞争力的集中体现，其实质是对学科的发展加以规范、重组和创新。然作为大学各项建设的核心要务，学科建设是一项周期性较长的系统工程，包括大学教学科研、师资队伍、基础设施建设等方面的内容。因此，遵循学科建设的一般规律，构建一套能够把握学科创新和学科治理等要义的体系，是农史学科体系化建设的基础条件和关键所在。

1. 农史学科设置

学科设置，就是确立某种研究和教育的知识体系，正式进入科学技术领域某分支科目，乃是学科建设的前提条件。当今设置学科必须在国家有关部门制定的学科和专业目录指导下进行，目录之外自主设置的学科，也要充分考虑其科学性和学科定位，并非根据某方面的知识便可任意自建学科。特别是要进入国家硕士、博士学位教育的学科，必须按照国颁学科目录规定设置，并获得有关部门认可才能取得学位授予权。所以搞学科设置和建设必须明辨学科与专业区别，同时辨析二者的相互交叉关系。学科是按照科学原理和知识体系划分，专业多是根据某方面需要且偏重职业领域而设置。大学本科一般都是按照专业设置，统言为专业教育；而硕、博士研究生教育，几乎都是按学科设置并授予学位。学科和专业之间也有复杂的关联关系，一个专业可能要求多种学科综合，而一个学科也可在不同专业领域中应用。同时在高校教学和科研功能单位，学科也是对教师教学、科研业务隶属范围的相对界定。学科建设所以倍受重视，还在于它以科学研究及其成果为基础，以高层次的学术队伍及优秀人才培养为标志，高水平学科建设代表科教单位综合实力，故有高等学校发展的"龙头"之誉。由此可知，学科设置必须要有两大基本条件：一是科研基础，二是人才实力，二者间良性互动实为一体。凡欲设置研究生学位教育，必先符合国家学科目录中规定的学科名称和实际条件，并要按照学科规范制定培养计划、设置课程、规划科研课题，然后争取到有关学位管理部门审批，方可进入正式的研究生培养教育。

　　我国现行的教育体制，学位教育主要在高等学校和少数高水平科研院所。科研单位科学性和学术性很强，学科概念和分类非常清晰准确，我国学位教育的目录正是在科学研究的基础上，参鉴国外某些学科建设模式制定而成。高校教育的知识体系十分复杂，学科与专业、学科与课程、专业与课程，以及课程中公共课、基础课、专业基础课、专业课、各类选修课，所包括的学科专业名目纷繁庞杂，故导致高校师生的学科概念常不及科研人员清晰。高校设置学科和学科建设部门固然需要了解学科目录，所有师生都应该了解国家学科目录体系，建立宏观的科学知识系统和学科结构，本是高等教育题中之义。高校师生更要明确自己所修研学科的位置，知其与相邻学科和整个科学系统的关系，犹如获得一幅自然科学与社会科学的全景图。

　　我国高等教育现行学科专业目录分三个层次：学科门类13大类，一级学科110个，二级学科375个。学科门类和一级学科是国家进行学位授权审核与学科管理，以及学位授予单位开展学位授予与人才培养工作的基本依据；二级学科是学位授予单位实施人才培养的参考依据。学科门类是对具有一定关联学科的归类，其设置应符合学科发展和人才培养的需要，并兼顾教育统计分类的惯例确立的。十三个学科门类是：哲学、经济学、法学、教育学、文学、历史学、理学、工学、农学、医学、军事学、管理学、艺术学等。一级学科是具有共同理论基础或研究领域相对一致的学科集合，原则上按学科属性进行设置。二级学科是组成一级学科的基本单元。农业历史学现置理学门类，在科学技术史一级学科下的农史学门类下，并附言特别说明不设二级学科，可授予理学或农学学位。农史学科设置在20世纪80年代初，就通过了国家学位部门认定，但在归入学科门类时颇有曲折，先后多次调整，故各单位所授学位也不尽统一。本讲在前面章节谈到农史学科的史学性质，论辩农史不同于农学类，也有别于数理化等理学的科学技术史。理由是农史是国民经济的传统的农业部门史，涉及内容不仅仅是农业科技，还有农业经济、农村社会、农民文化等；研究方法完全是历史学原理和手段，完全应该置于历史学门类中的一级学科专门史之下，应明确定为农业历史二级学科。因为专门史正是针对某专业、部门、行业，或特定学科设置学科名目，农业历史只有置诸专门史才名正言顺、合乎情理。且以农业历史悠久，农业历史范畴包括自然与社会范围之广大，不置之专门史实在是史学门类重大缺憾，更是专门史失去最有代表意义的标志性的专业内容。现今强设在理科下授予理学位的农史学科，不仅使农史研究者无所适从，修习农史青年学生也觉得莫名其妙，甚而使历史学界误解为自乱学术门类而鄙视之。但愿有关方面对农史学科作出有错必纠的调整。

农史学科设置的过程虽有曲折，但同仁们执著的追求值得回味和总结。在改革开放之前30多年，前辈学者开辟了传统的古农书和农业遗产整理，规模宏大且学术精深。实际上已经构成了传统专业学科，甚至明确提出古农学、农业遗产整理的概念，并建立起研究和整理的学术组织机构。从科研成果和人才培养绩效衡量，当年学科建设已经卓有成就，且具较高的学术水平。后来由于"文革"中意识形态的偏见，这些传统学科失去乘势发展的机会，但是其学术精魂仍未泯灭，整理和研究的古农遗产仍存，科研队伍虽散而人才尚在。"文革"寒冬之后，首先迎来科学研究的春天，在古农学和农业遗产整理传统学科基础上，自然而然地萌发出具有现代学科规范农业历史研究。农史研究有先天基础和后发优势，为时不久就在学术之林自树旗帜。当学位教育全面恢复，国家制定的"学科·专业目录"出台后，农史学科顺理成章地进入国家学科管理体制。

"学科·专业目录"，全称国务院学位委员会《授予博士、硕士学位和培养研究生的学科专业目录》，在20世纪80年代末即作筹备工作，1990年10月颁布，又经多次征求意见、反复论证修订，如今版本仍有待进一步完善。近年来"学科·专业目录"在指导高校和科研学科建设中发挥了引领作用。但是必须明确各地科教院所学科设置和建设，并未局限在"学科·专业目录"之内，自主设置的专业仍有相当数量规模。正像古农学和农业遗产整理专业，虽不在国家颁布的目录之内，但为国家科学研究和人才培养做出卓越贡献，这些目录外的传统专业自有其独特的建设和发展路子。当前出现的创新学科、特色专业和探索发展中的专业，将会不断充实到目录体系中，所以专业设置一定要从本单位教学科研实际出发，绝不可胶柱鼓瑟地全照目录设置学科，更不能削足适履地搞学科建设。

2．科研教学基础设施

教学科研的基础设施和设备，号称学科硬件建设。自然科学特别重视以实验室为中心的物质条件建设，并将之视为学科体系建设首重任务。农史教学科研无须实验设备，但图书文献资料却是必不可少的条件，可称之为农史学科的基础建设。我国主要的农史研究单位成立之初，就将图书资料的采集列为奠基工程规划实施，先集资料再图研究。有的甚或在研究机构立名之前，已经完成资料室的建设，然后以雄厚的图书资料为优势，策划筹备组建研究机构，最后才获准正式挂牌成立，可见郑重其事。我国主要几家农史单位正式成立，均在中华人民共和国建立之初，古籍图书资料采集尚有充盈市场，故而学科资料建设的文化品位较高。其中收藏古籍有多达五六万册者，四库中重要典籍大都囊括在内；各家重视古代丛书收集尤为务实，许多散见的古书可从中检阅，可以说凡重要古籍文献，这些农史单位均有收藏极便阅览。当然可称特藏者，仍是以古农书为主的各种农业历史文献。其显著特点是：种类相对齐全，可略观古农书全貌；再是版本较多，可为比较考据；且成体系、有著录，方便检索使用；围绕农史编制二次文献，便利摘引和研究使用。正是在解放初系统收藏古籍文献的基础上，数所农业院校奠定了坚实学科基础，成为我国农史研究的骨干单位。正是当年认识到图书资料建设的重要性，各单位组织大规模农史资料搜集汇编工程，又将非古籍资料编辑成册，创获农史资料建设之全功。为进一步开发古籍资料，有的单位开展古农书校注整理，极大地提高了农书资料建设的学术水平。坚实的资料建设，夯实了学科建设的基础，也为我国骨干农史研究单位相继成立，以及后来蒸蒸日上，乃止今日兴盛发达，奠定了持续发展的学科基础，建立了不可磨灭的历史功绩。多年来也有院校和科研院所，先后设置过农史研究机构，但因学科资料建设不够得力，许多单位难以进入正常研究而自行撤销。特别是因购置收藏古籍的难度过大，经费远不足支撑古籍收藏，或因藏书较少而难以形成必要的规模和完整的资料体系，规划的农史研究因缺乏正常资料保证而无奈终结。"巧妇难为无米之炊"，国内农史研究单位盛衰兴亡的不同情状，特别是有些难以为继的事实，证明图书资料在农史学科建设的基础不可动摇。

我国主要农史单位多半建在高等农业院校，完全是按照学术研究的功能设建，依托高校的学术环境和科教条件，其建筑设施和设备条件相对优越。有的"小楼一统"，自成学术园林式馆舍，有的与校图书馆浑然一体，因而独领书香文献风骚。有的还附设农业历史博物馆，对内开展农史文化教育，对外普及农业历史知识。环境育人，青年农史工作者和攻读学位研究生于此修学成业，可称当代农史人才的摇篮，同时也濡染提升了农业院校文化品位。农史单位设施结构极具务实、开放特点，全面打通科研工作室与图书资料室，即便古籍图书也一律开架，在加强特殊保护的前提下任凭本单位师生查阅利用。从而实现人在书室，研究在书中，论著成果诞生在图书资料室间。在图书资料室中作农史研究，不仅便利查阅文献，提高科研效率、效果，进一步提升论著水平；更重要的是长期浸淫图书文献资料，在故纸堆中摸爬滚打，就会熟悉文献又能熟练查阅文献，日积月累修炼得做学问的基本功力。许多优秀农史专家几乎都是从资料室中奋斗出来，走上文献研究的路子。凡久处图书资料室者，不仅农史研究功力大长，而且文化品位也会全面提高。农史单位图书与研究同室一体的模式，曾引起许多外单位文史专家的重视和赞赏，有的还常来查阅资料或在室研究。因为一般高校均以借阅制度管理图书，特别是古籍文献不允许入库逐架查阅，农史单位在加强保护前提下，配合电子版作到古籍开架实属不易。

　　学科基础设施当随时代进步而改善更新，在经济社会和科学技术高度发展的时势下，农史研究的设备也应作更新之计。首先，须对古农书资料按现代数字化手段编制建库，制作电子版的古农书和内容检索系统，以便农史研究查阅利用，同时通过网络系统向社会开放，使广大读者分享到古农学文化知识。多年集体搜辑的系统的非古籍农史资料，还有个人制作的卡片和笔记择录的有价值的资料，尽可能用现代技术手段录制成电子文档，编排载入资料库为专业研究者共享用。其次，是现代化研究设备的主动运用，可改进传统的检索查阅方式，要熟悉互联网、计算机、手机等索取信息和资料的操作，并注意不断地升级刷新程序。同时还要积极接受办公自动化设备，提高文字处理的效率和质量标准，包括各种形式和档次的计算机、数码打印复印机、扫描仪等，都应熟用于肘后掌中。另外，鉴于农史单位多以科研为主，农史教学的设施和设备相对薄弱，研究生小规模的教学中往往忽略现代教学设备的运用。非是设备配置能力问题，而是导师们不习惯利用多媒体等现代教学手段。须知教学方法与时俱新，学生对教学设备和学习方式有时代性要求，教学者一味地、固执地抱残守缺，显然是需要转变观念改革教学方法。当前要大力开展现代媒体教学，并与传统的农史教育手段有机结合，形成合理的教学过程结构，达到最优化的教学效果。所谓现代教学媒体，主要就是多媒体教学，包括计算机、投影仪、展示台、幻灯、录像、电影等设备，根据教学目的和内容需要，选择仪器种类或综合配制使用，以达到提高讲授效率、增强师生研讨互动、提高教学质量和效果的完美功能。

3．学科人才队伍建设

学科建设宗旨和目的，为科研教育事业的发展和学术水平提高，关键是人才队伍建设，核心是学科带头人引领。所谓出成果和出人才，而人才是根本。学科人才结构，通常讲为学科带头人、学术带头人、学术骨干、学术助手等层次。至于各层次人才怎样划分、如何定义等问题，并无明文规定，因为事关人才评价，不能作简单化义界。高校和科研单位用为系列概念，意在组织学科队伍形成整体合力，虽已广泛采用而不必视为定则。各校所可自划等级标准，甚至可制定出量化的指标体系，也只能实施于本单位学科建设，最多也只作对外交流而已。或见有呼吁厘定统一人才标准的意见，当是不解人才实质和不得学科建设要领所致，其意见毫无意义而根本无法实现。学科人才概念，实为两部分组成，即带头人和人才梯队。带头人可分为学科带头人和学术带头人两个层次，学科梯队也可分为学术骨干和学术助手两个阶梯。总的是在学科带头人统领之下，形成有系统、有结构、有序列的学科人才组织，构成有差别的专业知识、学历职称、年龄潜力学术队伍，表现出整体的科研教学综合实力。

学科队伍各层次人才结构中，最主要者是学科带头人，原则上唯以一人担当。上言各层人才无专门界定，而学科带头人则非同一般，必有一定范围内同行的共识。检索学科带头人，指在大学里某一学术门类上具有极高的学术水平，能够带领、指导和组织有关人员开展这一学术门类的学术研究，并取得重要研究成果的专家。关于学科带头人的基本条件，各单位都有高标准要求，而且大体符合国内同学科带头人的评判水平，一般有五个方面：一是史德方面，有深厚的传统史德修养，治史的心术尽其天而不益以人，接受客观历史检验；同时遵循马克思主义唯物史观，坚持中国特色社会主义核心价值，树立人类命运之天德和国家兴旺之大德观念。通俗地说，有良好的政治素质和思想道德修养。二是才能方面，史才文才兼而有之，而以史学、史识为专才能事；非是将才而必帅才，非学术带头人而是学科带头人，具有鹤立鸡群的头领统帅才能。具体地说，学术造诣深有远见卓识，能把握学科发展动态趋向，且有重要的科研成果，在国内外有一定的学术地位和影响力。三是人格素质方面，自禀天赋，格局气象开阔宏伟，同时精修内质素养，人品格调淳朴而脱俗，有亲和凝聚力和学科感召号令力。四是创造和创新素质方面，知识在于创造，学科首重创新。创一流学科和一流校所，创国内一流和世界一流，"双创"的潮流乘风破浪而来。但"双一流"基础仍在学科，创一流校所实靠一流学科创建，统领"双创"关键人才者还是学科带头人。五是治理管理能力方面，学术科研事业靠治理，教学育人工作靠管理，治理管理唯靠学科带头人一身兼之。治理主要运用科学原理和体制机制手段运作学术科研事业，管理主要运用制度法律和规章条例等行政手段处理事务，自身要具备极强的组织、协调和管理能力。学科带头人自身以治理学术为要务，行政管理事项也可委之他人代理，故今人常以实现治理体制和治理能力的现代化相号召。总之所谓学科带头人，就是学术共同体中对推动该学科发展的重要贡献者，其学术造诣得到国内外同行公认的高级专家和学者。学术带头人具有开阔的学术视野和坚实的学科基础，能准确把握学科发展方向，协调带动梯队其他成员共同工作的能力。所谓一流大学，主要表现在学术水平的不断提高和学科建设的蓬勃发展，学科带头人的作用正是在于提出大学学术的发展方向，谋划学科建设的发展思路，激励学术创新，从而使学校达到一种学术发展的高级状态。

学科带头人多为传承而立，但也有学科初立带头人正在培养，也有学科队伍整齐成熟而带头人因故中断，所以常见有学科建设负责人主持全盘工作的制度。学科建设负责人不具备上述带头人水平和诸项条件，甚至属非本专业的外行，但有极强的组织和管理能力，也掌握学科建设的要领和规律。有此学科负责人辅助性保障机制，学科建设在任何情况下皆可启动和维持发展，最终培养出合格的学科带头人。在我国较大的科研单位，学科负责人由党组织委派称职领导干部担任，或者实行党委领导下的学科带头人负责制。这种制度规范是由学科负责人全力主持统领学术研究，党委加强政治思想工作并做好行政管理和服务工作，高校和科研单位均实行这种符合国情特色的领导体制，即使在较小的学科建设中仍发挥着基层组织和党员的骨干作用。

学术带头人在学科建设中也有明确的义界定位，即学科方向的带头人，为本学科之核心成员，无疑也是学科带头人后继接班人选。熟悉本学科大局趋势，尤精于本学科方向的历史、现状和前沿发展动态，实为学科方向指挥者。学科方向就是学科的分支系统，分支为较小较专的领域，非常接近专业的内涵，所以有些单位将学术带头人称专业带头人。学术骨干也是学科梯队非常重要的层次，主要由中青年人才组成，年富力强善于攻坚克难，学术带头人所主持的课题多依靠学术骨干合作支持。骨干们也独自担当小型科研项目，在科研实践中提高学术功力，所谓学科出人才多集中在学术骨干层面。最后还有学术助手层次也不可忽视，助手们初入学科队伍，通过辅助研究进一步学习历练，但他们是学科发展的后备力量，应着眼学科人才队伍建设的未来高标准加强培养。

农史学科半个多世纪的人才培养和队伍建设，大体遵循着上述规律和路子走到今日，各单位呈现出人才济济的景象。其中较大的骨干农史单位人才建设规模较大，学科建设道路也非常规范顺畅，有系统的经验值得总结。首先有权威性的农业历史大家为学科带头人，组建学科队伍并成立研究单位，又有各具专长的学科方向上的成熟的学术带头人，还有一批少壮有为的学术骨干和青年助手，所以至今保持着农史学科的综合优势。另外几个农史单位学科队伍相对较小，但在学科建设中也取得了令人刮目的成就。考察其成功的要因，全在各单位自有一农史大家为学科带头人，故以屈指可数的人才，成就了令国内外同行注目敬重的硕果。人或将这几家农史学科建设经验总结为"少而精，小而全"，意为其人数少、队伍小，然学术队伍精干、有精尖成果，而且学科建设主要门类基本齐全。回顾当年骄人的学科建设成就，当清醒地认识到这是在特殊时期，又是在特殊学术环境下，大家独木支撑的学科建设，一般说来，今日难以再现那种独特的学科建设模式。再说昔日"少和小"的人才队伍也是无奈之举，如今虽要"精和全"的传统精神，但随着农史事业的发展壮大，还是要走具有当代学科建设规模化和规范化的道路。

4．学科创新驱动

学科建设有自身规律，又与时俱进、不断更新观念和内涵，学科创新和学科治理正是当代学科建设的旗帜和主旋律。人所共见，科学技术创新驱动的国家战略，国家治理体系和治理能力的现代化，特别是"211"和"985"两大工程，以及"一流大学和一流学科"建设目标，有力地将高等学校和科研院所推进到国家振兴发展最前沿。国之战略使命必须全力担当，然而"两工程"和"双一流"的根本全在学科建设，这便是高等科教单位勃然兴起的学科创新治理的时势和逻辑。在国家创新战略和制度治理大计之下，农史学科最主要的是识大局、明学理，树立创新和治理新观念，根据本学科实际状况，主动适应国家、学校、学院学科建设新部署投身改革。当前高校和科研单位尚处在筹谋、策划和探试之中，农史研究者应抓住创新和治理两个关键词，参透其改新的实质、举措、路径、新的局面和未来前景。这正是本书出版前夕集纳诸家之言，以补充学科建设最新理念，促进新时代农史学科实现创新驱动和治理现代化的新境界。

学科创新是以知识创新为基本内容，最能体现创新概念的精神，故列诸多创新领域之首。创新是以新思维、新发明和新描述为特征的一种概念化过程，源于拉丁语，有更新、改变、制造新物之义。在我国古语中创新就包含在一个"新"字之中，《礼记·大学》"苟日新，日日新，日又新"，就是古人创新和坚持创新精神的充分表达。正如国家领导人所说："创新是中华民族最深沉的禀赋"，就是说创新为本民族的禀性天赋。从国外创新概念发展看，近代以来多用于生产和经济学领域。大约至20世纪60年代新技术革命兴起，把"技术创新"提高到"创新"的主导地位，创新发展从而为以技术创新主旨，并逐渐形成系统理论。进入21世纪，在信息技术推动下，知识社会全面形成，科学界进一步认识到技术创新是一个科技与经济一体化过程。知识社会条件下以需求为导向，以人为本的创新模式得以推行，创新涵盖包括政治、军事、经济、社会、文化、科技等众多领域。我国在新世纪开始高度重视科学技术发展，先后提出新技术革命、科技创新战略和创新驱动发展战略，把创新发展提高到民族复兴的战略目标的高度。正如国家领导人与国民所共识的：创新是人类特有的认识能力和实践能力，是人类主观能动性的高级表现，是一个民族进步的灵魂，是一个国家兴旺发达的不竭动力。国家和民族要想走在时代前列，就一刻也不能没有创新思维，一刻也不能停止各种创新。

农史研究不乏学科创新的实践和成果，由古农学和农业遗产整理开辟出农业历史学科，就是在前无古人、近无参照条件下，走出传统学术的庭院书斋，步入现代科学的广阔高地。设置农业与农村社会发展学，将历史学与发展学对接，使农史主体学科和近缘新兴学科同台并生共荣，必有学术创造的胆略和学科创新的智慧。然而学术生命正在维新，农史学科发展唯在创新，在"日日新、日又新"的不断创新过程，不可将学科定格在现有局面而守静不动。尤其在"大众创业、万众创新"举国双创的时代背景下，农史当有全新的学科创新之计。首先要高境界地树立创新观念，高度自觉地强化创新意识。因为当今之世创新潮流汹涌澎湃，学术创新如逆水行舟不进则退，学科要自立、要图存、要发展、要强盛为显学，每一步都得创新奋进。其次，要提倡创新思维的科学方法，须知创新是要动脑筋的事情，在智能科技时代还要凭智慧，所以定要科学思维方法，如相似联想、发散思维、逆向思维、侧向思维、动态思维等。除此科学思维，更要联系实际，在继承传统基础上，充分调动灵感思维的潜能，捕捉有创意的课题，获取有新意的研究成果。创新不仅是思想观念更新问题，也并非是简单地求得新观点、新资料、新方法、新成果的过程；还要注重另一个"创"字。即创通、创作、创造的艰难困苦的劳心、劳力的创新过程，还需要脚踏实地一步一个脚印的务实而创新。具体而言，当前切入点不妨首先选择在农史固本强枝上，即围绕农史学科方向建设作艰苦细致的创新工作，既要原创意识开发新的学科方向，也要弥补弱势学科之短板，更要为优势特色学科发展创新生长点。因为在"双创"背景下，一般的特优学科是不足称道的，创新的目标是要建设一流学科，不仅争创全国一流，最终还要建设成世界一流的学科。

总而言之，从史学性质分析，史学本身就是推陈出新的学问，所谓化腐朽为神奇，把既往人物、事物、社会再现出来，是史学的本质与功能，所以维新、复新、创新是史学题中之义。历史学科就是在不断求新探索过程中发展的，其中包含着朴素的创新的意义，即由草创到成形，由幼稚到成熟。历代有成就的史学家大都有创新的意识和成果，"史家四长"中之识长，即包含创新见识。从现代学术发展分析创新型农史人才意义，创新是知识经济的时代精神，渗透在现代社会各个层面，在科技、学术的学科专业领域更有着主导作用。农史不可能脱离这一主流精神之外，这是时代精神和世事潮流。当代史学面临经济社会各种困扰，有人言为危机，唯有创新才能谋发展。农史创新需要创新型人才，创新型农史研究者素养主要表现在两方面创新：一是研究领域资料、观点、形式、手段的四新；一是学科领域理论、方法、体制、制度四新。农史创新的基础实在于继承，善于继承才能创新。可以说继承为基础，创新就在其中了；或者说，真有继承，就有条件迈步创新领域。

我国农史学科建设面临的创新问题，单位机构规模太小，有待增加和扩大，必须以学科建设成为农史振兴的龙头。农史研究内涵要扩大，农史主体的农民史、农民生活的农村社会史、农村环境变迁的农村生态史，或言三农历史都要纳入视野。农史机构建设面临与国际学术接轨，即国际化道路，世界农史研究就必须进一步加强。农史机构建设必须考虑经济和社会发展的新形势，特别是社会主义市场经济的新需求，要与建设全面小康社会的现代化目标相联系，古为今用的老话题应有新的实现途径。

5．学科治理现代化

学科治理是继学科创新之后，高校热议的又一使命性主题，二者相互为用，彼此激励，共同主导着学科建设的主流方向和主体目标。就理念而论，人们对治理概念不及创新清晰，实因"治理"语义全面引入高校为时较晚的缘故。治理有统治理政的文义，通常为政府行为，多指国家治理政务大事。以往高校较为慎用，最多用治教、治学、治考等词语。改革开放以来，现代管理学普及学校行政和教学、科研、后勤各领域，初为时尚后则人皆耳熟能详唯用管理一词。如今提出高校治理体系和治理能力现代化，与国家治理战略对接进而衍生出学科治理等一系列治理概念，不免令人一时难得要领。所以首先要辨析清楚治理和学科治理的含义，才能深入研究高校治理方略。

当今之世谈治理概念，必须考虑其国际社会意义，因为世界上尚有"全球治理委员会"国际组织，系统地阐述了全球治理的概念、理论和国际法则等规范。所以人们不能不运用该组织1995年权威性的定义：治理是或公或私的个人和机构经营管理相同事务的诸多方式的总和。它是使相互冲突或不同的利益得以调和并且采取联合行动的持续的过程。它包括有权迫使人们服从的正式机构和规章制度，以及种种非正式安排。而凡此种种均由人民和机构或者同意，或者认为符合他们的利益而授予其权力。它有四个特征：治理不是一套规则条例，也不是一种活动，而是一个过程；治理的建立不以支配为基础，而以调和为基础；治理同时涉及公、私部门；治理并不意味着一种正式制度，而确实有赖于持续的相互作用 。中国共产党十八届三中全会提出："全面深化改革的总目标是完善和发展中国特色社会主义制度，推进国家治理体系和治理能力现代化。"国家治理体系是在中国共产党领导下管理国家的制度体系，包括经济、政治、文化、社会、生态文明和党的建设等各领域体制机制、法律法规安排，也就是一整套紧密相连、相互协调的国家制度。

学科治理正是在全球治理和国家战略的大背景下，成为高校改革发展的核心议题，时至目前绝大部分高校都实质性地启动学科治理工程，数十所著名高校还实施以学部制为中心的学科治理综合改革方案。其中北京大学先行多年，从学科治理的高层设计到方案的全面实施，从实践探索到理性认识的凝练总结，为高校学科治理提供了值得参考的概念、观点、思路和方式方法。北京大学学部制显然有国外院校治理的域野和参照，更有我国高教的实际和当今改革开放的气派。其学科治理的规模和方略，虽非一般院校可生搬硬套，但把握治理的精神和理念，却是符合国情实际，有普遍参考意义。北京大学学科治理体系为"学校—学部—院系"三级治理。先看学校级的设置，学校作为谋划学科战略布局的顶层，主要通过校一级学科建设委员会及其下设委员会统领运作。校学科建设委员会由相关校领导和学部主任等人员构成，其重要职责是对全校的学科发展与布局，对学科结构、研究方向、学科建设单位设置等提出建设与调整建议。各分委员会主要协助学科建设委员会，制定有关跨学部的交叉学科和新兴学科领域的学科发展规划和建设方案，对该领域内涉及的资源配置提出建议等。校委员会下设学科建设办公室，作为学科建设委员会的执行机构，落实学科建设委员会和分委员会决议的各项工作。再看学部一级设置，学部是承担一级学科群、二级学科群以及交叉学科治理的主要单位，现设有理学部、信息与工程科学部、人文学部、社会科学学部、经济与管理学部等五个学部。各部有办公会、学术委员会和教学指导委员会等三个工作委员会，负责本学部内各一级学科和交叉学科的建设与发展。各个工作委员会依其职责与议事规则对学部内的学科规划、教师队伍、学术评价、人才培养等进行统筹考虑和建设，并将各个学部和行政职能部门之间做了有效对接。学部办公室设在校学科建设办公室，学部办公室主任隶属于学科建设办公室，参与学科建设办公室的各项工作。再来看院校级的治理体系，院系是承担一级学科、二级学科治理的主要单位，通过院系的学术委员会、教学委员会等来操作实施。二级学科与从事教学科研工作的教师密切相关，对于二级学科以及与单一院系完全重合的一级学科的治理，主要是发挥院系学科带头人和教师的作用。对于跨院系一级学科的治理，成立跨院系的"专门委员会"来统筹和协调该学科建设与发展。同时承担多个一级学科治理的院系，则要求成立由一级学科带头人所组成的"学科发展委员会"，并且由院长和学科带头人共同负责一级学科的建设与发展，推动多个一级学科在本院系的交叉与融合。如此严谨的学科治理体系，极具学科创新的学部制，具有鲜明的现代大学体制。该校改革的目标方向非常清晰，就是避免大学过于行政化，寻求实现学术权力与行政权力分离的有效治理方式。

目前大部分高校特别是地方院校的学科治理，尚处在初始起步阶段，尤其是一些小型学科甚至还在启蒙或治理思想观念的发动阶段，农史学科治理就很需要有个思想发动的学习过程。除全面了解全球和国家治理的大势外，还要认识现代高等教育制度和治理体系现代化的新格局，更要脚踏实地学习学科治理的系统知识，不妨就先从下列基本认识做起。首先是学科治理概念，北京大学有关重要文章解读是：对大学内部有关学科的事务进行引导、协调和规范的过程。学科治理涉及以下几个方面的内容：一是学科治理的主体是高校内部的学科利益相关者；二是学科治理的目的是保障学术自由、保障教授治学；三是学科治理的对象是大学内部的相关学科事务；四是学科治理的方式是共同协商一致；五是学科治理的本质是治理理论在学科领域中的应用。其次，是学科治理与学科管理的辨析：就参与主体而言，学科治理主体包括学术人员和学术组织两类，而学科管理则包括学术人员、行政人员和学术兼行政人员三大主体；就作用对象而言，学科治理侧重于大学内部的学科事务，而学科管理强调的是大学的一切学科事务与活动，包括大学内外两大部分；就运用方式而言，学科治理强调学术利益相关者的沟通协商，其权力运行方式既有横向交互又有纵向自下而上式的反馈，权力维度表现为双向度，较多时候体现为民主管理方式，而学科管理的权力运行方式是自上而下的单向度运行，通过"科层式"的行政体系来开展相关活动以达到相应目标；就效果而言，学科治理与学科管理既有相同之处又有差异之处，各自的范畴与内涵也不尽相同。

许多高校学科建设中提出学科文化的概念，在学科治理中也值得高度重视。学科文化，即在学科形成和发展过程中形成的学科特有的语言、理念、价值标准、思维方式和伦理规范等。学科文化的存在和传播，能在学科教师群体内形成共同的学科身份认同、学术价值标准、学术伦理规范乃至学术思维方式，成为学科知识体系、学科制度，以及学术道德的共同体。这种学科文化，经学科成员认同、接受和内化后，会赋予其学科活动以共同的意义建构。这种共同的意义建构有助于促进学科成员之间的互相理解与合作，从而助力于学科团队的形成，并推动学科团队内共同行为规范的成型。如果说各学科都具有自身特色的学科文化，那么诸学科又具有共同的泛学科文化，即追求真理、崇尚卓越的学术文化。学术文化的存在与扎根是学科建设与发展的根本动力。当然，学科文化的培植和建设，有赖于学科全体成员的共同努力，但也不可缺少学科整体的顶层设计。总而言之，学科文化和学科文化生态的培育，也应成为学科治理的核心议题，农史研究更应该检点学科文化的缺少和失范问题，高标准构建本学科的学术共同体文化，使之成为农史学科建设的压舱石。

四、农史学科体制化和制度建设

体制化，又是一个名词缀以"化"字而构成的现代概念，指有关组织形式的制度规范，近似于制度化。体制是国家机构及企事业单位的设置、隶属关系、职能划分等方面的组织体系的总称，包括国家政治、经济、文化等制度体系，科研教育体制亦其中之义。科研教育体制定义为科教机构与科教规范的统一体，由机构体系与规范体系所组成。循此概念理义，便知农史体制化非同于上述一校一所的学科体系化建设，而是政府有关部门和农史群体组织的主导行为。换言之，农史体制化是站在国家制度和体制建设的高度，安排农史科研教育事业，结合国情和农业历史科教实际，开展农史学科体制建设活动。农史为知识形态，农史学科大而归之社会文化领域，农史属社会事业，接受社会化的组织管理，与社会制度层面发生联系。可见农史学科建设包括学科内外部一系列关系，既是学科群体自我规范的科学系统，也是农史学科成熟并步入现代化事业的表现。农史学科体制建设包含七八个系列问题，有：研究机构、学术团体、管理体制、论著刊行、成果鉴定、教育科普、学术交流等，现分述如下。

1．农史科研教学机构

早在20世纪20年代初，我国农业历史研究机构已见滥觞，金陵大学图书馆农史研究室，已开始从事祖国农学遗产的搜集与整理工作。中华人民共和国成立后的20世纪50年代中期，正式出现具有现代科研体制的农史机构，国家有关部门发挥了筹谋和领导作用，最能体现政府行为和新中国事业百废待兴的时代特征。中华人民共和国成立初期，中央政府在治国理政热论中，提出继承传统文化遗产的议题，古代科学技术中农学和医学自然是题中之义。毛泽东主席很注意这两宗最大古代科技遗产，据说还谈到北魏贾思勰《齐民要术》等四部古代科技著作的价值。农业部全力落实这部古农书校注研究项目，筹划全面的农业文献资料遗产的搜集整理工程。

根据农业部召集有关高校专家研讨会议精神，全国有数所院校分别成立了农业遗产研究室、古农学研究室、农业历史文献研究室等科研机构。从体制建设规范看，初建的农史研究单位，虽不够完善，但颇为致用且自有特点。农史单位归属于有关农业院校科研系统管理，农业部也特别予以关注和支持，尤其是农业遗产研究室，实行多部门共管体制。中国农业遗产研究室同时归为农业科学院下属研究单位，一度还接受省级部门领导，科研事业经费得以多方支持保障。二十世纪五六十年代为农书文献和农业遗产整理阶段，人称钻故纸堆的冷僻研究能够立为单位，堂而皇之地进入国家研究编制，并能很快自立又取得令时人刮目相看的研究成果，无疑得益于国家高层部门决策和独特体制建设之功。机构设置是事业体制的基础，研究单位是体制化的基本单元，专业研究单位的建立，乃是农业历史研究从无到有开张布道的起始元点。所谓安身立命、自立门户、独树一帜等，国初农史研究单位设置的要义正在这里。

改革开放之后，科学研究和高等教育体制改革向现代化目标推进，以往全靠国家计划体制支持的农史研究发展步履维艰。但恰如人云，改革有挑战，而更多的是机遇。正是主动适应改革开放新形势，农史领域接连完成三项体制化变革，实现了由古农书和遗产整理到农业历史研究的华丽转身。第一项变革是顺应骤然复兴的科学技术热潮，转身投入科学技术史领域，赫然树立农业科技史研究的旗帜，使得传统研究体制和重点向具有现代意义历史学转化。原来的研究单位的设置体制依然如故，外部表象也丝毫没有令人瞩目的变化，而研究的内容和方法却发生质变。由冷僻研究突变为显学，原因正在于农书校注整理与农业科技史有天然的联系，前者是后者的历史资料和学科基础，二者之间转变完全是顺理成章的学术发展的必然路径。第二项变革是全面向农业历史学科转移，进入国家学科目录体系，名正言顺地纳入现代科学教学研究体制。这种变革的机遇又是顺应国家学位教育体制改革，主动参与硕士、博士研究生培养事业，从而正式列入国家学科体制，原有的研究机构名称，各单位大都更名为农业历史为主体词的研究机构。有了农史学科名义就要进行名副其实的体制改革，学科研究内容必然由农业科技史向农业史领域展开，同时全面开发农史研究的方向以形成系统的农史学科分支。农史学科设置是根据国家学位教育任务而立学，就必须改革过去单纯的科研单位性质，改之为教育、科研相结合的新体制，实施以出成果和出人才相统一的现代科教制度。第三项变革发生在新世纪以来，属于农史研究单位与所在高校体制关系的改革变化。以往数十年各农史单位在校内独立运行，由校科研部门直接管理，与各院系平行为学校直属单位。随着高校体制改革深化为校院两级管理制后，农史按学科统归于人文学院管理，农史一般为人文社科群下二级学科，进而开展农史教学、科研活动。这项改革虽使农史研究失去学校直属单位某些优越条件，却非常有利于农史学科与人文社会科学的交叉融合，也是高校学科治理和学科建设大局所在和大势所趋。学科建设的龙头带动是学术发展的根本动力。农史前身的传统学术研究长期游离于学科系统之外，立学之后又脱离学科群体孤军独进，而规范于学科层级门类中，农史终于走上科学发展的坦途。传统农书遗产整理—农业科技史研究—农史学科教学科研—人文社科学科群建设，正是我国农史单位六十余年所走过的机构设置和学科建设道路。

社会事业发展以机构设置为基本单位，科研教育事业运行以学科建设为基本单元，农业历史研究正是在两大单元相互作用中进展，概括农史机构体制改革进程和未来前景，总离不开这两个基本点。首先，要珍惜数十年农史机构设置积累的成果，特别是数所骨干农史研究单位更要倍加保护，珍重其多年的科研成就和人才培养硕果，也要珍视其机构设置不断改革发展的历史经验。正如评判一所名校的品位，常常并不全在于学校的时尚、新绚和亮丽度，而是考其办校历史、文化传统和学术积累。评品农史单位高下优劣，固然有一系列指标体系，而机构设置时间和单位建立历史积淀应占极高的权重。农史研究历史，因而特别尊重历史，不仅尊重所研究的农业历史，同样要尊重自己研究农史的历史，其中就包括农史机构设置的历史成就。希望国家教育和农业部门应有保护性政策，使其功勋声名得以传扬，有关学校在机构改革调整中应三思而行，应充分考虑骨干农史单位自身积蓄的文化价值。当然保护骨干农史单位机构设置，并非令其养尊处优、不思改革进取，而是促其发挥学术积累和单位文化声誉优势，更上层楼。必须清晰地认识到法久弊生，骨干单位固守的成法与"双一流"建设新形势极不适应，当痛下决心革除多年闭门造车、惯养的陈规旧习，全面更新树立起现代科学观念。通过创新驱动和学科治理以强骨壮干，使久负盛名的农史单位焕发新生机，根深叶茂地挺立在现代学科之林。其次，还要进一步创造条件，建立新的农史学科机构和单位。我国专业性农史研究单位屈指可数，然60多年却一直处在无甚新增的规模水平。上言曾有院校增设农史终因学科创建不力而告败问题，充分说明了增置新的农史研究单位是要精心筹谋，不可草率从事。若从农业历史科研教育事业发展战略计议，农业现代化道路离不开历史的规律和经验教训参照，因而需要农业历史学科提供研究成果。农业历史知识是大农业各学科的基础，农业院校理应将农业历史作为必修之基础课，高等农业教育所需要的农史师资，也需要大量地培养农史专业人才担当。随着现代农业科研教育事业的高度发展，大力加强农业历史教育和增设农史研究机构议题，必将会逐步列入国家科教部门议事日程。所以总结我国农史研究机构设置的历史、现状及其利弊得失，谋虑未来农史科研教学机构的规划、地区的布局、单位设置，也当作未雨绸缪之计了。

关于农史研究机构的管理体制，按学科性质归入社会事业，现实际为三种管理模式类型：农业博物馆社会公共事业管理；自然科学史所为中科院科研事业管理；农业院校农史教育研究结合为主力机构的管理等。高校科教结合体制模式，其形成过程初为科学研究，遂后加入学科性的人才培养，兼公共基础文化教育，并且出研究成果和高层次人才。科与教、史与农、农史与社科等交叉，优势显而易见。科教结合及多学科交叉，有利于资源充分利用；知识创造与知识传授过程统一，有利于人才培养；两边缘交叉领域内部机制灵活，有利于良性运作和自由发展。

现行农史事业管理其劣势，也是一目了然、毋庸讳言，大多囿于农林院校，缺乏文史学术环境；绝缘于史学之外，专门史的学科性质和科学的隶属关系无法彰显；长期脱离史学母体，导致发育极不健全。再加各单位社会科学管理体制，不能充分兼容农史；在项目规划和课题管理中，多不顾及农史学科需求；研究成果推广普及和人才就业，缺乏社会事业渠道。关于农史管理体制改革，首先是大的目标和方向，应明确为专业史的定性和定位，从而纳入社会科学管理体系。其次是所在单位应发挥农史学科基础性地位，在农业院校科研教育中，重视传教农史基本知识；在现代农业行政管理中，要重视农史的资政作用；在社会文化生活中，农史也应占一席之；从而建立多渠道、多层次、多种人文方式的学术与文化相结合的交融模式。

总而言之，农史研究机构是学术和学科的载体平台，设置机构是学科专业化和社会专业化的标志，表明社会出现此专门的研究组织形式，而且已经进入现代科学技术和社会事业之列。机构有无是传统学术研究与现代学术的重要区别之一，设置机构也是学术研究最有效的组织形式，可集群体之力，成规模化研究；集专才智慧，成学术环境；专业化分工协作，有利于学科专而深的研究；可以统筹学科资源，有利于合力攻关；研究机构也如同学校，有培育优秀人才之功能，实现出成果、出人才的科研宗旨。农史机构建设必保证后继有人，学科才能可持续发展，决定着农史现代化走向前途。因为机构是富有现代学术活力的社会机体，具有明显的实体性，它与社会发展声息相通。科教机构就是学科社会关系的集中体现，随社会发展而进化。我国农史研究机构较西方晚出约半个世纪，发生发展的路子相对规范，有明显的特点：发展的阶段性明显，从遗产资料的整理机构，再全面农史研究机构，再现代学科教育科研机构。农史机构设置有两次机运时期，分别在20世纪50年代和80年代，皆因行政力量和计划经济体制促成，因而有明显的制度性因素。今后机构的发展和运作，必然是在市场经济条件下拓展，在学术自由的关系中进行。农史机构初设多在高等农业院校，带有教育与科研相结合的特点，有农业科学与农史交叉的优势。我国农史机构设置，与单位原来占有的农史资料遗产密切相关，凡袭有农史资源的学校首先成立农史机构，校园文化中也多现农史文化氛围。我国农史研究机构经营了半个多世纪，出人才出成果；更重要的是形成了优良的农史学术传统，道统绵绵不绝。

2．农史学会组织

学会，通常定义为由研究某一学科或某个学术领域的人组成的群众性学术群体，属于社会团体性质。可登记为面向全社会的法人社团组织，也可以不通过登记，仅为系统内部活动的团体。学会组织的学科专业性、社会团体性、群众社团性界定非常清晰，显然是遵循近代西方学会规范，同时立足于我国当代学会现状作出的定义。国外学会制度确立较早，事业相对发达，英国皇家学会创立于1660年，活跃至今未曾中断，足见其现代学会制度之完善。然而学会并不完全为舶来之物，早在19世纪西方学会热传东亚时，梁启超著《论学会》就数典论证，溯源学会原本"中国二千年之成法也"。从《易经》"君子以朋友讲习"，到《论语》"君子以文会友"，"有朋自远方来不亦说乎"，正是以文会友传承先圣之道的古史见证。又如谭嗣同《学会》一文指出："士会于庠而士气扬，农会于疆而农业昌，工会于场而工事良，商会于四方而商利孔长。"认为士人集聚学术场所能使学人神采飞扬，思想飞扬，言论飞扬，有如农民在田地，同工人在工厂，若商贩在市场上志气高扬。数千年来学者们群聚论道，"各以其学而学，即互以其会而会"，天经地义成为数千年历史传统。大约至明代东林党就已具有学会规模，可惜以文会友之学统，在清初因朝政偏见而中断。直到晚清西洋科学技术以学会形式传播时，西方先进的科技知识和现代的学会组织，才得以得逐渐传播而广泛普及。

现代学会性质较我国传统文会并无本质不同，但学科专业性和组织章程更为科学严密，按照当代规定要有挂靠的业务主管单位，同时要接受民政部门社团登记机关的业务指导与监督管理。农业历史学科研究建立的专门性学会，从世界范围看同样以欧美国家创建较早，1904年第一个"农业历史与文献学会"在德国成立，当是世界上最早期的农史学会组织。大约在第一次世界大战后，美国风行农史研究，并于1919年首建名称确切的"农业历史学会"，遂后欧洲许多国家乃至东亚的日本、韩国，也有农史研究的机构和学会出现。新中国的农业历史学会，在未通过民政部登记之前，曾经历过农业部行政组织和农学会学术系统内活动团体两个阶段，后来终于发展成为国家学会体制内独立的学术团体。农业部作为农史研究倡导部门和课题项目的下达者，长期以行政方式组织全国农史单位开展研究和学术交流活动，部领导常亲自主持农史研究有关会议，形成非常独特的学术活动方式。从客观的实际效果看，农史研究初兴阶段，国家有关部门和领导大力扶植支持弱势学科团体，实是符合国情的运作办法，从中也体现了社会主义制度的优越性。正是在农业部的务实组织领导之下，有关院校农史研究单位相互建立业务协作和学术交流，共建非学会组织的单位间联络机制。更宝贵的是在分工合作的攻关研究中，农史专家学者之间建立起个体的亲密联系，农史同行之间书信交流往来频繁，逐渐建立起以学缘为基础的诚信知己的学术关系，被传为农史学界的各种佳话。农史老前辈结成的学术情谊，自然地传递给青年学者，以致代代相传成为学术世交。这既是我国学术优良传统，也是现代学术文化建设要推陈出新的使命。

农史学会未成独立社团组织之前，农史研究者曾经加入农学会系统内开展学术活动，即在二十世纪八九十年代前后数年间，组成中国农学会旗下二级学会例行会事。关于中国农学会，可谓声名赫赫，历史悠久，其肇始可追溯到19世纪末，由孙中山命名立会，故有首创之功。后继者罗振玉、梁启超在晚清建章立制，将会事搞得如火如荼。时至民国更有留学生王舜臣、陈嵘、过探先立名中华农学会，按照西方农学会模式开展兴学、办刊、研究、科普等活动。随后各级农学会及科研教学活动遍地开花，当中华人民共和国成立农学会便成为全国最有声望的大型学术团体。中国农业历史学会成立较晚，直到 1984年才作为农学会下的二级学会于郑州宣告成立。农史研究以古农学和农业遗产整理的学术成就，获得农学会高度评价。与西方国家农业历史学会比较，欧美早期多为国家历史学会的分会，因研究队伍主要从史学中分化而来，研究偏重于农村社会史和农业经济史，学者多为史学家、社会学家、人类学家和经济学家。大约正因国外农史可包容多种学科，善与各专业建立交互融合关系，我国农史学会成立伊始，也同样吸引多方专家学者，会员队伍迅速壮大形成规模。除农史界基本成员外，历史学、考古学、方志学和大农学等，相关领域科研教育工作者纷至加入，不仅扩大了农史研究队伍，而且使农史与相邻学科交叉融合，学会呈现出前所未有的活跃局面。熟悉农史研究工作的农业部老领导兼任会长，著名农史专家为副会长全力支持，农史学术活动空前活跃，有力地促进了各农史单位的学科建设和农史知识向社会的传播。

进入20世纪90年代，随着市场经济体制的推行，中国农学会和下属的农史二级学会，都面临着改革开放的新形势。鉴于农业历史学科的专门史性质和对外学术交流的需要，特别考虑到经多年运行农史内部社团组织建设已经完全成熟，国家民政部根据农史界群体意愿和申请报告，于1993年2月8日批准正式成立中国农业历史学会。新批建的农史学会直为国家一级学会，立有明确的《中国农业历史学会组织章程》，在总则中首先明确学会性质和组织管理关系：为中国共产党领导下的由从事农业历史研究的专业工作者和业余工作者，自愿组成的非营利性的全国学术性群众团体；学会遵守中华人民共和国宪法，遵守国家的各项法律、法规和国家政策；贯彻"双百"方针和"古为今用"的原则，团结和组织广大农史工作者，繁荣和发展农史科研教育事业，为建设有中国特色的社会主义农业现代化服务。学会挂靠在中华人民共和国农业部中国农业博物馆，接受业务主管单位中国科协和社团登记管理机关中华人民共和国民政部的业务指导和监督管理。另外对业务范围、会员条件权责、学会组织机构、资产管理使用、章程修改程序等，均分章节条款作出明文规定。根据国家学会章程，当前学术团体要追求新境界，国家体制改革目标原则要减少政府部门的过度干预，但并非脱离中国特色社会主义制度和党的领导。农史研究仍要一如既往地强化咨询性，为政策决议资治服务，为民生实用效劳，为发扬农业历史传统承继薪火，为农村社会精神文明建设助力鼓舞。

中国农业历史学会正式列入国家一级学会，符合农业历史自身具有的学术层次水平，名副其实地开展会事活动，有力地促进了农史研究事业的全面发展。各农史单位在本校内外学术地位随即提高，学科建设可以获得学校和国家部门的支持，可以分享到更多的物质资源和政策红利，取得了明显的科学研究和人才培养成果。升格后的农史学会实行全体代表大会下的理事会制，各层领导年富力强，使学会充满生机，组织管理规范有序，使学会工作呈现全新面貌。时易世进，后浪推前浪，近年中国农业历史学会又向年轻化迈进，学会推出新一代学术带头人和骨干分子，组成更富少壮活力的理事会机构。当前适逢新时代改革开放大潮兴起，全国学会也向各大学会提出全面深化改革的通令，农史理事会也在筹计整改治理方略。可以坚信紧随着新时代的步伐继往开来，农史学会工作定会朝气蓬勃，将展现出美好前景。

3. 农史研究成果的刊行与评价

农史研究所获得成果是本专业科学认识的产物，归之于社会事业发展所取得的成就，也是农史研究者自身价值的体现。农史成果主要表现为论文著作和人才素养提高，后者内化为研究者个体素质和团体的实力，在学科主体内部构成良性的循环。前者则要回归于社会历史和现实生活，接受历史和实践的检验并服务于社会事业，属于客观农史的认识成果，所以要纳入宏观的农史体制化建设，才能进一步发挥出社会效益。关于农史研究的论文和著作，前节谈及如何适应刊物出版的写作方法，这里所论为论著出版刊行部门体制建设事宜，治农史者应当有一定的了解。至于农史成果评价，其形式方法复杂多样，更非农史研究体系内问题，但在农史体制化建设中却不可忽视。

从世界范围看，农业历史作为近代学科研究始于20世纪初期，其发展与学术刊物和学会组织相辅而行。1902年，第一种农业史的专门刊物《历史农业论文》在德国出版，后来这一刊物改名为《农业史与农村社会学》杂志，乃是世界上最早的农业历史刊物。我国农史论著出版刊行，曾经历过从无刊到非正式刊物，再到有专刊，又很快转入有多个刊物的兴盛过程。改革开放之前，整个社会科学类期刊屈指可数，农史研究没有专业性刊物也在情理之中。老一辈农史学者埋头研究数十年，收集资料成箱盈柜，心得体会和理论观点等研究成果，唯能付诸笔记册簿，日积月累亦可称文稿等身，可惜当时条件下无缘成为论著见诸书刊。自20世纪80年代农史学科确立，先后创建《中国农史》《农业考古》《农史研究》《古今农业》等全国性农史专业刊物，有些农业院校学报还特辟农史专栏。农史实属小微学科，专职专业研究人员满算也不过百十人，数年间推出诸多大型专业杂志，颇令相邻学科专家羡慕并追随投稿。略观多年农史刊物目录，所见作者大多数来自非农史专业和单位，历史学、方志学和人文社科领域许多专家，选题研究方向明显开始关注农史，大幅度地与农史学科交叉亲和作跨界研究。所以出现多学科支持农业历史研究，实与农史学刊杂志的吸引凝聚之功密切相关，农史刊物在本学科体制化建设中的作用地位绝不可忽视。

新世纪以来，改革开放不断扩大深化，我国科技学术刊物引用国外理论方法对期刊分类，一般分为六个等级以区别其学术水平。作者发表论文首先会根据刊物级别作出选择，各行业单位在评职或考核中对论文也有刊物等级要求，这种与国际接轨的期刊改革，对各类刊物无疑是新的挑战。《中国农史》以学科的独特优势，无可争辩的资质条件和学术水平，列入"全国中文核心期刊"，为农史专业者和学科交叉研究者占据着一方高地。《中国农史》是由国家教育部主管，属国家一级学会刊物，由南京农业大学主办。创刊于1981年，坚持"百花齐放、百家争鸣"的办刊宗旨，提倡用马克思主义理论和方法研究历史，以反映我国农史学界最高水平的研究新成果为己任。刊载文章包括农业科技史、农业经济史、农村社会史、农业文化史、世界农业史等诸多方面，同时也登载有益于学术研究的农业史学新著评论、农业史坛信息、读史札记等。自从北京大学图书馆和北京高校图书馆期刊工作研究会，联合研制出版《中文核心期刊要目总览》以来，《中国农史》连续多次被列为历史类全国中文核心期刊；同时一直位列中国人文社会科学历史类核心期刊和中文社会科学引文索引（CSSCI）来源期刊，并多次荣获"江苏省优秀期刊"和"全国优秀农业期刊"称号。《中国农史》所刊登文章还被美国《史学文摘》《美国历史与生活》和《中国地理科学文摘》等列为摘录对象，刊物发行到美、英、荷、日、韩等30多个国家和地区。

农史研究成果中还有著作形式，规模大而学术水平相对较高，多为大型的农史选题，含有大量农史知识和理性认识成果。粗略估计建国以来正式出版的农史著作有300多种，有许多学术价值极高者，如《齐民要术今释》《中国农学史》《中国农业科技史稿》《中国农学书录》等均获学术界高度赞誉。出版界对农史著作多年来一直充满热情，不遗余力地大力支持。主要有中国农业出版社、中国农业科技出版社和重点农业大学的出版单位，另外还有许多地方出版社也作出了贡献。当前在继承我国农业优良传统促进农业现代化的时代背景下，在进一步发掘古代农业文化遗产的热潮中，农史刊物和出版单位正在积极规划，将不失机遇地刊行出版更多有农业历史价值和现代意义的优秀论文、著作。

总之，农史论著的刊印发行确定研究的终极成果，农史成果的形式有著作、论文、音像、博览等，而且构成稳定的发行传播渠道。农史图书文献传遍城乡各地，农史刊物可顺畅直达专业领域，农史音像现代媒体也能广泛向社会扩散，农史博物展览遍布各地，为公共文化事业服务。农史刊物和出版接受社会意识形态管理，始终讲政治性和社会文化事业规范。随着现代科学技术高度发展，印刷业彻底摆脱传统的刀笔、铅字和机械印刷术，进入数字化和汉字激光照排的新时代，为科学研究成果提供了快捷的传播手段。当前我国论著出版发行也迎来国际化新趋势，本土论著走出国门，建设稳定的书刊外向交流渠道也迫在眉睫。农史论作稿也将会进入国外出版社和杂志社，优质书文应投向世界权威刊物SCI、CI等三大检索刊物，参与世界文化交流。

关于农史研究成果的评价，其中也包含着重要的机制和体制问题。就理论而言，任何认识都必须通过实践检验，实践是检验真理的唯一标准。农史检验评价之事，关键在于对历史问题的认识，应看是否符合客观历史发展的实际与规律，包括农史资料的准确性、述论观点的正确性、论证表述的精确性等。但从鉴定评价的实际操作及相关体制建设看，目前总不外乎专家权威和社会舆论两个方面，而且具有体制化决定意义的仍在于前者。具体的鉴定途径和评价方式，常见如下几种：首先是国家级的成果评定，现今多在自然科学领域，将来也可能包括社会科学，当前尚与农史相去甚远。其次是地方政府或有关部门或组织人文科学评奖，其规模、力度、影响较小，也难顾及小微农史学科。鉴于目前这种现状，应在农史体制内建设稳定的评价制度和体系，即通过加强农史学会为全国一级学会的评价活动，同时多途径提升农史学科评审中话语权和权威性。当然最主要的还在于加强学科内部评价机制体系建设，通过会议交流、农史批评、学术争鸣等方式，真正实现学科专业同行间的深层次互评。目前学术会议交流比较活跃，不足之处在于缺乏观点意见的深度交叉，不妨在农史批评和学术争鸣两方面再下功夫。通过农史刊物开栏倡导学术批评和争论，笔墨官司有胜于无。关于农史成果的社会舆论评价，互联网时代提供了无限广阔的平台，可以充分地运用多种媒体手段听取评论意见，绝不能低估或排斥网评的功能。网上群评直接地气，广开言路，又高速便捷，无疑应该大力地倡导。但也要知其局限和弊端，网评毕竟有别于严肃的学术评论，不能轻信盲从、流于街谈巷议，特别是在网络褒贬毁誉之中，一定要保持农史评价的科学性和学术品位。当前在学术评价中，特别要解决好学术腐败问题，腐败是评价的大忌，也是学术创新和学科建设的大敌。学术成果"人自人，我自我"，自人者刊明出处，自我者必有新义。有这条传统的基本原则和法则，农史著作刊物中所谓的学术不端似乎不难破解。

总之，农史成果评价包括评书、评文和评学术报告等方面，以及资政实绩、文化博物和科普社会效果。评价基本标准：实践是唯一的标准，农史成果是意识形态产品，必然受社会实践的检验，间接的还要服务于物质生产和社会生活。农史实践标准常为三说：历史实践，是否合于历史生产水平、社会制度、社会观念等；社会实践，即根据当代农业发展现状态势等宏观规律，以佐证农史研究结论；科学实验，即现代科学技术实验，认识某些技术措施评价得当与否。农史成果评价有诸多基本要求，当前最为强调者为创新原则，包括新选题、新观点、新资料、新方法。创新的本质是在继承基础上的进步，继承是创新的必由之路。

要加快构建农史成果评价体系，特别是量化的指标体系建设。

4. 农史科普与学术交流

最后，必须谈及农史体制化末端的两个问题，即农史科普与学术交流，通过这两种基本方式进一步传播研究成果，使农史研究的社会价值和学术价值最大化。农史科普是农业历史知识以科学普及的体制和形式，在社会大众层面普惠传播，这不仅是科学研究者的职责，而且是一种制度安排。科普，顾名思义，就是科学知识的普及，又称大众科学，或者普及科学。利用各种传媒以浅显的而能让公众易于理解、接受和参与的方式，向普通大众介绍自然科学和社会科学知识，推广科学技术的应用，倡导科学方法，传播科学思想，弘扬科学精神。科学普及是一种社会教育，特点是社会性、群众性和持续性，既不同于学校教育，也不同于职业教育。科普工作者必须采取社会化、群众化和经常化的方式，充分利用现代社会的多种流通渠道和信息传播媒体，不失时机地广泛渗透到各种社会活动之中，才能形成规模宏大的社会化的大科普。从社会学角度看，科普是一种规范的社会现象，国家设建科普机构，并颁布"科普法"以成社会事业。中华人民共和国建立初期，就设立科学技术普及局，负责领导和管理全国的科普工作。后来国家有关部门和省市地方，都设立了专门的科普管理机构。教育部下设机构中，基础教育司、科学技术司等五个部门，都不同程度地参与科技教育和科普工作。农业部在农村科普工作中起着重要作用，部下设的科技教育司，主要负责农业科技知识的普及和农业技术推广工作。中国农学会对科普工作尤为支持，组织会员积极参加农业科技的普及活动。中国科协所属的167个全国性学会，其中138个成立了科普工作委员会，农史学会章程也明确要"大力普及农业历史科学知识"，参加科普活动是每个农史研究人员义不容辞的社会责任。

依法办科普，将科普立为国家专门法律，在我国历史上为前所未有的创举。根据宪法和有关法律，制定的《中华人民共和国科学技术普及法》，由全国人大常委会于2002年6月29日通过施行。该法共6章34条，首条即昭明科普法主旨：为了实施科教兴国战略和可持续发展战略，加强科学技术普及工作，提高公民的科学文化素质，推动经济发展和社会进步制定本法。该法对科普事业组织管理、社会各界责任、各级政府保障措施、违反者的法律责任，都作出明文规定。第三章社会责任部分，明确了科普是全社会的共同任务，社会各界都应当组织参加各类科普活动，其内容与科教单位直接相关者，更值得农史人员关注。例如：各类学校及其他教育机构，应当把科普作为素质教育的重要内容，组织学生开展多种形式的科普活动。科技馆（站）、科技活动中心和其他科普教育基地，应当组织开展青少年校外科普教育活动；科学研究和技术开发机构、高等院校、自然科学和社会科学类社会团体，应当组织和支持科学技术工作者和教师开展科普活动，鼓励其结合本职工作进行科普宣传；科学技术工作者和教师应当发挥自身优势和专长，积极参与和支持科普活动；综合性互联网站应当开设科普网页；科技馆（站）、图书馆、博物馆、文化馆等文化场所应充分发挥科普教育的作用。

关于农史科普任务，目前主要是传播农史知识和农业文化遗产，多年来农史积累的科研成果，以此两项最为熟稔丰富。农史知识方面，其中较为通俗易懂者，多以出版物的形式流传，常见有农史小册子传播于农民群众；较为系统的农史或各专业史著作，农村基层干部和知识农民多置为案头之书，时常传讲给读书困难的农民群众。电视媒体和手机视频有关农史或传统节令民俗类节目，最为广大农民喜闻乐见，近年来成为传播农史文化的重要媒介。开坛讲座式的农史知识传教，也在不同层面群众中展开，许多农史专家主动走出去绛帐讲学；有的心怀爱心进入中小学生中传教，难能可贵而科学普及教育意义更大。

值得称道的还有农史博览业的发展成就和科普贡献，堪称我国农史学科和博览业的特色亮点。长期以来我国只有全国农业展览馆，而且主要以展示现代农业成就为主题。改革开放后，江西农业考古研究中心举办的"中国古代农业科技成就展览"巡展数省，开启了省市农业史展博的先例。中国农业博物馆在全国馆基础上成立，创办"中国古代农业科技史陈列"，以国家博物馆的规格高水平博览，在普及农史知识、进行国情教育和爱国主义教育方面起到了引领作用。农业历史博览风气随之兴起，西北农林科技大学、南京农业大学等农业高校，先后建立起高品位农业历史博物馆。许多省市乃至县区也有不同规模和专题性农业历史展馆，城镇化建设中出现的美丽乡村也大办民俗和农史展，游客们常会在景区观赏到传统农业和民俗的小型展室。可以毫不夸张地说，正是大大小小的农业博览遍地开花，现将我国农业历史的科学普及事业推进到前所未有的水平。

农史专业层面研究成果的交流，也是农史研究体制重要组成部分，通常称为学术交流。现代科学技术界对学术交流所作定义是：针对规定的课题，由相关专业的研究者、学习者参加，为了交流知识、经验、成果，共同分析讨论解决问题的办法，而进行的探讨、论证、研究活动。可以采用座谈、讨论、演讲、展示、实验、发表成果等方式进行。关于学术交流的本质和意义，前辈学者颇有领悟，也各有见解，不妨摘要省名罗列数条。"学术交流活动是科学技术工作中，个人钻研和集体智慧相结合的一种形式。通过科学家之间的思想接触、学术交流、自由争辩，可以沟通情况、取长补短、相互促进、共同提高，使认识得到发展，从而有可能产生新的科学假说，开辟新的研究途径。这可以说是科学研究工作中的一个特点。""简单地说，学术交流是科学研究工作的组成部分，是科学家向同行发表研究成果，得到评论和承认的团体活动，是研究者学术生涯的一种生活方式，也是人类知识生产力的一种生产方式。""科学交流是智力的碰撞、智力的协作，通过碰撞，其中包括争论、答辩等方式，科学'知识单元'由一个研究能力传递给另一个研究能力，这样便在科学家之间，建立一种智力的结构方式，形成了比单个科学家智力高得多的集体大脑。""正是在这种批评与反批评、挑战与应战的学术竞争、学术争鸣中，理论得到锤炼，思想碰出火花，方法受到洗礼。""所以学术批评、学术争鸣起到的激励、激活、激发、启迪作用，远远超出一般理解的信息交流的作用，它是智力提升的一次跃迁，是创造性思维的一次激活。" "学术交流的最终落脚点在新学术思想上、在学术创新上。所以，学术交流是原始性创新源头之一，也是学术创新的条件和动力之一，还是提升学会集团研究能力的重要措施之一。"如果从现代知识管理系统DIKM体系看学术交流实质，在数据、信息、知识、智慧相互关系中，学术交流涉及DIKM各方面，但主要是在创新性知识和研究者的智慧层面展开的互动。

我国农史界学术交流先后在国家主管部门和农史学会的组织下，始终保持着密切的学术交流关系。除全国性年会群集全国农史同行和跨学科研究的学者外，小范围的农史专题交流会也穿插进行，农史单位之间和个人之间专业交流更加灵活多样。改革开放以来，农史学术交流开始面向海外走向世界，加强了同国际和港、台地区的交流。农史学会会员先后到欧美等国家出席会议，或出外讲学和访问研究。走出去同时还请进来，学会也组织了国际学术交流会，如1991年8月，农史学会等单位联合发起，在南昌召开了首届中国农业考古国际学术讨论会。国内外农史专家学者约150人参加了会议，与会者有考古学、历史学、人类学、植物学、动物学、地理学、生物学、农学等学科的专家，广泛探讨了人类农业的起源与发展。近年最有新意且为世瞩目的亮点，就是以中、日、韩为主的东亚农业历史学术交流。中、日、韩三国间的农史学术交流空前活跃，除单位和个人之间的互联互访外，还建立了国际之间的学术会议制度。会制采取三国轮流作东主办，议题有主有从，内容丰富多彩，在东亚地区文化交流中发挥了正能作用。当今随着我国经济和文化实力的增强，农史对外学术交流的深度与广度都需要进一步强化，让世界更多地了解我们这个农业大国的农耕文明历史，同时通过交流进一步学习国外农史研究理论方法。因为严格按照现代学科的理法研究农业，20世纪初美欧、日本等国先走一步，西方农史研究的机构和专业人员群体庞大，农史学会和刊物出版积累了丰富经验。所以与国外农史交流不仅只是专业领域学术交流，还有研究成果的刊行传播和学会组织等方面的体制建设的交流学习。

《读诗辨稷》

我国古代农作物，名称繁多，名实关系错综复杂；而稷的名实问题，更是纠中之结，紊中之乱。稷无确解，小粒谷二十多古名便处于游离中，诸谷亦不得相安。两千年来经学家、农学家、本草家，或为之考，或为之辨，纷如聚讼，终究莫能衷于一是，现代字典辞书，只好众说并存，令人一筹莫展。谷名岂可不正，稷实怎能不辨！否则，人讥"五谷不分"，治农史者将何以处之?考证作物名实，实是研究作物起源、品种发展、栽培技术和产量消长的前提。倘若只称古名，不知其实，中国农史将从何说起！考证谷物，事属艰巨，历代学者已经做了大量工作，其功夫主要用于种名的考证上。历代农作物品种不断增加衍进，名称多不胜计，但以大的种类而言，作为人类衣食所依赖者，全球亦不过十余种，我国古代的传统作物也是屈指可数。假若不计中古以后加入的高粱和玉米，仅稻、麦、麻、豆类、黍子（黄米）、谷子（小米）这几种传统作物，即所谓的"五谷"，则是古代有之，今亦有之；既见于出土和文献，也长在今日农田；古义虽失，实物犹存，所谓"礼失而求诸野"，恰适于此。关于稷的名实，前人循此路而不懈求索，古稷归为三说：一说谷子，二说黍子，三说是高粱。然三者皆系博学鸿儒结论，令人难以向背；我亦长期迷惘于三说之间，颇感无所适从。然近年学读《诗经》，咏诵之中，渐悟出稷与今之谷子实为一体，不当与黍子或高粱混为一谈。疑窦即生，复于古今传注考求诸说由来，亦看出若干破绽，始信稷与黍子、高粱二物无涉，唯以今日谷子当之。

就《诗》而论

《诗经》是现存古籍中最早而可靠的经典，被视为先秦时期社会资料、考证上古名物的渊薮。这部古代民歌总集，多采自民间，出自田园，或喻为"精金美玉，字字可宝"，辨稷不可不求之于《诗》。《诗》中可断为农作物的名词凡25个，出现次数总计百次以上，统计如下：黍21、稷17、禾7、麦7、稻5、菽5、谷5、粱3、来2、牟2、粟3、荏菽2、秬2、秠2、穈2、芑2、重2、稙1、稺1、稑1，等等，此外还有麻、苴、苎等。用计算次数的办法，说明作物主次关系，虽不尽合理，但黍有21见，稷17见，其他名称仅数见，构成如此悬殊比较，足见黍和稷是《诗经》时代最主要的农作物物，因而频繁出现，引起了诗人的反复咏叹。

另一统计，结果也颇为有趣。在黍21见与稷17见中，"黍稷"连称有12次，如《小雅·甫田》"黍稷薿薿"；对称句五次，如《鲁颂·閟宫》"有稷有黍"，《小雅·楚茨》"我黍与与，我稷翼翼"。连称和对称，说明两种作物在同时同地出现，其性状和生长期必然相近。在我国传统作物中，只有黍子和谷子才有这种密切关系。黍子和谷子生长期均在120～160天之间，其形态在苗期酷似，播获期均不相上下。籽实也明显地小于其他谷物，今统称为"小粒谷"。二者都具有耐旱、耐藏的特性，在干旱少雨、丰歉不均的古代北方，得以大面积种植，在《诗》中自然会占据显著地位。

谷子和黍子也有若干差别，尤其是吐穗之后，形态各异：谷穗状如棒形，紧密下垂，农家常以"狼尾巴"比喻；黍子结穗松散而分枝，俗语多用"披头散发"形容。现代植物学正以这些性状的差异，分定其种属之别。这一点，古人早看得非常清楚，商代甲骨文中，黍子与谷子象形区别惟妙惟肖，也正是以形态差异，为其"量身"立名造字。《诗经》中对黍稷生长期的差异，也有明确清晰的反映，如《王风·黍离》："彼黍离离，彼稷之苗"；"彼黍离离，彼稷之穗"；"彼黍离离，彼稷之实"。就是抓住了黍子出穗、收获略早于谷子的特征，反复起兴咏言。

黍稷并称，但黍的名实，古今一致，基本上没有紊乱，大概是黍子的形、音、义比较形象切实的缘故吧。黍子形象与甲骨文形体酷肖，篆文形体则取会意而有变化，《说文》释为"禾入水"，体现了"有黏性，可为酒"的特性和用途。再加上"大暑而种，故谓之黍"的解读。如此绝妙的音训，《诗》中的黍与今日黍子一脉相承，毋庸任何曲解谬说。稷则不然，其形、音、义几经变化，遂使名实分离，古今字书其解不一，以致扑朔迷离。然而《诗》中的黍稷相提并论的关系，却透露出古代的信息，稷即今之谷子，现从25个作物名称逐类分析，当可拨云雾见青天。

《诗》还有稻、稌、秔，为水稻名称，与谷子有水种和旱作之别，古今皆不致错乱。

麦、来、牟，皆今日麦子名称，其中以冬麦为主。播于九十月间，收获在次年五六月，与春种秋收的谷子不相混杂。

菽、藿、荏菽，属于豆科作物，与禾本科的谷子形态各异。

麻、稙、穋，无论形态和用途，均与谷子有别。重、穋、稙、穉，《毛传》"后熟曰重，先熟曰穋"；"先种曰稙，后种曰穉"。这些明确表示作物成熟早晚和生长期长短的品种名称，后人亦无大争议。

还有秠、秬、芑、穈，历来被认为是品种一级的名称。这样一来，与稷可纠葛的就只有谷、禾、粟、梁四名。

再看谷，《诗》凡7见，其中6次都是以"百谷"出现，如《周颂·良耜》"播厥百谷"等。另一见在《小雅·正月》："仳仳彼有屋、蔌蔌方有谷。"也是作为谷物总名。《说文解字》榖下，"续也，百谷之总名。"说解正与《诗》合。

禾，亦7见于《诗》，除一处有些争议外，其余6处，或作小粒谷的统名，或为谷物总称，诗义明确，无所含混。当然，古代文献也常有以禾作谷子专名的情形，但禾是谷类字的部首，多数情况，仍是指作物总名。

粱和粟《诗》中各有3见，出现次数少，不便比较。但从字形看，25名中，只有粱粟二字从米。《说文》"粱，米名也"，是其本义，说解非常明确。后来多指谷子中品质上好者，即《枕中记》所谓的"黄粱美梦"。粟，《说文》"嘉谷实也"，籀文形体，表示米粒下垂之义，甲骨文中粟形象更清楚地显示出谷物粒实。《诗》中粟、粱之前常有"啄"字，如《小雅·黄鸟》"无啄我粟"、"无啄我粱"；《小雅·小宛》"率场啄粟"。鸟所啄者，正是米粒。

谷物称谓是个复杂问题，这里不排斥古籍中稷既作专名，有时也兼赅所有谷物；禾、谷既是总名，有时也专指谷子；粟、粱本为粒实，也常指谷物整体，甚至泛指所有谷物。此类紊乱，徐光启曾作过比较客观的解释："物之广生而利用者，皆以公名名之。"稷由专名升为五谷之长，或作总名，便是其例。尽管古籍中有此参差，《诗》给我们提供的稷的概念却是明确的。而且从总体看，定稷为谷子，不仅与先秦文献是一致的，也符合稷字形体和意义的演变。

先秦以前，稷三种意义：一为农官，《左传》"稷，田正也"；一为农作物，《说文》"稷，齋（非示为禾）也，五谷之长"；一为谷神，《礼记·祭法》"故祀以为稷"，孔疏云："皆祀之以配稷之神。"三解之中，何为本义，汉代就有争论，今考稷字形体演变，不难看出农官名在先，农神名次之，谷名后出。稷，小篆作"稷"；《说文》另收重文"䄍"，其下曰"古文稷省"。商代甲骨文无稷字，战国金文、简书均作褬，比较这几种形体古文当在早，其于六书应是形声，田下有人是其初文，从田、人，知与农有关，与人有关，很可能就是"田正"义的本字。卜辞谷物中没有这么多形体，正说明殷商时，稷作谷子意义尚未产生，故谷子在甲骨文中为禾、穧。而《左传》所说柱和弃，却远在商代以前。柱和弃生前教民稼穑，被封为田正之官，死后被人祭祀，配为谷神。柱、弃之事虽系传说，但古人祭谷祈年却是见于卜辞的史实。由此推断，稷作为农官和谷神意义均早于谷名。

稷义后来引申，大约与周民族有关系。周的始祖，号曰后稷，商代以来被敬为谷神，又被周族奉为圣人。后稷曾率民播植百谷，其善艺者乃为谷子，故以谷子为五谷之长。这样一来，周祖、谷神、谷子便混为一体，谷子的意义便从稷字本义中引申出来。而稷一旦作为谷名，运用更比本义广泛经常，所以至西周，稷基本上取代了禾，成为谷子的专名。与此同时，稷作为农官的本义便逐渐消失，因此《诗经》中农官有"田畯"、"保介"等称呼，唯独没有稷官。本义隐微，以致《左传》不得不作出"稷，田正也"的解释。

稷义的引申在字形上也留有痕迹。杨树达《积微居小学述林》认为畟，"字从夊者，与麥字从夊同，加义旁禾为稷，犹来本麦名，复加禾为稑"杨氏直接把畟看作谷名本字，人或有异议，但他讲的二字形体演变过程却很有道理。《说文》："來，周所受瑞麦。来，穭也。"可见周人把它看作天赐之物，自天而来，故于其下加"夊"（即脚形），便成了麥字。后来，可能因为受形声造字风气的影响，复加禾旁，遂成稑"禾加麦"一形体。其实，周人何尝不把具有本民族象征的稷，也看成是神赐天降之物，《大雅·生民》"诞降嘉种"，"维穈维芑"，正是稷的两个品种。因此，稷义发生引申时，本字"田人"形体下也增添了"夊"成畟，表示谷名。其后同样的道理，又加形旁禾，成了"稷"字。

稷既得谷名，在西周通行，而作为谷神的意义，其本义"田正"虽未销声匿迹，但一般则常以"礻"作形旁，以示与谷名的区别。所以，出土铜器和竹简中，凡作稷神及其引申义"社稷"（即国家，更晚的引申义）时，均为"稷"。这就是稷作谷名在《诗经》时代运用的过程。

《本草细目》之误

上文已证明，稷是谷子的古代名称。但在战国与秦汉间，渐被禾、粟之名代替。起初古义尚存，训诂家一般也不加注释，至西汉犍为舍人注《尔雅》时，已有"稷，粟也"的注释，这是迄今所见关于稷的最早训诂。犍为舍人接下又说，"今江东呼粟为稷"，可见当时稷已失去谷子通名的地位，只保留在一些方言中。遂后人们对稷本义越来越生疏，注疏和训诂专书对稷注解愈益增多，例如，后汉服虔注《汉书·宣帝纪》"玄稷，黑粟也。"三国韦昭注《国语·晋语》："稷，粱也。"东晋郭璞注《尔雅》《穆天子传》时，均以稷为粟。郑众、郑玄、班固、许慎虽未见之于注，但观其著述，稷的概念非常明确，均与犍为舍人注解无异。如《说文》稷斋互训，穄糜互训，明分稷、穄为两字。值得注意的是，自汉至唐的八百余年间，注家辈出，而于稷皆无异说，就是北魏大农学家贾思勰，在《齐民要术》中也特意注明："谷，稷也。"

稷的名实之争，肇于唐人苏恭《唐本草注》。苏云："氾胜之种植书又不言稷，陶云八谷者，黍稷稻粱，禾麻菽麦，俗人尚不能辨，况芝英乎？即有稷禾，明非粟也。本草有稷不载穄，稷即穄也。今楚人谓之稷，关中谓之糜，呼其米为黄米，与黍为秫秫，故其苗与黍同类。陶引诗云，稷恐与黍相似，斯并得之矣，儒家但说其义，而不知其实也。"苏恭的推论很清楚，他以汉代《氾胜之书》没有载稷，而本草书中有稷无穄，武断地将二字统为一字，首创稷穄同物之说。由于人们对穄属黍类自古无争议，所以稷穄同物说的最终推论，便是稷即黍子。以谷为稷的传统训诂中横生一枝，千年"稷讼"由此而生。

苏恭论证中，两引"陶云"，可见他的论据主要来源于南梁陶宏景。可是陶宏景也未曾明断稷为何物，陶撰《名医别录》直称"稷米亦不识，书多云，黍与稷相似"。显然是一种存疑的态度。其实，这里所说的"黍与稷相似"，仍是指小粒谷物苗期生态上的共同特征，苏恭一时胶固，未获陶氏"相似"之意。"氾胜之种植书又不言稷"，也仅是陶宏景提出的疑问，并无任何结论。氾书"有禾而无稷"，说开来也很简单，稷是西周前后谷子的名字，汉代以禾或粟代之。氾胜之著农书，"教田三辅"，为了传播农业技术，自然用通名"禾"，而不用古名"稷"。苏恭把自己的"稷穄同物"建立在陶宏景提出的两个疑点上，实在是无根之论。

古物名实的混乱是件令人烦恼的事情，而对"名同实异"或"名异实同"最为忌讳的，莫过于本草家和医学家了。如果说训诂学家遇到难以索解之名，尚可从阙存疑，救死扶伤的医生，则必须对症下药，药名必与实物相符，人命关天，来不得半点含糊。本草家们有这种特殊的职业感情，自然希望把虚置的古名与大田中某个音义相近的谷物统一起来，以免用药时产生混乱。这样一来，当苏恭提出"稷穄同物"时，本草家难免感情用事，产生共鸣。陈藏器《本草拾遗》首承苏说："稷穄一物，塞北最多，如黍黑色。"孟诜《食疗本草》也说："黍乃作酒，此乃作饭。"到了北宋，苏颂《图经本草》、寇宗奭《本草演义》异口同声："稷米，今所谓穄米也。"在本草家咄咄逼人的新说面前，有的文字学家、历史学家、科学家也甘从其说。南唐徐锴《说文系传》云："稷即穄也，一名粢，字亦作齋"，南宋郑樵《通志·昆虫草木略》亦称："今人谓之穄，关西谓之縻。"北宋沈括《梦溪笔谈）》："稷，乃今之穄也。"唐以后的训诂家、农学家以至文人学士，便分成黍、谷两派，争执不下，史称"稷讼"。

稷与穄分明是两个形体不同的文字，硬要统成一物，仅凭苏恭或陶宏景的说法是不能让人信服的。于是，就有人出而从读音上为其找根据。南宋罗愿在《尔雅翼》中提出："然则稷也、粢也、穄也，特语音有轻重耳。"沈括亦说："齐晋之人谓'即'、'积'，皆曰'祭'，乃其土音。"明代李时珍更审罗沈之说："稷从禾从畟。音即，谐声也，又进力也。南人承北音，呼稷为穄。"至清代，汪昂《本草备要》

直称："稷穄同音"，汪灏、查彬著花草书则更进一步说："稷穄同声，实一字也。"如此"同音一字"的说法，似乎颇为简捷有理，它补充了苏恭的观点，为稷是黍子之说赢得了广泛的支持者。宋明以来，这派在稷讼中始终居于上风。而与此同时，驳难者仍未放松攻势。20世纪60年代，"稷讼"复起，邹树文先生作《诗经黍稷辨》，猛攻稷即黍说。邹氏文章穷源竟委，辨之凿凿有据，其精彩之处，在于对陶、苏、李引据逐字逐句的辟正，可使人清楚看到，"黍稷同种"说本是建立在沙滩之上，唯邹文对稷读音这要害问题未作考证。为此，本文特加详论，以助邹说。

既然本草家把自己的见解确立在"稷穄同音说"上，辨稷就应从声音上分清是非。可是精于音韵的清代小学家们，在这场聚讼中另辟新说，为"稷是高粱"而攻守厮杀，遂放松了对稷之读音问题的追究。乾嘉间，崔述曾作《黍稷辨》，他似乎看出问题的要害，直斥稷与称"其意、其音、其文无一同者，则二字非一字明矣"。崔述以音发难，可谓卓识。可惜只是用中古音和方言中，二字读音的细微差别论证，未就音变全过程认识问题，稷是先秦谷名，当用上古音辨正。崔述攻之不力，反而使二字音变问题显得朦胧不清。稷穄二字，在今日普通话中，声、韵、调无别，但上古读音截然不同。二字读音合并，才是在中古以后逐渐发生衍变，同音之说也由此而不断演进。如果仔细分析一下稷穄二字的古今音变，同音之说的错误就看得非常清楚。

稷与穄同见于先秦古籍，因为穄属黍类，又有糜这个运用广泛的互训，所以出现的机会总是少于稷。即使如此，也有稷穄同见于一书的情形。譬如，战国作品《穆天子传》中既有"穄麦""穄米"，同书也载"膜稷"，显然稷穄分为两字，意义不同，读音也有别。

稷由畟得音，古音清组德部；穄以祭得音，精纽屑部字，就是说它们的声母有明显的区别。韵母之间差异也很大，根据音韵家的拟音：主要元音有高低之分，韵尾也有[-k]与[-t]之别。两音间距离很大，不要说混为一音，就是相互的通转也很困难。某些人说的"一音之转"也是没有根据的。

根据古音变化的历史规律，大约在魏晋以后，稷和穄的声母逐渐合并，同归精组，而韵母之间仍有很大的差异。穄失去入声韵尾，转入去声祭韵，《广韵》作子例切。稷的主要元音有所变化，但仍保留原来塞音韵尾，入中古职韵，《广韵》作子力切。由此可知，稷穄二字在隋唐时期仍不同韵，而且是去声和入声分别。所以，唐苏恭虽倡稷穄同物，而绝口不提二字读音；陈藏器、孟诜等人虽附和苏说，却也不曾从声音上找依据。

大约从宋代以后，稷穄读音渐趋一致，这便给罗愿提供了所谓的"音证"。即便如此，两音之间仍有不尽一致之处，他们只好用"语音轻重"、"乃其土音"、"南人承北音"来解释。直至清代，崔述还从北音中找出它们的差别。崔述《黍稷辨》说："河北自漳以西舌强，能读入声，以东舌弱，不能读入声。"可见同音的过程并不是那样整齐。但是，入声在北方语言中的消失，毕竟是大势所趋，从元代周德清《中原音韵》看，稷所在的职韵也失去入声韵尾，与穄所在的祭韵同归"齐微"，即韵母读为"i"，同时声调变为去声，与今日已同。声母变为今读，在明代兰茂《韵路易通》中才可看出，即以见精两系齐撮合流而变为舌面前音的规律。这就是说，稷和穄在明代，就完全同于今日普通话的读音了，难怪汪灏、查彬说"稷穄同声，实一字也"。由上可见，稷穄完全同音，只是元代以后的事。那时上古音的研究尚未走上正轨，人们不明古今音变，把宋元以后稷穄合音，看成是自古以来的现象，错误地提出了稷穄同音之说。

稷为黍子一说的流行，除了"稷穄同音"这个误人的音证外，与李时珍的影响也不能说没有关系。李时珍是一位伟大的药物学家，他的《本草纲目》是古代本草类著作的集大成，为祖国医药宝库中最珍贵的遗产。现代医药学家、农学家和植物学家们若引经据典，必称《本草纲目》。但是在稷的名实问题上，李时珍却轻易接受了唐代本草家的观点，因而成了"稷为黍子"一说的集大成者。《本草纲目·谷部》直释稷为穄。"集释"之中一概不提西汉魏晋注家观点，直接从陶弘景、苏恭出发立说；而人们又从《本草纲目》征引，以讹传讹，延误至今。

李时珍和本草家的所长，在于对植物有细致的观察，善作形态、特性、用途、分布的准确记述。可是在《本草纲目》中，李时珍却按照所见黍子的形象，对古代稷作了如下的描述："黍稷之苗，似粟而低小有毛，结子成枝而散，其粒如粟而光滑，三月下种，五六月可收，亦有七八月收者。其色赤、白、黄、黑数种，黑者禾稍高。今俗通呼为黍子，不复呼稷矣。北边地寒，种之有补。河西出者，颗粒尤硬。稷熟最早，作饭疏爽香美。"像这样对稷形象的描写，还是前所未有的，这就使得以名释名的训诂家有口难辩，一般人自然容易接受李时珍的观点；而对这些观点的发明者，苏恭、罗愿反而很少了解了。本草家张冠李戴，李时珍又在冠上添花，黍子一说，难以纠正，原因便在这里。

《九谷考》之失

稷是今之高粱，这是第三种说法，代表人物是清代著名经学家程瑶田。程氏长于考订古代名物，著有《通艺录》，汇录数学、天文、声律、工艺、谷物方面论著。程氏考究古物，善旁搜曲证，又往往绘图列表。清代学者，多称其精，服其博，常缘其而发"谁谓今人不胜古人"之赞叹。《九谷考》是一本考订谷物的专著，据程瑶田称，自以《说文》为津筏，"采许叔重《说文解字》中言九谷者，类聚录之"。因此，先秦古籍中农作物名称均有所涉及，是一本比较全面的考订古代谷物的论著。但是，如果仔细阅读并加以体味，即知《九谷考》之旨唯在一谷，考稷才是程氏的匠心独运所在。

程氏采郑玄《九谷》之说，按粱、黍、稷、稻、麦、大豆、小豆、麻、苽等次第考订。除稷外的八谷，程氏虽也时有驳正，然多半为祖述汉儒成说。于稷则不然，程氏力排众议，独出己见，并为之委曲求证。在《图黍稷稻粱四谷记》中亦说："余于此谷，居北方十余年，与农者流商定者屡矣。南北上下凡五反，其播获之时，数经目验"，可谓用心。本书开宗明义，程氏就记述了前人关于稷的得失和结论，并以此作为前言。作者独于稷这样郑重其事，再三致意，并凌驾于诸谷之上，倒反映出下面一个新讼问题。

高粱是一种颇具特征的农作物，诸谷之中，唯其身高体大、穗大、产量高，犹如鹤立鸡群。然而，在先秦两汉典籍中，却不见对这种作物的明文记载。到西晋张华《博物志》始有："地节三年种蜀黍，其后七年多蛇。"这里的蜀黍是否就是高粱，亦有争议，因为后来唐宋卷帙浩繁的诗文中，绝少提到高粱这种作物。但是人们还是把《博物志》作为高粱的最早记录。高粱在中原地区的大面积种植，大概在宋元之间。因此元代王祯《农书》才对高粱性状、用途作出详尽记述："蜀黍春月种，不宜用下地。茎高丈余，穗大如帚，其粒黑如漆，如蛤眼"；"其子作米可食，余及牛马，又可济荒。其梢可作洗帚，秸秆可以织箔、夹篱，供爨，无可弃者。亦济世之一谷，农家不可缺也。"因为高粱最初称为蜀秫，王祯等说是从四川引种的，此说未必可靠；但高粱晚出，非中原传统作物，则是肯定的。

正因高粱广生于后世而古籍不载，可谓"无头有尾"；而稷空悬古名，后世不知为何物，可称"有头无尾"。这种现象，极易诱使人们于二者之间产生联想，误以高粱为稷，程瑶田正是这种思路。同时，有了这个误解，又容易导致另一臆断，即强为九谷固定名称的错误。古人有称"五谷""六谷""九谷""百谷"的习惯，"五谷"或有专指，而"六谷""九谷""百谷"实是重要作物或所有农作物的泛称。古代主要粮食作物的实际种类，远远少于"九"和"百"，硬要附会成数，只能以品种及名称，甚或瓜果充数，郑玄所谓的"九谷"便是这样。以郑玄的数法黍稷粱并见，按汉人解释粱和稷同是谷子，这样，"九谷"中实际只有八种实物，人们对这一现象一直解释不清，争论很大。程瑶田把稷断为高粱后，郑玄的九谷，黍、稷、稻、麦、麻、大豆、小豆、苽等，正与今日黍子、高粱、稻子、谷子、麦子、麻类、大豆、小豆、瓜对应。如此，程氏便不但断明了一桩"无头案"和一桩"无尾案"，同时也解决了"九谷"数不符实问题,真是一举而三得,这便是程氏专力辨稷,而名曰《九谷考》的立意所在。

程瑶田预先有了这样的设计,自然很难纯任客观。既以高粱冒稷,大田中的谷子又该当何名?程氏无奈,只好以粱系于谷子。正如上文所说,粱是谷子上好品种的称谓,稍涉古籍便可得知;但是在泥沼中挣扎,只能愈陷愈深,为了迁就高粱说,只好将错就错,以至不惜违背自己一贯的考证方法。例如,《九考谷》本是以征引淹博和贯通群经取信于人,但是当先秦两汉典籍不能说明稷即高粱时,只好说:"余所不凭",自乱家法。

其实,稷为高粱之说并非始于程瑶田的《九谷考》。从《本草纲目》所记述的事实看,早在元代已经有了这种说法。当时北方不少地方已用高粱祭祀,因古人用稷,一般人遂误高粱就是稷。所以元人吴瑞便说:"稷苗似芦,粒亦大,南人呼为芦穄。"这是高粱说的始作俑者。其后,明人何知远撰《闽书》,记载闽地出产有稷,其按语云"此说是蜀黍,北人曰高粱,泉曰番黍,浙人曰芦穄。"但是,吴瑞对自己的见解并未加以论证,《闽书》说稷,实系南书记北事,难免隔膜,后人未必重视。程瑶田虽承其说,但并不以吴、何见解为论据,他的失误也非因前人影响。程氏的思想委曲巧致,要使稷与高粱首尾一贯;他的气魄宏伟博大,还要九谷相安不乱。也正因此,后人对程瑶田《九谷考》的批评也特别严厉。钮树玉《说文段注订》说:"程氏《九谷考》世称最精,然以今之高粱为稷,余未敢信。"徐承庆《说文解字注匡谬》云:"汉人冒粱为稷,乃程氏之妄言,陆元朗所云,穿凿之徒,务欲立异者,学者不当信。今疑古误以为正名,而反紊其名也。"近人黄侃《广雅疏证笺识》亦说:"程瑶田自创新说而厚诬古人,不可从。"稷为高粱之说,荒谬如此,为什么能在清代盛行,现代字典辞书何故仍存为一解呢?问题当与清代小学家有关。如果说苏恭稷为黍子说得以传世是因为李时珍《本草纲目》的推行,那么程瑶田专辑之论,则因清代几位大儒信程氏大过。程氏确是博闻多识,又很注意调查研究,无论是文献考证或是实物考古，程氏都有极深功力，在乾嘉学派中独树一帜，声望极高。凡涉古代名物，人多参照程说，而程氏尤精于谷物考证，所以当高粱一说出，清人难免盲从，包括段、王等文字学家轻信致误。

段玉裁的《说文解字注》，对程褒扬备至，甚至认为郑玄注解亦"不若程氏之精"。段氏作注一般总是先引经典，再列后代训诂，但在注释主要谷物名称时，却轻易地直引《九谷考》，并极力为之吹拂："程氏《九谷考》至为精析，学者必读此而后能正名，其言汉人皆冒粱为稷，而稷为秫秫，鄙人能通其语者，士大夫不能举其字，真可谓拨云雾而睹青天矣！"王念孙父子也轻率地接受程说，王念孙《广雅疏证》论谷物多采《九谷考》。其子王引之亦称："此说析谬解纷，至为精卓。穷物之情，复经之旧，援古证今，其明矣。"此后，经学家马瑞辰、邓宝楠、陈焕、孙诒让、王先谦、朱俊声等皆力助程说。包世臣、祁隽藻也以农家的身份表示赞赏，祁氏在《马首农言》中说："粱稷黍三者，言人人殊，国朝程徵君瑶田著《九谷考》，独据许氏《说文》证以郑氏《周官》九谷注，力破诸说之谬，余参之目验，信其不诬。"在大家们的赞扬声中，程瑶田的高粱说盛极一时，清人翕然风从。

谬说终究会被认识的，近代以来，文字学家和农学家便起而讨程，高粱一说渐被冷落，在农史界更是和者盖寡。不过此说在史学界和文字学界仍有影响，现代字典辞书，包括《辞源》这种巨型工具书中仍保留着它的地位。这是因为，现代文字专著很注意清代小学家的观点，段玉裁和王念孙父子又是乾嘉派中坚，辞书在吸收段玉裁《说文解字注》和王念孙《广雅疏证》研究成果时，难免泥沙俱下，因袭了这个错误。然而人们只要加以推敲或稍微涉猎一些考证文字，便会摒弃这一观点。

当然，我们辟正高粱之说时，对程瑶田《九谷考》仍当有全面估价。程氏毕竟是第一流的经学大师，《九谷考》也不愧为一部精心著作。千虑一失，并不掩其"智者"的光辉，就在《九谷考》中也闪烁着许多真知灼见。如程说"高粱早种于正月，则南北并有之"，辩者常斥之为无稽之谈，以为北方正月仍未解冻，如何播种，种后岂能发苗！其实此事不仅"南北并有",而且古今亦有。明末《幾亭全书》就记有冬月种谷法,清末张起鹏《区田编》记载更为详细。即在20世纪50年代,冬种谷法还有推广,冬月种谷的早播、早获、抗旱、抗涝作用,至今仍引起人们的重视。《九谷考》虽有高粱之失,其余诸谷大体是不错的,尤其是对唐人以黍混稷的驳正,显示出程氏对经典的娴熟和过人的考据功力,也为后人研究谷名疏理了线索。从这些事例中,也可看出程氏的精审。近来,有人以为当立程氏于农史研究开创者之列,不是没有道理的。

稷的三说,分别确立于汉、唐、清三代,相信汉人,还是相信唐人,抑或相信清人?立论的时代不能作为是非标准,但是汉代学者首次提出的"实事求是"的研究学问的精神,却是值得肯定和发扬的。真理愈辩愈明,是非终有定论,只要我们不断切磋琢磨,弥漫在古稷名实上的尘雾终将扫净廓清。虽不中,不远矣!

1982年10月初稿

《关于中国粮食安全问题的两个基本观点》

——兼涉两种外论

  关于中国粮食安全问题两个基本观点：一是中国粮食不存在根本性的危机；二是中国粮食要从根本上注意安全。简言之："不存在问题，但要注意安全。"这两点看法简单了些，但是回答的是中国粮食的根本问题，是就粮食安全和不安全的基本论断，所以称为基本观点。

  中国粮食从根本上看，首先有传统根基和现代实力，若无战略性失误，一般说不会发生致命危机，中国人能自己养活自己。另一方面，中国粮食要从数千年饥荒危机概念中走出来，树立全新的现代粮食安全观，从根本上提高对粮食问题的科学认识，树立现代粮食安全最新理念，分享人类粮食安全文化的精神食粮。

一、中国粮食不存在根本性危机

  这是一个"有言在先"的前提问题，特别是在当前国内外对粮食问题高度警觉的形势下，很需要申明中国粮食不存在根本性危机的观点，以消除国人不必要的紧张或悲观情绪；对外则可防止"谁来养活中国"之类的好事者论，改头换面，老调重弹。先讲几点显而易见的事实依据。

中国农业有绵延不断的、持续发展的历史传统，粮食生产具有稳固的历史基础。因为中国近万年的农业没有出现过长期中断以致永久弃荒的历史现象。中国也没有依靠陆地战争或海上掠夺别国粮食的野蛮劣迹；历史上，中原政权对周边的战争，总是以自耗粮食为代价。有位农史学家说得好：中国农业像一棵根深叶茂的大树，砍伤一枝会发出更多的新枝；历次战争虽然破坏了农业，破坏了的农业又会饿死战争；野火烧不尽，农业又会自我复活重兴。中国粮食的根本，就是立足在传统农业历史基础之上，稳如泰山。

中国有辉煌的农业历史，古代重粮思想理念也丝毫不比今人差，"民以食为天"就是最经典的表达，现在也难以企及。中国人对粮食的重要性心知肚明，可谓在饥肠辘辘中建立的颠扑不破的重粮观。民间百姓有个很精辟的概括，叫"肚子饿是最大的真理"，实为无师自通的平民哲学，著名人民作家老舍先生就非常欣赏这句话。关于古代重粮政治观，《汉书·食货志》和《齐民要术·序》中有四个字——食为政首，已经把粮食提升到最大的第一位的政治，比当代政治家说的"没有粮食还不天下大乱吗"，显然精辟、高雅得多了。

中国会不会发生粮食危机问题？中华人民共和国成立至今六十多年间，不知多少次呼喊粮食要出问题，要闹饥荒了！事实是除了20世纪60年代初天灾人祸外，新中国再没出现过饿殍危机，老喊"狼来了"大可不必。多年来也常会听说，国家没有多少存粮的紧张舆论，传言国库粮食快挖空了。就在大前年，有些知名人士也出来说这样的话，弄得总理不得不出来证实：中国粮食库存率已接近40%，远高于18%的国际储备标准。

中国基本粮情的判断，有两对大数据足以说明问题。中国粮食总产水平已基本上进入万亿斤时代，每年产粮完全可以满足95%的自给。另一对数字是13亿人，占世界总人口不到1/5；而粮食年总产近5亿吨，在世界平常年景所占比例接近1/4。请看看，不足世界五分之一的人口，占有四分之一的粮食，何言中国粮危而不能自养？

粮食是安天下的可食之物。毛泽东主席讲过"手里有粮，心里不慌"。当今党和政府重粮的境界更高，抓粮的意识、思路、举措，更加自觉、务实、强力。正像党的总书记和国家总理强调的，这根弦什么时候都不能松；不能出现任何闪失。各级政府总是把米袋子和菜篮子紧紧抓在手中，不怕一万，但怕万一，是举国上下共同的心态。

中国的粮政仍在不断强化、完善之中，每年一号文件总是首言粮食为要政，强调粮食安全警钟长鸣，农业基础地位不容动摇。粮食生产直接相关的土地资源、生态环境、水利设施、科学技术，及整个农业生产体系得到了根本改善，从而把粮食生产的综合发展力提升到前所未有的水平。

总而言之，有万年持续发展的农业历史，手中有万亿斤粮食，又有"但怕万一"的思想。中国粮食有这"三个万"作保，就可从根本上化除粮食供给危机。

二、从根本上树立现代粮食安全观念

（1）全面更新传统粮食安全观。古代粮食安全观，主要局限于粮食生产的民生保障能力。历史文献虽有灾、荒、饥、馑等程度区别，但共同的史实是都有大量人口死亡的记载。这种古老的粮食灾荒观念，在20世纪60年代最后一次重现后，令人至今心有余悸。在计划经济年代粮食长期短缺的条件下，人们对粮食安全又普遍形成温饱观念，只要吃饱就不存在粮食问题了。直到20世纪80年代后期以来，在频繁的粮食购销制度改革中，国民才有了粮食流通领域的安全概念。总之，我国民众的粮食观念，长期停留在最低安全状态。国际粮食安全虽然并不排斥消除死亡和饥饿的目标，此类现象仍严重存在非洲等不发达地区；但我们中国粮食安全境界却不能停留在这等水平上，主导性的观念当紧随世界粮食安全主流常变常新。

（2）把握现代粮食安全的本质。粮食安全毕竟是一个方兴概念，内涵、外延尚处于动态发展之中，建立现代粮食安全观念一定要抓其本质。现代粮食安全表现为一种状态，是物质生产状态、是经济关系状态、是社会活动状态，也是人的生存生活状态。从形式看，它是一种动态平衡状态，是相对危机而言的安全与不安全之间的关系，所追求的是以安全为主的相对稳定平衡状态。从状态分析中认识粮食安全的科学范畴，由此出发就可认识其本质属性、基本特点、理论方法等，形成现代粮食安全科学体系。在科学理论指导之下，就可以建立粮食安全工程的整体结构和运作系统，最终完善成现代粮食安全学科，列身于现代科学体系，用以指导粮食安全教育、研究和实际工作。

（3）明确现代粮食安全的丰富内涵。建立现代粮食安全观的难点，在于其丰富的内涵，常令人难得要领，故应先明确基本内容。粮食安全的主体、粮食安全核心层次、粮食安全体系、家庭和个人粮食安全、粮食安全等，是国际粮食组织主导体系五个方面的要领。本文于此不做详碎展开，好在这些概念已渐次深入家户人心。

（4）树立动态发展的粮食安全观。国际现代粮食安全的核心价值和主旨目标，一直处于不断地刷新升级状态。从最初生存和健康的基本宗旨，到家庭、个人粮食安全的概念革新；再到《开罗宣言》全面的含义表述，到营养安全的倡导和承诺；直至全球粮食安全的公平合理原则，以及对经济社会综合因素的新要求等，给人以应接不暇的感觉。国际社会不断营造的这种积极进取的新理念，是现代粮食安全状态的基本特征，所以要从根本上接受和树立动态的发展的粮食安全观。

（5）建立符合国情实际的中国特色粮食安全观。国际粮食安全制度、规则和标准，与我们基本国情、粮情仍存在很大的差异性。我国不同于欧美发达国家，也不可与发展中国家不得温饱的粮食安全状态相提并论。本文认为中国特色粮食安全制度应该有三个最基本的特点：一是粮食高度自给而绝不依赖外部的原则，因为如此数量的人口大国外粮是养活不起的；二是充分发扬中国特色社会主义制度的优越性，发挥举国办大事的优势和经验，从制度、方略、措施上建立起万无一失的粮食安全堡垒。三是与时俱进地紧跟世界粮食安全潮流，融入国际粮食安全体系，互助互利、同舟共济，共同建设全球性的真正的"天下粮仓"。

三、略道国外学者布朗和恩道尔观点的偏颇之处

现代粮食安全理念在中国传播的二十多年间，影响最为普遍、反响最为激烈的外论，正是这两位学者的理论。一个是1994年美国著名经济学家布朗题为《谁来养活中国》的专论，另一个是2008年旅德美籍地缘政治学家恩道尔专的著《粮食危机》。这里只谈两点看法。

第一点，这两论都是直接或间接地针对中国粮食问题放言高论的，观点非常鲜明，然而其偏颇之处也非常显然。例如布朗对中国粮食供求矛盾的僵硬分析，极其悲观的推理过程，轻率地得出中国将加剧第三世界的贫困动乱、世界生态危机、剥夺人类生存权等。如此牵强的逻辑，危言耸听结论，充分表明了其立论的脆弱。恩道尔论道的西方经济大国和跨国粮食公司的三大阴谋，更是基调偏激，漏洞百出，不经一驳。虽然他的学说心向第三世界穷弱之国，但也令人不可尽信，难以苟同而随声附和合了。

现在看来这两家观点，无论是逆耳之言，还是顺耳之声，两论也不乏善意的醒世警言之义，对国人树立现代粮食安全观不无促进作用。我们也不必苛求两位外国思想家，而要充分理解他们纯科学的立场和学术风格。中国粮食安全是中国问题，也关乎世界粮食安全。在开放的、全球化的当今世界，只有兼听外论才可能取得全面而科学的认识。

第二点，两论能轰动一时，其学术思想和传道手法倒是值得分析。恩道尔号为地缘大师，地缘政治学是以国家和地区关系出发，分析世界政治、经济和国际秩序问题；很注重历史和当代人物或集团的密谋策划，以特别另类的眼光剖析各种国际现象。《粮食危机》公开声明，目的就是揭露某些大国巧妙而隐蔽的控制粮食供给的阴谋。布朗虽非阴谋论者，《谁来养活中国》从命题到论证却充满危言惊世语气，副标题就是"来自一个小行星的醒世报告"。

现在时过境迁，当我们大度坦然地把"爱给中国挑刺的布朗"聘为

中科院名誉教授，把"轮椅上的恩道尔"簇拥到一个个讲坛上，让他的观点不胫而走的时候，也不妨冷静地观察一下两位警世危言者布道的方法。特别应该回望一下在我国历史上曾经大行其道的此一类学者和学术流派论道方式，看看中国学术史是怎样批判和宽容此类人物和言论的，也就小巫见大巫了。

通过危言耸听论道，在我国学术思想史上代不乏人。春秋战国时期的法术家们就是善于用诸侯地缘作政论，用探索不登大雅之堂的阴谋诡计来论世说事。汉代盛极一时的"公羊春秋"学派，就是专门阐发"非常异议可怪之论"的学术流派。历代公羊学传承不绝直至近代，戊戌变法中维新派代表人物正是以经术论变法，在思想界掀起一场大飓风。中国思想史对历代公羊家有批判，同时也是有庇护的。那么，我们就会知道，对于布朗和恩道尔关于粮食问题的两大外论，不必一概排斥，也大可不必神经过敏。大千世界，学术纷呈，不危言者，世人难以耸听。通晓古今非常异议可怪之论源流、特点和传世的价值，就能从容应对国内外各种高调怪论，就见怪不怪了。

国务院参事室高层论坛会稿

2006年9月

《西北农牧史》（两序言）

何康序

中华民族以农立国，农业有着悠久的历史和优良的传统。研究我国农业历史传统，察古知今，绸缪未来，对指导当代农业发展，坚持走中国式农业现代化道路，有不可或缺的史鉴作用。

我国农史研究是个有成就的领域，二十世纪五十年代起就组织古代农业遗产整理，大规模收集农史资料。"文革"之后农史研究全面兴起，全国性大型农史著作相继面世，有关农业科技史、农业经济史和农学各专业史的论作大量涌现。近年来又根据农业地域性特点，开辟出地区农史这一新的研究方向，进一步拓宽了农史领域，使农史学科更显得生机盎然。西北农业大学的同志在地区农史领域动意早，开发意识强，立题规划先行一步，已发表了许多有价值的研究论文；而张波同志编写的《西北农牧史》，则是一部系统的宏观性的西北农史著作，更能反映他们在这一大课题中已获取的初步研究成果。

西北自古是我国重要的农牧经济区，考古资料证明，陕甘黄土高原农牧业的发生发展已有近万年的历史，许多远古传说，常以泾渭两河流域作为我国农业的发祥地。根据先秦文献记载，传统农业在周秦时代已奠定坚实基础，汉唐时期关中农业一直处于领先发展的水平。大约唐代以前，我国农业许多重大技术发明，多半先行于关中，然后传及全国各地。内蒙古、新疆、青海各高原牧区的游牧业格局，远在原始社会末期，农牧业社会大分工已经确立，古代西北畜牧为天下饶，历代王朝的军马和畜产品无不依靠西北牧区。贯通西北全境、横跨欧亚大陆的"丝绸之路"，象征我国封建社会经济文化的高度繁荣，而这条古代交通要道的基础正是西北的农牧经济。可见弄清西北农牧发展历史，不仅直接关系我国农业史和社会史的研究，同时对全面认识古代中西方经济文化交流，以及整个世界史的研究，都有着极为重大的意义。

我们研究西北农牧业历史过程及其发展规律，最终目的还在全面认识和把握西北农牧业的现状，指导当前农牧生产和地区经济建设，实现众口同倡的"开发西北""建设西北"的宏伟目标。然而正是在这一根本问题上，《西北农牧史》给我们提供了历史的经验和教训，值得认真总结、研究、记取。"开发西北"本是一个历史性的口号，且不说秦皇汉武以来各朝的拓疆实边，即近百年间，开发之声就时起时伏，曾掀起一次次的开发热潮。今天，在新的历史条件下要筹划史无前例的西北大开发，其指导思想、建设规模和开发手段，与历史时期均不可同日而语。但可以肯定地说，在今后相当长的时期内，农牧业仍然是西北经济的基础，在现代开发中将始终占据决定性地位。所以，从西北社会发展的战略大计看，欲谋虑西北问题，必须首先重视其农牧经济，对西北农牧历史这项重要的基础研究，更不可以忽视。

总之，西北地区农史研究是一个有历史价值和现实意义的课题，《西北农牧史》是一部比较成功的地区农史著作。虽然其中难免仍有需要增删、修正的史实和有待商榷的观点，但通观大体，本书已为我们初步勾画出西北农牧业的历史轮廓，具备西北古代农牧业的基本规模。况且在如此广大的地区范围、漫长的历史时期和复杂的民族关系中，记述如此丰富多彩的农牧业历史，草创之功，实不能低估。西北农史研究的确是一个艰巨复杂而有意义的课题，希望西北的同志们再接再厉，争取更大的成果。

以此序同作者和农史界的同志们共勉！

一九八九年十一月十五日于北京

（序者时任农业部部长）

张岳序

张波同志以新著《西北农牧史》见示，并嘱为序引。竟览全书，心窃喜之，幸谓西北农牧学有史乘，我校古农研究道得传人。作为一校之长，乐题数语，以志劝勉之意。

农史厕身当代学林，我校农史工作者颇多建树。二十世纪五十年代初，辛树帜、石声汉、夏纬瑛诸教授初立古农学研究机构，制订农业遗产整理规划，意在钩沉觅逸，清理家底。当时虽以古农学为标志，然已蓄农史学科之底蕴。此后数年，整理出版古农书二十余种，历代骨干农书大抵校释一过，均已梓行。自二十世纪八十年代起，农史研究重焕生机，由遗产整理到农史研究实成自然不易之势。部省组织的农业史著编撰工程，我校或整体参与，或分主其事，乃其主力之一。近年以来，古农室发挥固有优势，拓展新的领域，一批中青年力量迅速长成。他们承袭前辈师法，且不断开拓进取，于研究范围之护展、学科体系之构筑、理论方法之探索，用力颇多，时有心得，把我校农史研究推进到新的发展时期。

张波同志现任我校古农学研究室主任，是我校近年培养出的学术骨干之一。四年之前，我始主校事，张波同志以《西北农牧史》立题之事，多次相晤。我以为，农业作为古代社会基础性经济部门，固需整体研究，宏观概括，然农业生产的地域特点，因地制宜的基本原则，当是古今共存，概无例外。欲使农史研究免蹈于空泛，或者更加接近实际的历史结论，必须将其研究层次下移，由定时到定位，变平面而为立体，以强化农业历史的地域性特征。故知研究西北农史，势在必行。又念我校卜居于后稷教稼故地，立校之旨即在兴学兴农，建设西北。然西北农牧历史悠久，遗产丰富，古代传统农牧结构、技术体系、生产方式至今仍影响现实。唯有理清发展史迹，探明消长规律，方利于重振农牧，以图现代开发。选题西北地区，意义非小，拟撰农牧史著，责无旁贷。此后，张波同志披拣四库典籍，潜研西北农牧；或亲履实地考察，或伏案斗室笔耕。寒暑不避，节假不辍，逾三载而终成其稿。

今观是书，洋洋数十万言，时括远古近世，地涉六大省区，凡西北农牧消长、生产关系演变、农牧科技进化等皆著其中。虽系地区农史尝试之作，构思论裁仍不乏创见独识，显见者似为以下几点：其一，农牧相提并论，不囿以农贱牧之见。遂使西北广袤牧区，独立游牧经济，农牧并重传统，昭然见诸史册。其二，农牧生产力与生产关系同记并载，昭明西北农牧全史。书中详考历代农牧政令，重视经济关系对农牧业生产的制约作用，于农史研究偏重农业科技史倾向，似有矫枉作用。其三，突出地区特点，兼重宏观考察。既置西北农牧于地区社会历史背景之下，又与全国农史加以参照比较，纵横驰骋，给人以强烈历史感受。其四，史论结合，述而有作。史料不作堆砌而时加剖析，历史规律不使其隐而欲其彰，故记述之中兼有议论生发，读后既知西北农牧之史，且明其演变盛衰之理。

然而，一人之力，肩此宏大艰巨之著作，成书难免有不能尽如人愿之处。其中缺憾、不足乃至某些失误，同样显而易见。幸而我校西北农史研究目前正在深入之中，书中问题想必来日会逐步解决。唯以总体而论，《西北农牧史》仍不失为成功的地区农史创始之作，其将有裨于学林必矣。

一九八九年十月九日于杨陵

（序者时任西北农业大学校长）

《中国当代农业史纲》（自序）

　　这本书当是首部以"当代"命题的农史著作。当代史概念目前还不甚普及，书中特设专门章节详为解读。简言之，中国当代史起自1949年中华人民共和国成立，经历65年演进，直至截稿之2014年底，仍处与时俱进过程。这种划定当代史的新概念，已是历史学界之共识，诸多领域当代史著作也相继问世。如此一来，人们以往口语惯用的"新中国农业"，或"共和国农业"等称谓，就再也经不起认真推敲而难以命名史著。既然有新的专业性称谓应时而出，本书立题便名正言宜，顺理成章，亦无须过多诠释题解。抑或到该出本书的时候了，应该让"当代"二字堂而皇之地见诸农史文献名目之列，以补遗农业于当代史中应有的学科地位。

　　人或献疑与我，从事古代农业史研究数十年，何故老来染指当代农史？其实，这也是自然而然的事情。常见现代科学工作者，晚年喜究本专业历史；历史专业者，最终同样也会回归当今，观察思考现实的意识，似乎更为殷切。历史是现实的镜鉴，那么现实就是历史的写照，惯照镜子的人，往往也喜欢自赏照片。所谓"究天人之际，通古今之变"，恐怕也包含从现状反溯沧桑之变的逆向思维。古代春秋家论史，有所见之世，所闻之世，所传闻之世，其中当世所见者最宝贵。本人生为20世纪40年代末期农家子，亲见亲记之事，适从新中国起始。当代的流年岁月，农村的往事细故，中华人民共和国农史全程，无不历历在目，治农史者怎能无动于衷？记得20世纪90年代初，潜意识中对当代农史的地位即有所反思，认为此处正是农业历史研究的制高点。观点为：唯有搞清当代农业历程，才能获得"会当凌绝顶"的境界，研究古代农史与未来农业前景，才有一以贯之的可能。遂后在自主设置"农业与农村社会发展"博士学位点的论证书中，竟斗胆把农史学与国外时兴的发展学统为一体，观点是：历史是经历了的发展；发展是正在发生的历史。当这个博士点破例设置时，始感多年的"农史古今梦"似该圆醒了。大约昔日朦胧之中，已不自觉地萌发和强化了编写当代农史著作的念头。然而事关如此巨重命题，自揆精力和时间均有所不逮，必得新锐少壮辅助方能成就。于是效法"学学半"之古道，决计纳入博士生教学和学位论文选题规划，欲借研究生培养工作，因材施教，教学相长，师生同心同德共襄一著。

江小荣、陶艳梅博士，正是多年教学相长的两位女弟子。学位论文立为《中国当代农业史研究》，划分以中华人民共和国初立三十年，为陶选题；改革开放三十多年，为江选题。两大时段各立一题，二君分而治之。江和陶本科专业分别为法学和经济学，令人欣慰的是二位深明选题大义，不避举鼎绝膑艰险，为撰修当代农业史乘奋力拼搏。嘉其勇毅，勉其旨趣，特为二人编写数万言专题讲稿，即本书导论的观点和内容，以弥补其农事知识和史作方法的偏阙。计来已是十多年前之事了。

博士论文以"论"为主，颇不同于"述而不作"的史著，无奈只好令其先为论文，等待博士学业完成再编写著作。学位论文运用"以论带史"研究法，旨在论证当代农业发展的重大规律；然大纲设计却不得不考虑继后史著要求，必以历史发展阶段为基本结构设置章节。如此这般处置，论文就不免缺失贯通全史的宏观思路；而且这种既瞻前又顾后的指导，不无抵牾和纠结之处，无疑给学生研究和写作陡增困难。感佩二君坚韧不拔，窃喜她们的悟性聪慧，在指导者并非理性的苛求下，按博士学位论文规范，优异地完成了规定学业。事后细审毕业论文的优长：一是对当代农业阶段划分不失精准，为史著总体结构奠定了比较踏实的基础；二是各阶段重大史事本质特点认识比较清晰，不乏分条析缕和理性表达；三是提纲挈领的特点尤为显著，似乎进而编写成史纲更为妥当。有鉴于此，斟酌再三，最终将著作题名为《中国当代农业史纲》。

正式进入史纲编写过程，同样煞费苦心。首先是对全书大纲进行了重新调整，虽基本框架未作大的改变，但文字用语由论文转为史纲，则必须全面更新；各层次标题必经重新修订，才能合乎史纲体例风格。其次，最大的编撰工程，还在史料的拓展深化。论文以长篇大论为能事，所容纳的资料毕竟有所限制；然而史纲属于历史著述，仍要靠大量史实说话。为此全书再次投入资料的搜集梳理，历经三年才付诸属笔，无异又一次大论文写作。漫长而艰辛，曲折而委屈，本书成著过程大率如此。

再说史纲，直白而言，即史的纲要，历史之大纲要领，提纲挈领而已。史纲不同于通史或全史著作，后者卷帙浩繁，可见全而通的历史规模；然而史纲也是常见的历史文献体裁，学术地位也不可低估，且有其独特的体例形式。史纲便于提纲振目，展示农业发展历史脉络，可以执简驭繁，把握重大农史事件的要领，阐明农史逻辑和发展规律。然自惭形秽的是本书名为史纲，而实未完全达于规范，若按史纲学术要求，其体式笔法，尚有不小距离。这其中的原委，除本人学养所限，上述曲折的编写过程，也有客观制约和影响因素，这正是序言喋喋表白成书经过的缘故。

关于全书前置导论问题，乃确是自欲有论在先，而且必先为之导读。导论首先针对当代农业史释疑解惑，令人亲近这个历史学新意境，坦然顺畅地领略当代农史新领域。导论结构着重从纵横两方向，论辩全书整体思路，构建当代农业发展的经纬脉络。横向导论，将当代农史划分为9个阶段，以标志性事件为主题，议论各时段农史背景因素和重大事件实质所在。纵向导论，则潜伏于全书之中，为贯通当代农史的8条隐性经线，用以提领农史发展的几个最重大核心问题，关照着农史发展的深层结构和内动力因素。这"八纵九横一导论"的史纲结构，基本上导示出当代农史内涵外延面貌，略具纲举目张之效。强言导论，又置于全书之前，主观意识在所难免。然而史学著作贵在客观，流弊也在纯任客观，刻意地掩饰笔者主观思考，未必有利于把握史著的本质和要旨。设置导论之体例，既可直述选题的意义和著作的思路，概述全书的基本内容及核心要义，又可明达正文中不便论述的诸种问题。再说当今著作导论之设，学术领域已屡见不鲜，学位论文中已成常态体例，其广为传用亦属必然。本书正欲将主观思考和客观表达结合起来，便利读者轻松切入题目，准确深入地理解全书主旨大要，故为导论体例再三致意。史有规律，文无定法，农史著作中何妨作以导论在先之尝试呢？

　　按照序言常例，或个人以往习惯，自序总是以介绍本书内容和特点为宗旨。现有了导论的设计，此类问题皆可置之导语从容论说，无庸序言赘述了。序末特要嘤鸣大谢者，唯诸多关注本书之师友学子，其殷切期盼、勉励、挺赞之情谊，令人心生感动而不敢畏葸懈怠。西北农林科技大学校图书馆颜玉怀、周东晓两馆首，擅其兰台之富及专业之精，提供大量富有价值文献资料。常务副校长吴普特、副校长冷畅俭毅然将其纳入科研项目，予以学校体制支持。吴副校长直称选题为正事，慨然鼎力立项支助。这的确是农林院校责无旁贷的正经命题，也是为农史者应当担纲的正经差事。冷副校长时为科研处长，为学校人文研究谋虑成果，见猎心喜；为忘年相知发挥余热，苦心计议，私以"忠义之士"惜爱之。孟建国、安宁两位杨凌示范区的老领导，素以亲民悯农有政声，今擢进省城闻知选题大意，先期索读概略，遂不避亲疏，为出版事宜而鼓呼。中国工程院院士西北农林科技大学山仑教授，以为命题有补白匡逮之义，特为登高举荐。本书得缘上位诸位先生护爱，不惟作者幸蒙贵人相助，诚《中国当代农业史纲》之大幸矣！

2015年元月于不可斋

主要参考文献

黎澍等，《马克思恩格斯论历史科学》，人民出版社，1988年

肖前等，《历史唯物主义原理》，人民出版社，1991年

[唐] 刘知幾，《史通》，辽宁教育出版社，1997年

[清] 章学诚，《文史通义》新编新注（上下册），商务印书馆，2007年

[英] 柯林武德，《历史的观念》，中国社会科学出版社，1986年

姜义华等，《史学导论》，复旦大学出版社，2003年

佘树声，《历史哲学》，陕西人民出版社，1988年

张志伟，《西方哲学史》，中国人民大学出版社，2002年

姜义华等，《史学导论》，复旦大学出版社，2003年

葛懋春，《历史科学概论》，山东大学出版社，1985年

李世安，《世界当代史》，中国人民大学出版社，1998年

梁启超，《中国历史研究法》，中华书局，2016年

梁启超，《中国历史研究法补编》，中华书局，2016年

梁启超，《梁启超文集》，北京燕山出版社，1997年

梁启超，《梁启超论清学史二种》，复旦大学出版社，1985年

吴泽，《史学概论》，安徽教育出版社，2000年

李隆国，《史学概论》，北京大学出版社，2009年

赵吉惠，《论历史学的层次结构与观念变革》，史学理论，1989年3期

钱穆，《中国历史研究法》，生活·读书·新知三联出版社，2001年

石声汉，《齐民要术今释》，科学出版社，1957年

石声汉，《石声汉农史文集》，中华书局，2008年

石定枎，《用生命去创造》，西北农林科技大学出版社，2005年

陈文华，《论农业考古》，江西教育出版社，1990年

马建智，《中国古代文体分类研究》，中国社会科学出版社，2008年

张波，《不可斋农史文集》，陕西人民出版社，1997年

张纶等，《历代农业科技发展述要》，西北大学出版社，2000年

惠富平等，《中国农书概说》，西安地图出版社，1999年

熊帝兵等，《中国古代农家文化研究》，2014年

跋记：盍为往圣继绝学?

　　《农史研究法》杀青之际，不免想到这个跋题：何不研究古农书，为何不作古农学研究法？石声汉开山师祖学问，何不为之传扬光大，岂可沦为湮名绝传之学？惟扪初心，自问自责，己思己省，无奈亦怨亦艾矣！

　　《论语》有一言行用终身之典，当年询问从事古农学应具备哪些基础知识时，幸得石先生嘱告："什么基础都不需要，只要你一辈子干这事，就能成功。"遂与斯学缘起，以至今日告老，更知此言之真与大也。然则入古农室，出则农史所，且作农史法，岂不殊违先生"一辈子"之教。逾七晋八年，兹将为学从业之迂曲履迹，与先师故友并相告白，以求宽纾曲衷而稍自心安。

　　忆改革初百废待兴，承乏之时奉调入本校古农学研究室。时石先生故逝，虽谒其门而不知其堂奥，一时茫然无所适从。惟校组织明察困窘之情，派赴北师大随许嘉璐先生修习训诂考据之学。由是略窥门径，且为确立农事名物考据方向，矢志以古农学研究立命为业。

　　然如本书前言所记，正欲潜心古农学，且初试数题踌躇满志时，农史学崛起学术格局和学科关系大变。古农学和农业遗产整理领域，统归于农业史学科，通行全国农史科研教育体制。本人亦受命谬职校农史研究室主任，全力经营农史学科建设而不容推诿。在兹念兹，朝斯夕斯，遂就农史之道而实身不由己。诗曰："靡不有初，鲜克有终"，人生难免要做一些与愿相违之事。后来职事再变为校务行政，则与初衷更是愈行愈远，非在话下矣。

列宁导师曾有趣味箴言："据说历史喜欢捉弄人，喜欢同人们开玩笑。本要到这个房间，结果却走进了另一个房间。"农史何尝不也如此搞笑，从古农学走进农业史，虽两间仅一墙咫尺之隔，却一为子部，一为史部，学术则大相径庭。新中国初期，辛树帜、石声汉两前辈开山立学，欲以古典考据与现代农学结合，探索历代农家者流传承的学问，循清儒"笠园古农学丛书"名实蕴意，命之为"古农学"。初计以农书校注先事"准备"，进而挖掘传统农艺，创立学科以图"古为今用"。嗣后中央以农业遗产整理相号召，农史研究亦渐始萌动，然本校终不变古农学之称，唯以"为农史遗产整理服务"担负国家使命。恰此黄金时代，古农室名冠国内外学术界，其业绩被李约瑟誉为中国科技史研究之巅峰，获改革初年全国科学大会奖。抱道不曲，立名不更，辛石学术宏图大略，诚谓茹苦含辛，坚如磐石，无所不动摇也。盖古农学乃历代农家者流之术业遗产，亦农业历史研究核心学术和基础学科所在，修农史者必自农业科技史入门，古农书又当农业科技史之础石门柱，古农学即古农书之学理法门。古农学蕴含之学术生命力，也源于如此逻辑；古农学研究终将振兴，也正是历史逻辑与学术机遇相逢之新境界。

今逢盛世新时代，古今学术百废俱兴，农史学科繁花似锦，农业遗产已成世界性学科领域，唯独古农学仍处被遗忘角落，令人百感交集而唏嘘不已！祖国古代科技遗产，至伟至大者，毛主席曾言为农学与医学两宗。今中医学显耀天下，古农学却鲜为人知。昔日辛石苦心立学，惜"文革"倾巢之下不复完卵，斯学将兴而中绝。今当国运如日中天，传承古农学亦属新时代之呼唤，现代农业多种弊端，亟需传统农业匡救中兴；农业现代化必与数千年精耕细作相结合，方为我国农业可持续发展之路；当年石师校注大型骨干农书数十种，尚有数百种古农书犹待发掘，古籍经史子集中农事资料久待进一步开发利用；互联网大数据智能化时代，为旧学复萌提供现代科技手段，可为古农学别开新生面。古代农家与农业史虽有古典文献与历史文献之别，但二者可合作共荣而不可彼此取而代之，古农学将以应有的学科地位独立于当代科教之林。语云"十室之邑，必有忠信"，古农学事业新兴，顺天应人恰逢其时也。近来国家社科基金明确提出"冷门绝学"领域，古农学恰正归于此道。西北农林科技大学离退休处，许多老辈对古农学一往情深，提出"为往圣继绝学"的倡言，愿献白发绵薄，甘心皓首穷经，复兴中华古农学。跋辞曰：老继绝学君莫怪，且将复古为新开。幸得夫子一言教，半世初心还愿来。

2018年8月18日